新工科建设之路·人工智能系列教材

机器学习

孙立炜 占 梅 李 胜 主 编
王梦仙 郭 凌 朱丽敏 邱丽娟 副主编

電子工業出版社
Publishing House of Electronics Industry
北京·BEIJING

内 容 提 要

本书是面向高等院校计算机相关专业的机器学习教材。全书以机器学习应用程序的开发流程为主线，详细介绍数据预处理和多种算法模型的概念与原理；以 Python 和 Spark 为落地工具，使读者在实践中掌握项目代码编写、调试和分析的技能。本书最后两章是两个实战项目，举例讲解机器学习的工程应用。

本书内容丰富、结构清晰、语言流畅、案例充实，还配备了丰富的教学资源，包括源代码、教案、电子课件和习题答案，读者可以在华信教育资源网下载。

图书在版编目（CIP）数据

机器学习 / 孙立炜，占梅，李胜主编. -- 北京 :
电子工业出版社，2025. 1. -- ISBN 978-7-121-49680-6
Ⅰ. TP181
中国国家版本馆 CIP 数据核字第 2025PB1490 号

责任编辑：张　鑫
印　　刷：涿州市京南印刷厂
装　　订：涿州市京南印刷厂
出版发行：电子工业出版社
　　　　　北京市海淀区万寿路 173 信箱　邮编：100036
开　　本：787×1 092　1/16　印张：13　字数：374.4 千字
版　　次：2025 年 1 月第 1 版
印　　次：2025 年 1 月第 1 次印刷
定　　价：56.00 元

凡所购买电子工业出版社图书有缺损问题，请向购买书店调换. 若书店售缺，请与本社发行部联系，联系及邮购电话：（010）88254888，88258888。

质量投诉请发邮件至 zlts@phei.com.cn，盗版侵权举报请发邮件至 dbqq@phei.com.cn。

本书咨询联系方式：zhangx@phei.com.cn。

PREFACE

前　言

当今社会进入了大数据和人工智能的时代，面对海量的数据分析，机器学习技术不可或缺。如果想深入研究机器学习，那么理解各种算法模型的概念和原理是对学习者提出的共同要求。而在具体应用方面，不同的岗位有不同的要求，相应地，也有不同的工具。对非计算机专业人员而言，他们只需要掌握图形化、零代码的工具，如 SPSS、SAS 等。这些工具把算法封装成图形化的控件模块，在操作界面上拖动工具或利用菜单操作就可以实现算法调用，并得到可视化的分析结果。对计算机专业人员而言，他们要根据用户需求开发应用软件，就必须掌握机器学习的编程实现工具，如 Python 的 scikit-learn、Spark 的 ML 和 MLlib 等。其中 scikit-learn 是小数据集、单机环境的工具，ML 和 MLlib 是大数据集、分布式环境的工具。

本书是面向高等院校计算机相关专业的机器学习教材，在讲解思路上，采用“概念—算法—编程”三步法。以分类模型为例，首先介绍概念，即什么是分类模型，在什么场合用到分类模型。其次介绍相关算法，即分类模型有哪些算法，具体原理是什么，书中附有例题，要求读者自行计算，深入理解。最后介绍编程，以 Python 和 Spark 两种工具对这些算法进行工程实现，书中附有详细的代码和注释。课后习题也按照三步法进行巩固练习。一般情况下，第一题是简答题，考查概念，相当于学生在求职应聘时，面试官对应聘者进行的概念提问；第二题是计算题，考查算法原理，相当于学生在科研或技术攻关时，深入理解算法本质进行计算分析；第三题是编程题，考查编程应用，相当于学生在工作岗位上进行工程开发。

本书编写思路清晰、结构工整，适合因材施教，教师可进行内容取舍和教学重构。虽然本书是本科教材，但是高职院校计算机相关专业也可以采用。专科生主要练技能，要求能熟练调用算法接口，把手中的数据集转换成算法模块要求的格式，快速开发得到输出，并能读懂结果从而做出调整。教师在使用本书授课时，可以采用“概念—编程”二步法。先讲解概念，即在什么情况下该用什么算法模型。算法原理可以略讲，其中的公式不讲，以通俗的语言一带而过。重点讲解编程，要反复训练、熟练掌握代码框架。课后题以简答题和编程题为主。

本书配备了丰富的教学资源，包括源代码、教案、电子课件和习题答案，可以在华信教育资源网下载。本书的例题和习题有三种情况，第一种是纸笔推算或直接回答的，没有代码；第二种是计算机编程实现的，有代码；第三种是纸笔推算与计算机编程相结合的，有代码。

本书由孙立炜、占梅、李胜担任主编，王梦仙、郭凌、朱丽敏、邱丽娟担任副主编。

虽经多次讨论、修改和完善，本书仍有不妥之处，敬请广大读者批评指正，我们将会不断完善和修正。

编　者

目 录

CONTENTS

第 1 章　机器学习技术简介

1.1　机器学习简介

1.1.1　机器学习的概念

机器学习是计算机从数据中学习到规律和模式，以应用在新的数据上完成分析或预测任务的一种技术。它专门研究计算机如何模拟或实现人类的学习行为，从而重新组织已有的知识结构，获取新的知识或技能，不断改善自身的性能。机器学习涉及概率论、统计学、逼近论、凸分析、矩阵理论等多方面知识。

机器学习的研究方向主要分为两类。第一类是传统机器学习，主要研究学习机制，注重探索模拟人的学习机制，其研究成果在 Python 的 scikit-learn（简称 sklearn）上有非常成熟的落地。第二类是大数据环境下机器学习的研究，主要研究如何有效利用信息，注重从巨量数据中获取隐藏的、有效的、可理解的知识。Hadoop 大数据生态圈中的 Spark 是其典型代表。

1.1.2　机器学习的算法模型

对一个问题，机器是怎样想的，怎样决策的？算法就是它的大脑。研究机器学习，核心是研究算法模型，根据不同的实际问题选择不同的算法模型。常见的算法模型有分类模型、聚类模型、回归模型、关联模型、数据降维、神经网络等。这些算法模型会在第 3～8 章详细论述。算法模型按照学习方式可以分为监督学习、无监督学习、半监督学习和强化学习。

1．监督学习

监督学习是指将一些“标记好”的数据作为训练数据进行训练，并基于该数据预测输出。标记好的数据意味着一些输入数据已经用正确的输出标记好了，在监督学习中充当监督者，训练机器正确预测并输出。这些标记好的数据充当导师。分类模型、回归模型、神经网络以及数据降维中的线性判别分析算法都属于监督学习。

2．无监督学习

无监督学习不使用训练数据集进行监督，模型使用未标记的数据集进行训练，并允许在没有任何监督的情况下对该数据集进行操作。这里没有标记好的数据引导，也不存在导师。计算机自主地基于某种算法对数据集进行处理和学习，根据数据集的内在特征对数据进行分类或产生相互关联。聚类模型、关联模型以及数据降维中的主成分分析算法和奇异值分解算法都属于无监督学习。

3．半监督学习

半监督学习在训练模型的同时使用了有标记的数据和无标记的数据，其中小部分是有标记的数据，大部分是无标记的数据。它结合了监督学习和无监督学习的特点，旨在利用少量标记数据和大量未标记数据提升学习效果。与监督学习相比，半监督学习成本较低，但是仍能达到较高的准确度。通常在标记数据数量不足时使用，通过引入无标记数据，捕捉数据的整体潜在分布，从而改善学习效果。

4．强化学习

计算机在强化学习时，通过尝试不同的行为，从反馈中学习该行为是否能够得到更好的结果，然后记住能得到更好结果的行为。强化学习不要求预先给定任何数据，而是通过接收环境对动作的奖励（或负向反馈）获得学习信息并更新模型参数，在多次迭代中自主地重新修正算法，直到做出正确的判断为止。强化学习主要应用于信息论、博弈论、自动控制等领域。

1.1.3　机器学习应用程序开发步骤

通常使用机器学习算法开发应用程序的步骤如图 1-1 所示。

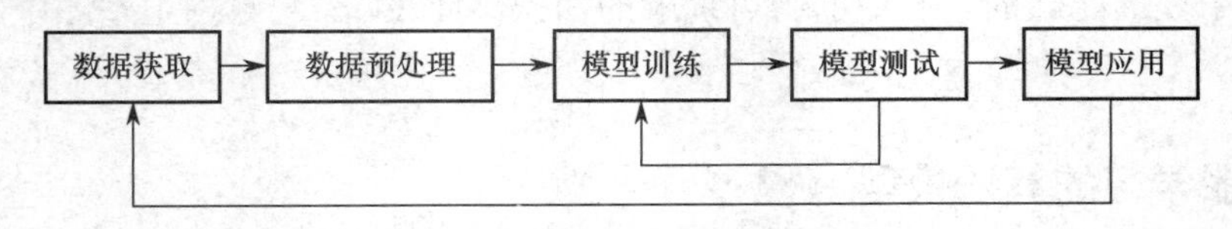

图 1-1　使用机器学习算法开发应用程序的步骤

1．数据获取

数据获取，就是从生产环境中或互联网上得到数据。数据获取的途径很多，可以使用技术手段获取生产环境中的数据，也可以使用数据采集工具从互联网上采集数据。关于数据获取，本书不做详细论述。

2．数据预处理

数据预处理就是对数据进行清洗和转换，使其符合后续的模型训练和模型测试的要求。数据清洗就是对数据中缺失、不完整或有缺陷的数据进行处理，输出正确完整的数据集。机器学习的各种算法模型的输入一般都是数字化的矩阵，这就需要数据转换，即把清洗好的数据转换成能够被算法模型识别的格式类型。第 2 章将详细讨论数据预处理。

3．模型训练

根据问题需要，选择算法模型。将预处理之后的数据输入算法模型中进行训练。对于监督学习而言，把数据划分为训练集和测试集，训练集用来训练模型；对于无监督学习而言，把所有数据作为一个整体进行训练。设置一个结束条件，达到结束条件后，训练结束。训练的效果提交到模型测试阶段进行评估。

4. 模型测试

为了评估模型，必须测试算法工作的效果。对于监督学习而言，把数据划分为训练集和测试集，训练集用来训练模型，测试集用来评估模型的分类效果；对于无监督学习而言，用其他评测手段来检验算法的效果。如果测试性能不合格，则返回上一步，改变算法模型，或改变模型参数重新训练和测试。模型的选择、训练和测试的过程称为机器学习建模。第 3～8 章将按照算法模型的分类，讨论模型的原理及其建模实现方法，这部分是本书的重点。

5. 模型应用

将机器学习算法模型转化为应用程序，执行实际任务，以检验上述步骤是否可以在实际环境中正常运行。运行效果不满意或有新问题、新数据出现，可以返回第 1 步重新获取数据。本书的第 9 章和第 10 章举例说明模型应用。

1.2　机器学习的实现工具

用于机器学习的工具非常多，就其面向的用户而言，可以划分为两大类。

第一类是面向非计算机专业人员的图形化、零代码工具，如 SPSS、SAS 等。这些工具把算法封装成图形化的控件模块，通过在操作界面上拖动或菜单操作，实现算法调用，得到可视化的分析结果。其优点是门槛低、容易实现；缺点是不能于工程中应用，无法灵活开发新的算法。适合非 IT 从业人员完成简单的数据挖掘和机器学习任务。

第二类是面向计算机专业人员的编程实现工具，如 Python 的 sklearn、Spark 的 ML 和 MLlib 等。这些工具以代码为基础，必须通过编写代码实现算法。其优点是可以开发实际的应用工程，操作灵活，既可以调用已有的算法模块，也可以自行开发新算法；缺点是实现比较复杂，需要深入学习。本书主要面向高等学校计算机专业学生，以 Python 和 Spark 为机器学习实现工具。

Python 与 Spark 相比较，Python 入门更加容易，应用更加灵活，因为 Python 本身就是一种“胶水”语言，能够与诸多环境融合。但是用 Python 做机器学习任务，数据集不能太大，如果数据集超过了单机环境的上限，就要采用 Spark 做机器学习任务。Spark 是大数据环境下进行数据处理和分析的良好工具，它是 Hadoop 大数据环境的组件之一，将庞大的数据集分成多个块，利用多个节点共同完成任务，特别擅长进行大数据集的离线分析和数据挖掘工作。

1.3　Python 平台搭建

Python 是一种面向对象的解释型程序设计语言，Python 语言有丰富的第三方库，编程方便，非常适合开发机器学习应用程序。Python 支持多平台，在不同平台的安装和配置大致相同。Python 的强大之处在于它的应用领域范围广，遍及人工智能、科学计算、Web 开发、系统运维、大数据、云计算、金融、游戏开发等。

Python 的集成开发环境有很多，如 Anaconda、PyCharm、Spyder 和 VSCode 等，如果涉及科学计算和数据处理类任务，则 Anaconda+ PyCharm 是一种较为理想的选择。

1.3.1 集成开发环境 Anaconda

Python 官网的安装程序默认不安装第三方库，而在实际工作中需要使用大量的 Python 第三方库，因此可以直接安装包含大量常用库和 IDE 的 Python 环境，流行的有 Anaconda、Canopy、Python(x,y)、WinPython 等。

Anaconda 是一个基于 Python 的数据处理和科学计算平台，内置了许多非常有用的第三方库，安装 Anaconda，就相当于把 Python 和一些常用的库自动安装好了。Anaconda 可以方便地切换不同的环境，使用不同的深度学习框架开发项目。Anaconda 附带了 Conda（包管理器）、Python 和数百个科学计算包及其依赖项。

Anaconda 具有语法高亮、调试、实时比较、项目管理、代码跳转、智能提示、单元测试、版本控制等功能，可以很好地提高程序开发效率。

1．下载 Anaconda 软件安装程序

打开 Anaconda 官网，进入个人版产品页面，单击 Download 按钮进入下载页面，可以根据实际需要选择版本。本书使用 Anaconda3-2021.04-Windows-x86_64.exe。

2．安装 Anaconda

（1）双击安装程序 Anaconda3-2021.04-Windows-x86_64.exe，在打开的安装对话框中单击 Next 按钮。

（2）在权限许可对话框中单击 I agree 按钮。

（3）进入 Select Installation Type 对话框，如果是个人计算机可选其中任意一个；如果是存在多用户的计算机，可选择 All Users 单选按钮。此处选择 Just Me 单选按钮，单击 Next 按钮继续安装，如图 1-2 所示。

（4）在打开的 Choose Install Location 对话框中单击 Browse 按钮，选择 C:\anaconda3 安装路径，单击 Next 按钮，如图 1-3 所示。

（5）在打开的 Advanced Installation Options 对话框中，第一个复选框是自动添加系统环境变量（官方不建议，所以不选，后面手动添加）；第二个复选框是默认选项，单击 Install 按钮，等待安装，如图 1-4 所示。

（6）安装完成之后单击 Next 按钮，进入新的对话框，取消勾选其中的复选框后单击 Finish 按钮，如图 1-5 所示。

（7）手动添加系统环境变量，在系统变量中找到 Path，单击编辑，分别新建添加以下三个环境变量。

C:\anaconda3

C:\anaconda3\Scripts

C:\anaconda3\Library\bin

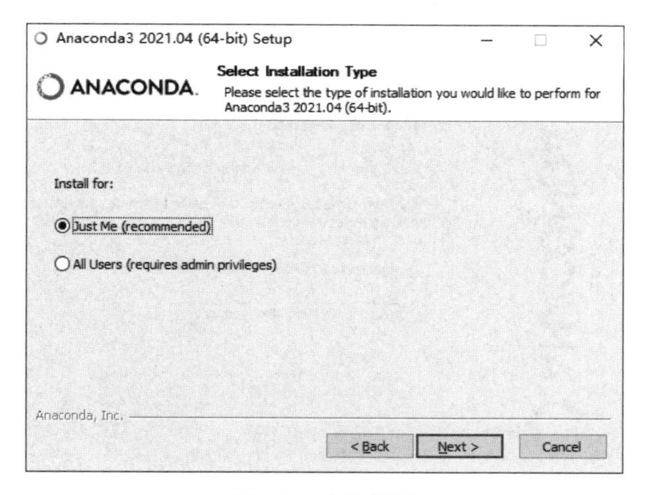

图 1-2　安装类型

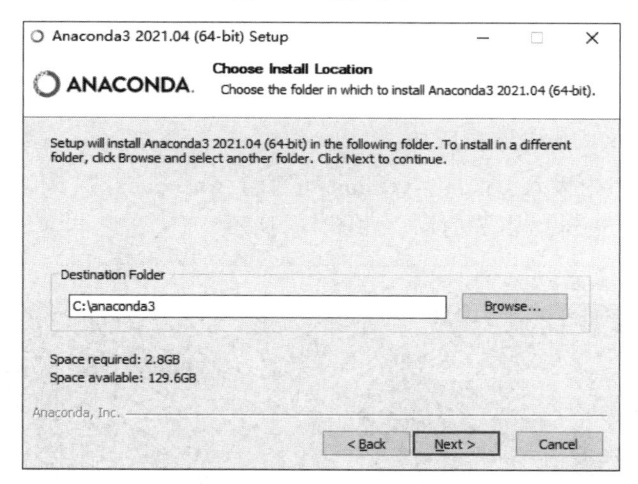

Anaconda3 2021.04 (64-bit) Setup
ANACONDA.
Advanced Installation Options
Customize how Anaconda integrates with Windows
Advanced Options
Add Anaconda3 to my PATH environment variable
Not recommended. Instead, open Anaconda3 with the Windows Start menu and select "Anaconda (64-bit)". This "add to PATH" option makes Anaconda get found before previously installed software, but may cause problems requiring you to uninstall and reinstall Anaconda.
Register Anaconda3 as my default Python 3.8
This will allow other programs, such as Python Tools for Visual Studio PyCharm, Wing IDE, PyDev, and MSI binary packages, to automatically detect Anaconda as the primary Python 3.8 on the system.
Anaconda, Inc.
< Back
Install
Cancel

图 1-4　高级选项

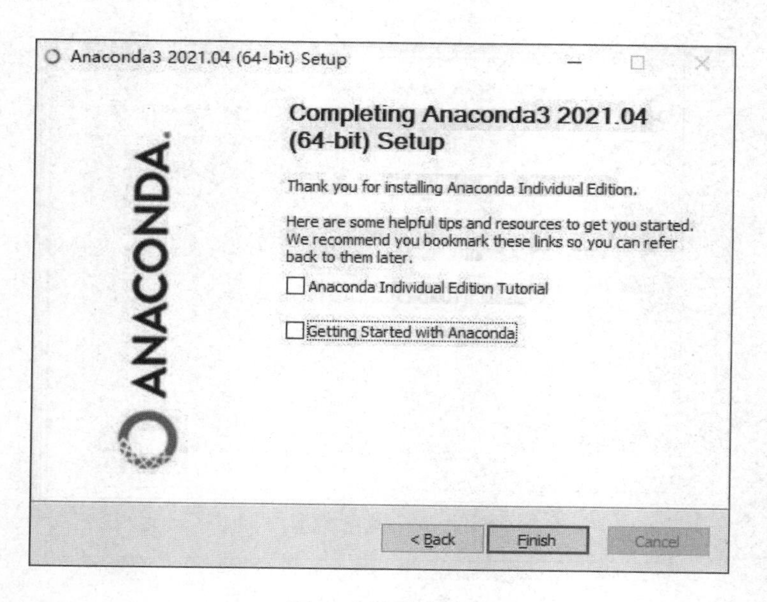

图 1-5　安装完成

3. 检测 Anaconda 是否安装成功

在 cmd 命令窗口中输入 conda --version 可查看 Anaconda 版本信息，输入 conda info 可查看更详细的如 Python 版本等信息，如图 1-6 所示。

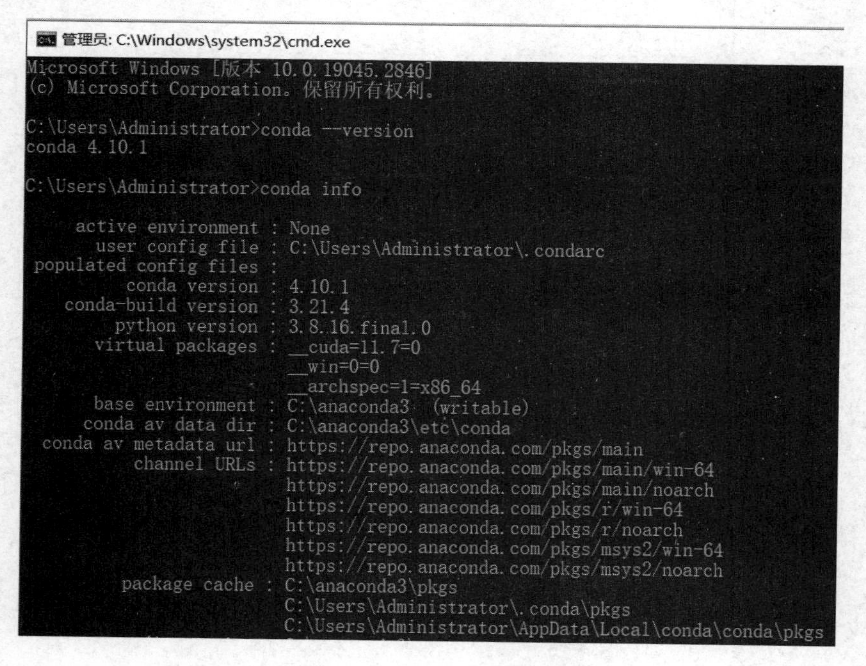

图 1-6　查看 Anaconda 版本及详细信息

输入 activate，回车，再输入 python，检测环境变量配置是否成功，输入 exit()退出 Python，如图 1-7 所示。

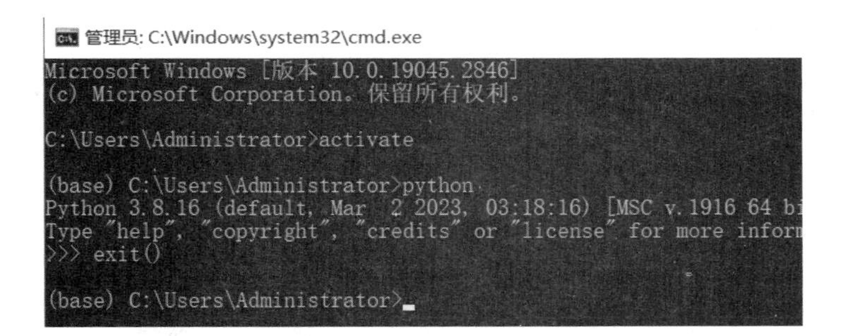

图 1-7　检测环境变量配置是否成功并退出 Python

输入 conda list，可以查看当前环境下的所有包，如图 1-8 所示。

```
(base) C:\Users\Administrator>conda list
# packages in environment at C:\anaconda3:
#
# Name                    Version                   Build  Channel
_ipyw_jlab_nb_ext_conf    0.1.0                    py38_0
abseil-cpp                20211102.0           hd77b12b_0
aiobotocore               2.5.0            py38haa95532_0
aiofiles                  22.1.0           py38haa95532_0
aiohttp                   3.8.3            py38h2bbff1b_0
aioitertools              0.7.1              pyhd3eb1b0_0
aiosignal                 1.2.0              pyhd3eb1b0_0
aiosqlite                 0.18.0           py38haa95532_0
alabaster                 0.7.12             pyhd3eb1b0_0
anaconda                  2023.07                  py38_0
anaconda-client           1.12.0           py38haa95532_0
anaconda-navigator        2.4.2            py38haa95532_0
anyio                     3.5.0            py38haa95532_0
appdirs                   1.4.4              pyhd3eb1b0_0
argon2-cffi               21.3.0             pyhd3eb1b0_0
```

图 1-8　当前环境下的所有包

初次安装的包的版本一般比较旧，为了避免之后使用报错，可以输入 conda update --all，更新所有包，在提示是否更新时输入 y（Yes）让更新继续，等待完成即可。

1.3.2　集成开发环境 PyCharm

PyCharm 是 JetBrains 打造的一款 Python IDE。PyCharm 的功能有调试、语法高亮显示、项目管理、代码跳转、智能提示、代码自动完成、单元测试、版本控制等。

1．下载 PyCharm 软件安装程序

在 PyCharm 官网下载社区版安装程序，如图 1-9 所示。

2．安装 PyCharm

下载完成之后，双击安装程序 pycharm-community-2021.3.2.exe，在弹出的安装对话框中单击 Next 按钮，进入设置安装路径对话框，如图 1-10 所示。

单击 Next 按钮，进入 PyCharm 快捷方式与运行路径配置对话框，根据需要进行设置，如图 1-11 所示。

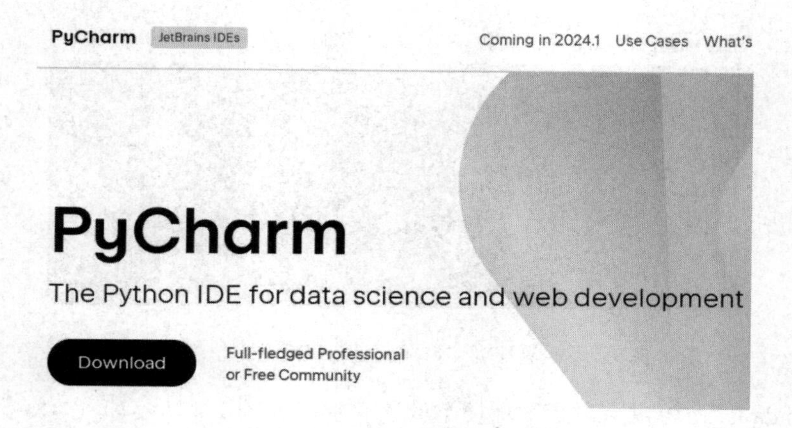

图 1-9　下载 PyCharm 软件安装程序

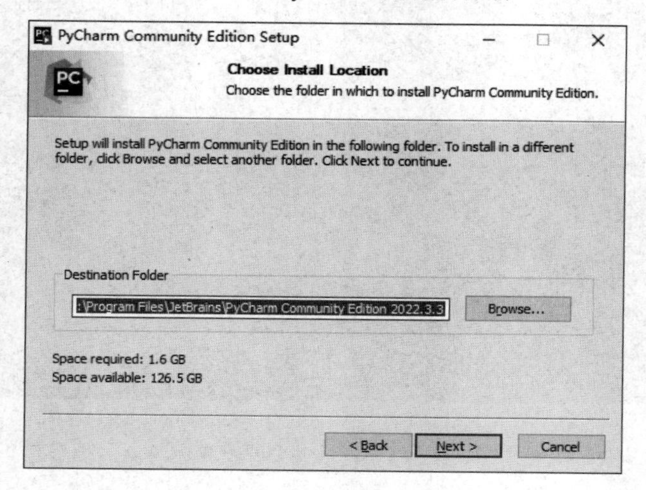

图 1-10　设置安装路径

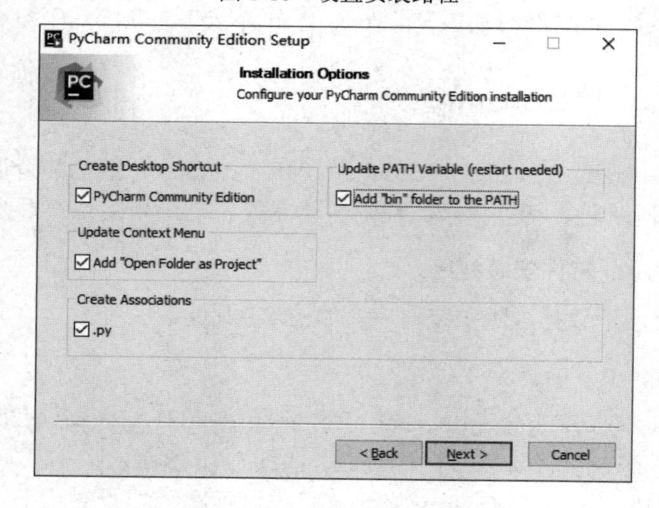

图 1-11　PyCharm 快捷方式与运行路径配置

图 1-11 中，在 Create Desktop Shortcut（创建桌面图标）栏中勾选 PyCharm Community Edition 复选框；在 Update PATH Variable（restart needed）（更新路径变量需要重新启动）栏中勾选 Add “bin” folder to the PATH 复选框，将启动器目录添加到路径中；在 Update Context Menu（更新上下文菜单），栏中勾选 Add “Open Folder as Project” 复选框添加打开文件夹作为项目；在 Create Associations（创建关联）栏中勾选.py 复选框，关联.py 文件，双击它都以 PyCharm 打开。

单击 Next 按钮，进入开始菜单配置对话框，可以配置开始菜单中显示的 PyCharm 软件名称，默认即可，单击 Install 按钮，开始安装，最后单击 Fnish 按钮完成安装。

3．汉化 PyCharm

选择 PyCharm 界面中的 Plugins 选项，在 Markeplace 选项卡的搜索框中输入 chinese，找到后单击 Install 按钮安装中文语言包，如图 1-12 所示。

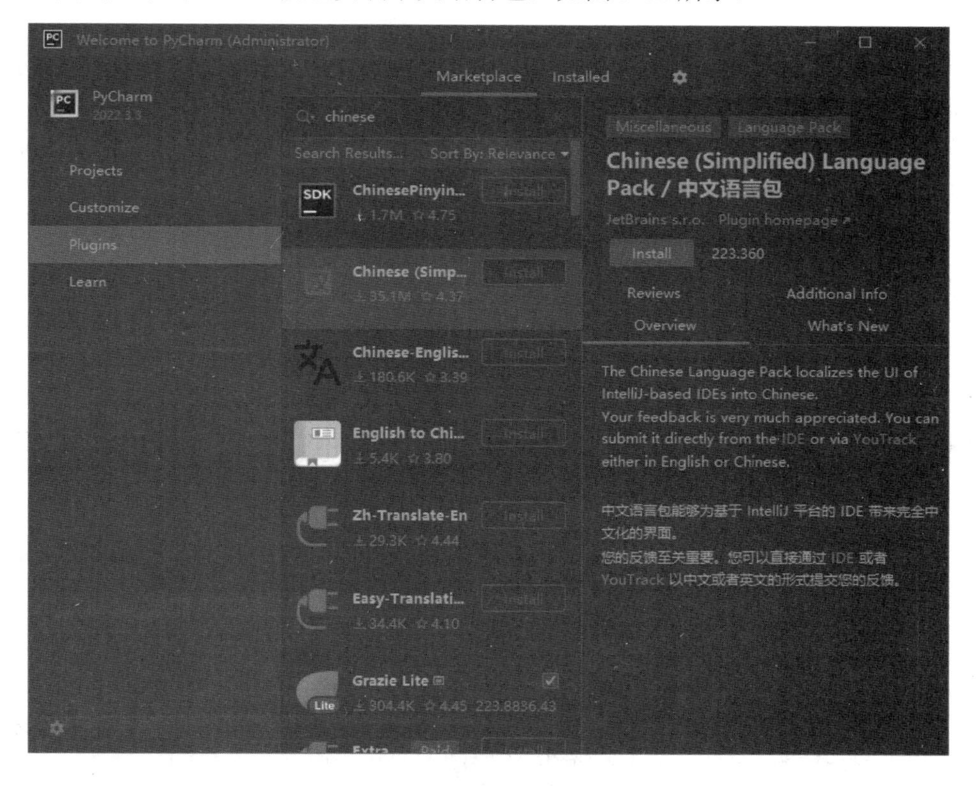

图 1-12　安装中文语言包

4．为 PyCharm 配置解释器

新建项目，选择“文件”→“设置”命令，打开“设置”对话框，选择本项目下的“Python 解释器”选项，选择“添加解释器”选项，打开“添加 Python 解释器”对话框，选择“Conda 环境”选项，选择“现有环境”单选按钮，“解释器”设置为 anconda3 文件夹下的 python.exe 文件，“Conda 可执行文件”设置为 anconda3 文件夹下的 conda.exe 文件，如图 1-13 所示。

图 1-13　为 PyCharm 配置解释器

1.3.3　搭建虚拟环境

在 base 环境下安装较多库，容易导致一些安装包冲突，所以需要用 Anaconda 配置环境，根据实际需要安装库。Anaconda 已经安装了很多包，并且使用 Conda 管理这些包，因此可以在计算机中存储互不干扰的多个环境，使用编译器利用这些环境创建不同的项目。

1. 创建一个虚拟环境

使用 Anaconda 创建一个新虚拟环境，在 cmd 命令窗口中，输入 activate，打开 Anaconda Prompt，输入 conda create -n my_env python=3.8 创建一个虚拟环境，其中 my_env 是虚拟环境的名字，此处必须指定 Python 的版本，如图 1-14 所示。

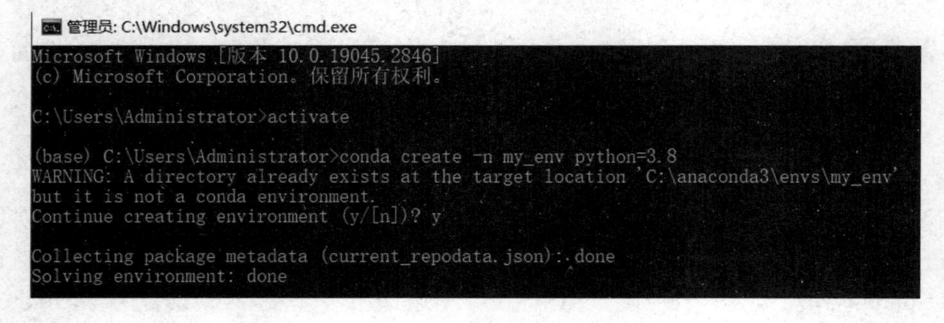

图 1-14　创建虚拟环境

2. 激活虚拟环境

输入 activate my_env，激活创建的虚拟环境，前缀由(base)变为(my_env)，如图 1-15 所示。

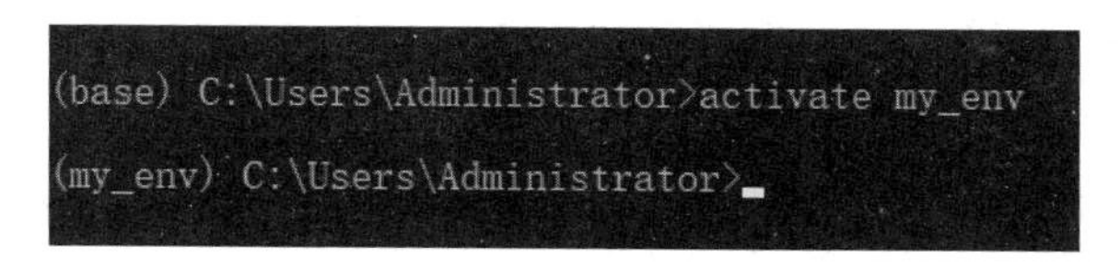

图 1-15　激活虚拟环境

3. 设置虚拟环境

在 PyCharm 中把项目的环境设置为虚拟环境，可以使用该虚拟环境运行所需要的项目，极大减少冲突导致的 Bug 问题。

（1）启动 PyCharm，创建一个新项目，设置如图 1-16 所示。

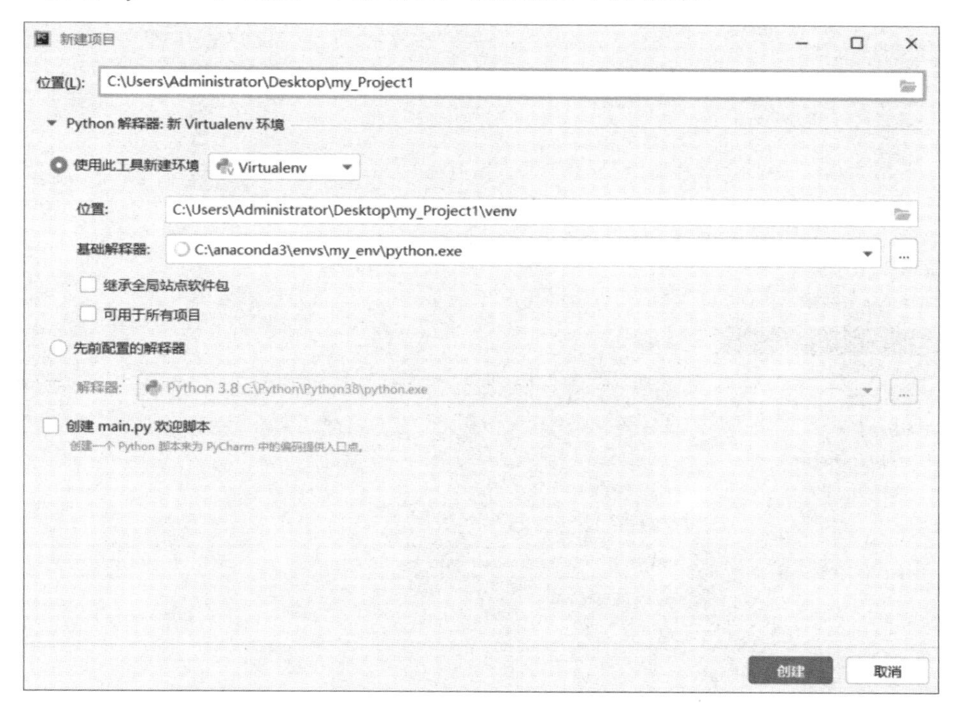

图 1-16　新建项目

（2）配置项目解释器，打开“设置”对话框，选择新建项目下的“Python 解释器”选项，在右侧的“Python 解释器”下拉列表中选择“全部显示”选项，如图 1-17 所示。

（3）打开“添加 Python 解释器”对话框，添加解释器，设置现有环境，如图 1-18 所示。

（4）添加完成之后，可以看到新建项目使用的环境及其包含的包（库），如图 1-19 所示。

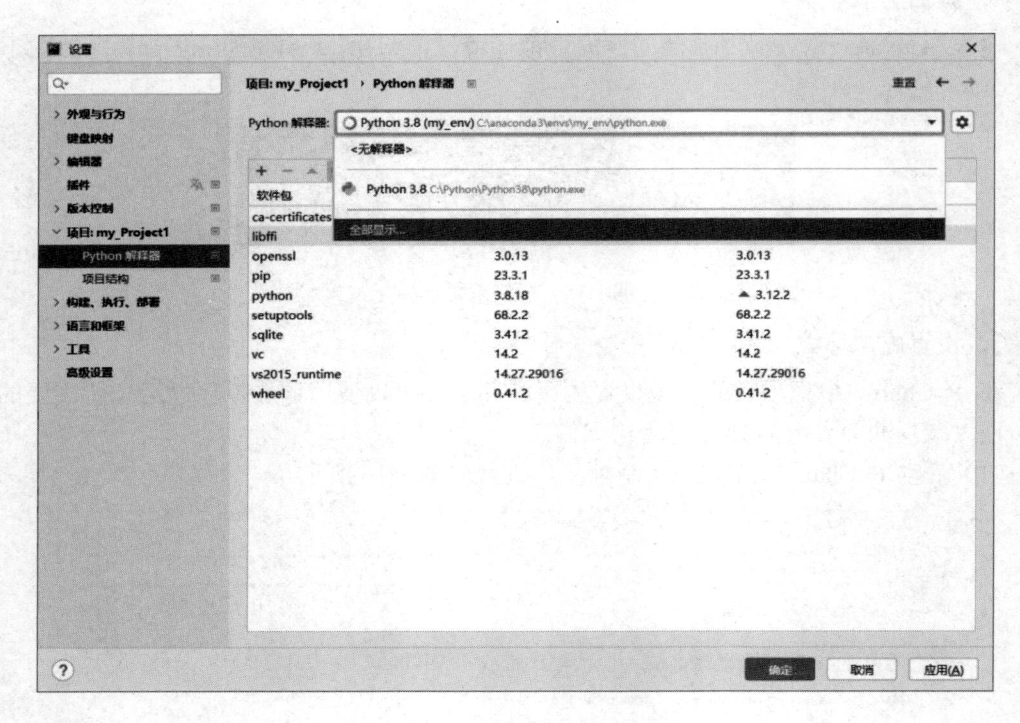

图 1-17　显示 Python 解释器

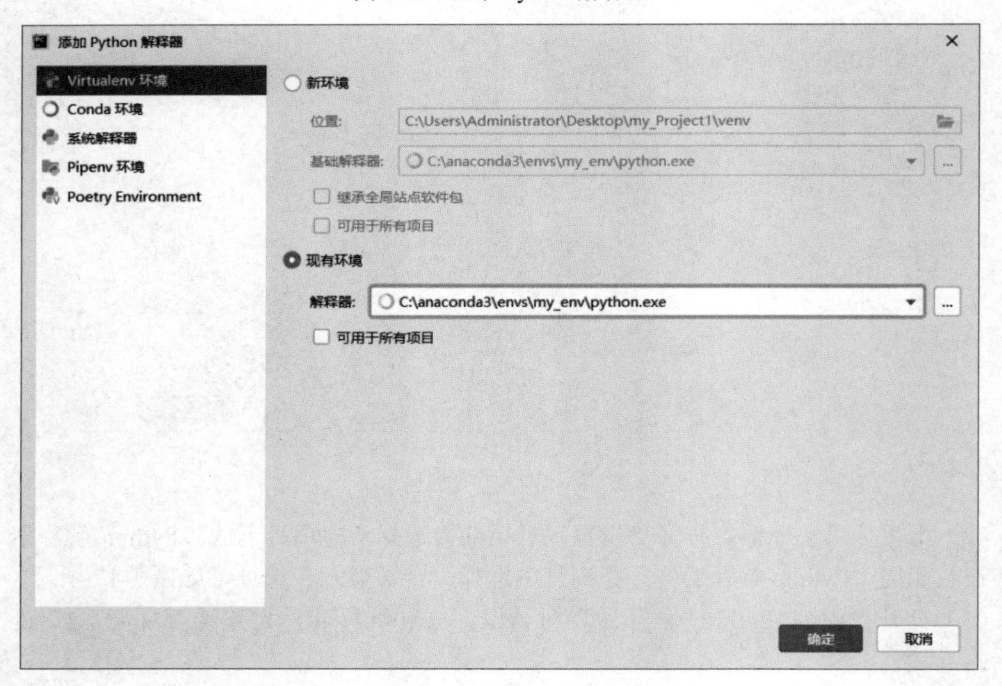

图 1-18　设置现有环境

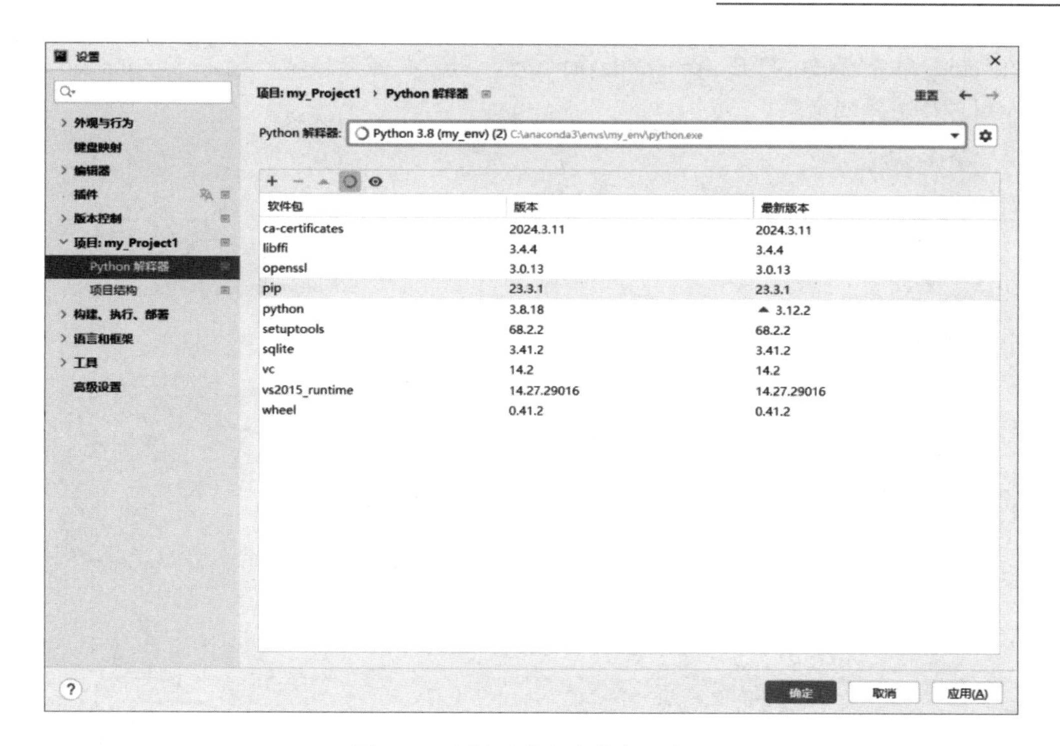

图 1-19　环境及其包含的包（库）

至此 Anaconda 配置的虚拟环境就链接到 PyCharm 中了。

4．卸载虚拟环境

如果不想要新建的虚拟环境，可以执行以下命令删除虚拟环境：

```
conda uninstall -n my_env --all
```

其中，my_env 是虚拟环境名称。

1.3.4　配置虚拟环境

Python 常用的数据分析工具有 NumPy 库、SciPy 库、matplotlib 库、Pandas 库、sklearn 库、Keras 库和 Gensim 库等，常规版本的 Python 需要另外安装上述库文件。Anaconda 集成了 Python 解释器和大量关于数据计算和数据挖掘的工具，如 Conda、NumPy、SciPy、Jupyter Notebook 等。配置虚拟环境就是安装 Python 的第三方库，可以指定版本，若不指定版本则默认安装最新版。安装方式有以下几种。

1．安装 Anaconda 中已经有的库

Anaconda 中集成了很多常用的第三方库，但我们通过 Anaconda 所创建的虚拟环境中没有，可以通过 PyCharm 直接添加，安装 Pandas 库如图 1-20 所示。

2．离线安装第三方库

也可以下载相关的第三方库文件，使用 Python 的 pip 或者 Conda 安装，然后进行配置。在 cmd 命令窗口中打开 Anaconda 命令行，进入并激活环境，输入 pip install（库全名）.whl，开始离线安装。

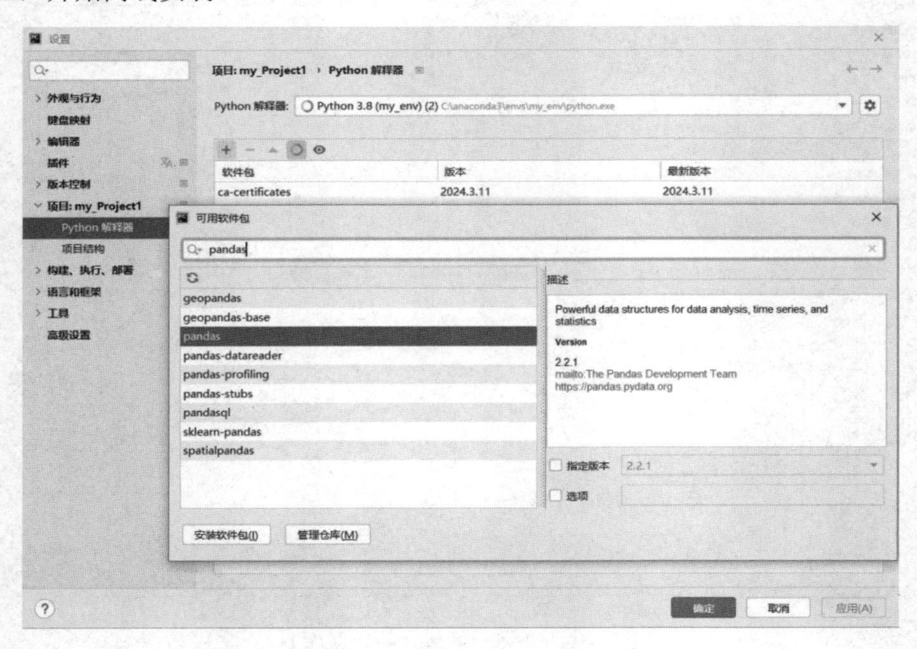

图 1-20　安装 Pandas 库

（1）安装 NumPy 库

在 Windows 系统中，可以通过 pip 安装 NumPy 库。命令如下：

```
pip install numpy
```

使用上述命令安装的 NumPy 库中缺少一些依赖，在后面安装 SciPy 时会报错，所以推荐使用 NumPy 安装包的方式安装函数库，根据实际需要下载相应版本的 NumPy 安装包。在 cmd 命令窗口中输入 activate my_env，激活创建的虚拟环境，然后输入 pip install D:\soft\python-spark\numpy-1.22.4+mkl-cp38-cp38-win_amd64.whl，如图 1-21 所示。

```
C:\Users\Administrator>activate my_env

(my_env) C:\Users\Administrator>pip install D:\soft\python-spark\numpy-1.22.4+mkl-cp38-cp38-win_amd64.whl
Processing d:\soft\python-spark\numpy-1.22.4+mkl-cp38-cp38-win_amd64.whl
Installing collected packages: numpy
Successfully installed numpy-1.22.4+mkl
```

图 1-21　安装 NumPy 库

（2）安装 SciPy 库

SciPy 库提供了大量的基于矩阵运算的对象和函数，支持最优化、线性代数、积分、插值、拟合、特殊函数、快速傅里叶变换、信号处理和图像处理、常微分方程求解、其他科学与工程中常用的计算，这些是进行数据挖掘必不可少的功能。SciPy 库依赖 NumPy 库，因此需要先安装 NumPy 库再安装 SciPy 库。

SciPy 库不能直接使用 pip 命令安装，原因是 pip 下默认安装的 SciPy 版本只适合 Linux 系统，因此需要下载 SciPy 安装包。在 cmd 命令窗口中输入 activate my_env，激活创建的虚拟环境，然后输入 pip install D:\soft\python-spark\SciPy-1.8.1-cp38-cp38-win_amd64.whl，如图 1-22 所示。

```
(my_env) C:\Users\Administrator>pip install D:\soft\python-spark\SciPy-1.8.1-cp38-cp38-win_amd64.whl
Processing d:\soft\python-spark\scipy-1.8.1-cp38-cp38-win_amd64.whl
Requirement already satisfied: numpy<1.25.0,>=1.17.3 in c:\anaconda3\envs\my_env\lib\site-packages (f
1.22.4+mkl)
Installing collected packages: SciPy
Successfully installed SciPy-1.8.1
```

图 1-22　安装 SciPy 库

（3）安装 matplotlib 库

matplotlib 库是 Python 的一个 2D 绘图库，可以生成直方图、功率图、条形图、错误图、散点图等，也可以绘制一些简单的 3D 图。根据实际需求下载相应版本的安装包。在 cmd 命令窗口中输入 activate my_env，激活创建的虚拟环境。matplotlib 依赖 Pillow 来读取和保存图像文件，先安装 Pillow，在 cmd 命令窗口中输入 pip install pillow，安装完成之后再输入 pip install D:\soft\python-spark\matplotlib-3.5.2-cp38-cp38-win_amd64.whl，如图 1-23 所示。

```
(my_env) C:\Users\Administrator>pip install D:\soft\python-spark\matplotlib-3.5.2-cp38-cp38-win_amd64.whl
Processing d:\soft\python-spark\matplotlib-3.5.2-cp38-cp38-win_amd64.whl
Collecting cycler>=0.10 (from matplotlib==3.5.2)
  Using cached cycler-0.12.1-py3-none-any.whl.metadata (3.8 kB)
Collecting fonttools>=4.22.0 (from matplotlib==3.5.2)
  Using cached fonttools-4.50.0-cp38-cp38-win_amd64.whl.metadata (162 kB)
Collecting kiwisolver>=1.0.1 (from matplotlib==3.5.2)
  Using cached kiwisolver-1.4.5-cp38-cp38-win_amd64.whl.metadata (6.5 kB)
Requirement already satisfied: numpy>=1.17 in c:\anaconda3\envs\my_env\lib\site-packages (from matplotlib=
4+mkl)
```

图 1-23　安装 matplotlib 库

（4）安装 sklearn 库

sklearn 库是一套基于 Python 语言的机器学习库，该库建立在 NumPy、SciPy 和 matplotlib 基础之上，能够为用户提供各种机器学习算法接口，具有一套简单、高效的数据挖掘和数据分析工具，集成了大量成熟的机器学习算法，主要包含分类、回归、聚类和降维四类算法。在分类算法中，sklearn 库已经实现的算法包括支持向量机（SVM）、最近邻、逻辑回归、随机森林、决策树以及多层感知器（MLP）神经网络等。在回归算法中，sklearn 库已经实现的算法包括支持向量回归（SVR）、脊回归、Lasso 回归、弹性网络（Elastic Net）、最小角回归（LARS）、贝叶斯回归以及各种不同的鲁棒回归算法等。在聚类算法中，sklearn 库已经实现的算法包括 K-means 聚类、谱聚类、均值偏移、分层聚类、DBSCAN 聚类等。此外，sklearn 库还具有模型选择和数据预处理的相关功能，即一套用于数据降维、模型选择、特征提取和归一化的完整算法/模块。

sklearn 库的安装过程类似 NumPy 库。在 cmd 命令窗口中输入 activate my_env，激活创建的虚拟环境，然后输入 pip install D:\soft\python-spark\scikit_learn-1.1.1-cp38-cp38-win_amd64.whl，如图 1-24 所示。

```
(my_env) C:\Users\Administrator>pip install D:\soft\python-spark\scikit_learn-1.1.1-cp38-cp38-win_amd64.whl
Processing d:\soft\python-spark\scikit_learn-1.1.1-cp38-cp38-win_amd64.whl
Requirement already satisfied: numpy>=1.17.3 in c:\anaconda3\envs\my_env\lib\site-packages (from scikit-lear
.22.4+mkl)
Requirement already satisfied: scipy>=1.3.2 in c:\anaconda3\envs\my_env\lib\site-packages (from scikit-learn
8.1)
Collecting joblib>=1.0.0 (from scikit-learn==1.1.1)
  Downloading joblib-1.3.2-py3-none-any.whl.metadata (5.4 kB)
Collecting threadpoolctl>=2.0.0 (from scikit-learn==1.1.1)
  Downloading threadpoolctl-3.4.0-py3-none-any.whl.metadata (13 kB)
Downloading joblib-1.3.2-py3-none-any.whl (302 kB)
   ---------------------------------------- 302.2/302.2 kB 389.8 kB/s eta 0:00:00
Downloading threadpoolctl-3.4.0-py3-none-any.whl (17 kB)
```

图 1-24 安装 sklearn 库

（5）安装 Pandas 库

可以在 PyCharm 中安装 Pandas 库。Pandas 库是 Python 下功能最强大的数据分析和探索工具，包含高级的数据结构和精巧的分析工具，可以快速、简单地处理数据。Pandas 库支持类似 SQL 的数据增、删、改、查操作，并且包含大量的数据处理函数。Pandas 库为时间序列分析提供了很好的支持，可以处理数据缺失等问题，灵活地对齐数据，解决不同数据的集成时常见的问题。可以使用 pip 安装或者自行安装 Pandas 库。

3. 在线安装

（1）Anaconda 命令行在线安装。首先激活并进入虚拟环境，然后输入命令：

```
conda install 库名
```

（2）通过 PyCharm 在线安装。在 PyCharm 界面下方的终端窗口中，输入命令：

```
pip install 库名
```

4. 验证安装是否成功

导入安装的库，如图 1-25 所示，查看是否安装成功。

```
(my_env) C:\Users\Administrator>python
Python 3.8.19 (default, Mar 20 2024, 19:5
Type "help", "copyright", "credits" or "l
>>> import numpy
>>> import scipy
>>> import matplotlib
>>> import sklearn
>>> _
```

图 1-25 导入安装的库

1.4　Spark 平台搭建

大数据环境下的机器学习要依赖多台计算机进行分布式数据处理，Hadoop 生态圈的 Spark 是广泛使用的工具之一，目前成熟的版本是 2.x。Spark 2.x 的新特性主要体现在三个方面：性能优化（Tungsten 项目）、接口优化（统一 DataSet 和 DataFrame 接口）和流处理（Structured Streaming）。本书以 Spark 2.x 为例搭建 Spark 平台。

1.4.1　Spark 的部署方式

根据部署方式的不同，安装方式也会有所不同。Spark 有 4 种部署方式。

1．Spark on YARN

Spark on YARN 是生产环境中最常见的部署方式，YARN（Yet Another Resource Negotiator）是 Hadoop 2.0 区别于之前版本的重大改进，YARN 是目前使用最为普遍的资源管理与调度平台。在这种部署方式中，用户只需要通过 Spark 客户端提交作业，而作业的执行在 YARN 的 Container（容器中封装了机器资源，如内存、CPU、磁盘、网络等，每个任务会被分配一个容器，该任务只能在该容器中执行，并使用该容器封装的资源）中完成，资源调度由 YARN 的 Master（主要负责与调度器协商以获取合适的容器，并跟踪这些容器的状态和监控其进度）完成，计算任务由 Spark 的 Driver（负责向集群申请资源，向 Master 注册信息，负责作业的调度、作业的解析、生成 Stage 并调度任务到 Executor 上；包括 DAGScheduler、TaskScheduler）完成。

2．Spark on Mesos

由于 YARN 依托于 Hadoop 的先发优势太大，因此目前使用 Mesos 的用户并不多。在这种部署方式中，同样是通过 Spark 客户端提交作业，Driver 向 Mesos 主节点的集群管理器申请资源，集群管理器为其分配资源并在相应的节点上启动 Executor（执行器，是 Spark 执行任务的进程），接着 Driver 会调度任务在 Driver 上执行，并在执行过程中与 Executor 通信。

3．Spark Standalone

Spark Standalone 部署方式采用一个内置的调度器，不依赖任何外部资源管理与调度平台（如 YARN、Mesos），由 Spark 集群自己管理资源与调度。Spark Standalone 可以用来进行程序测试或作为教学仿真环境。为了方便读者快速安装，本书采用这种部署方式。

4．Spark on Kubernetes

Spark 2.3 以后开始支持 Spark on Kubernetes 部署方式，Kubernetes 本身也是主从架构的，Kubernetes Master 是 Kubernetes 集群的主节点，负责与客户端交互、资源调度和自动控制，node.js（节点）可以运行在虚拟机和物理机上，主要功能是承载 Pod（若干容器的组合）的运行，Pod 的创建和启停等操作由 node.js 的 Kubelet 组件控制，同一个 Pod 中的容器运行在同一个宿主机上，Pod 是 Kubernetes 能够进行创建、调度和管理的最小单位。每个 node.js 上都运行一个 Kubelet 服务进程，默认监听 10250 端口，接收并执行 Master 发来的指令，管理 Pod 及 Pod 中的容器。每个 Kubelet 进程会在 API Server 上注册所在 node.js 的信息，定期向 Master 节点汇报该节点的资源使用情况，并通过 cAdvisor 监控节点和容器的资源。

1.4.2 安装 JDK

1. 下载软件安装包

Spark 依赖 Java，因此要在计算机中安装 JDK，根据系统下载对应的 JDK 软件安装包。在 Oracle 网站上下载 jdk-8u361-windows-x64.exe，如图 1-26 所示。

Linux　macOS　Solaris　Windows

Product/file description	File size	Download
x86 Installer	139.73 MB	jdk-8u361-windows-i586.exe
x64 Installer	149.08 MB	jdk-8u361-windows-x64.exe

图 1-26　下载 JDK 软件安装包

2. 安装 JDK

（1）双击 jdk-8u361-windows-x64.exe 文件，打开安装对话框。

（2）单击“下一步”按钮就会出现如图 1-27 所示的对话框，单击“更改”按钮，改变 JDK 的安装路径（这里更改到 C:\Java\jdk1.8.0_361 目录下），单击“下一步”按钮。

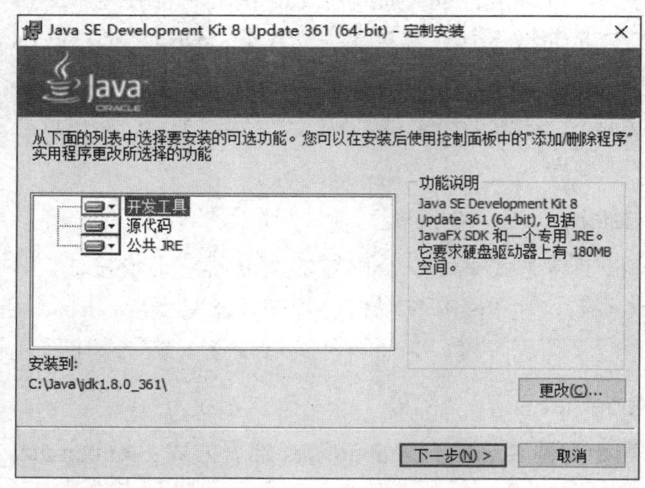

图 1-27　更改 JDK 安装路径

（3）进入图 1-28 所示的对话框，单击“更改”按钮，将 JRE 的安装路径改为 C:\java\jre1.8.0_361 目录，单击“下一步”按钮。

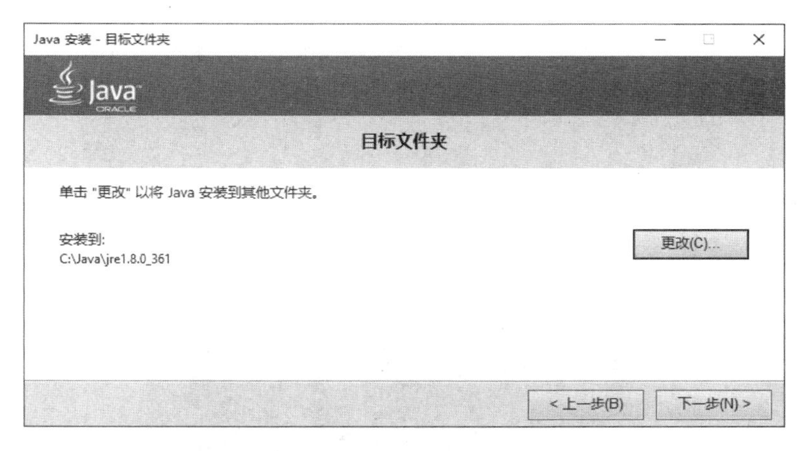

图 1-28　更改 JRE 的安装路径

（4）等待安装。

（5）安装完成之后，单击“关闭”按钮。

3. 设置环境变量

（1）在“编辑系统变量”对话框中新建变量名为 JAVA_HOME、变量值为 jdk 的系统变量，如图 1-29 所示。

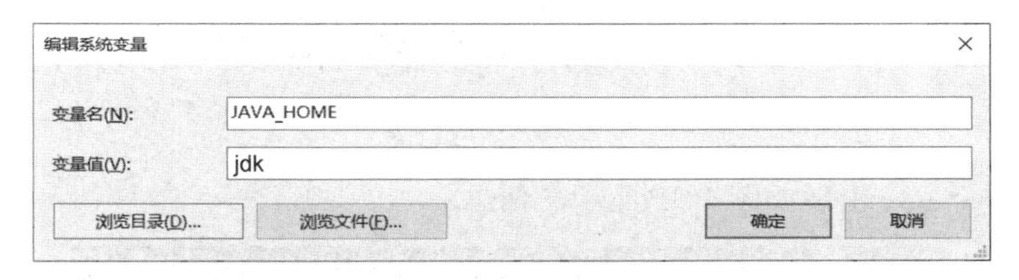

图 1-29　编辑系统变量

（2）找到系统变量下的 Path，然后单击“编辑”按钮，新建两个变量，值分别为%JAVA_HOME%\bin 和%JAVA_HOME%\jre\bin，如图 1-30 所示。

图 1-30　编辑环境变量

4．测试安装是否成功

（1）进入 cmd 命令窗口，输入 java -version，出现如图 1-31 所示的信息。

```
C:\Users\Administrator>java -version
java version "1.8.0_361"
Java(TM) SE Runtime Environment (build 1.8.0_361-b09)
Java HotSpot(TM) 64-Bit Server VM (build 25.361-b09, mixed mode)

C:\Users\Administrator>
```

图 1-31　查看 Java 版本

（2）输入 java ，出现如图 1-32 所示的信息。

```
C:\Users\Administrator>java
用法: java [-options] class [args...]
           (执行类)
   或  java [-options] -jar jarfile [args...]
           (执行 jar 文件)
其中选项包括:
    -d32          使用 32 位数据模型 (如果可用)
    -d64          使用 64 位数据模型 (如果可用)
    -server       选择 "server" VM
                  默认 VM 是 server.

    -cp <目录和 zip/jar 文件的类搜索路径>
    -classpath <目录和 zip/jar 文件的类搜索路径>
                  用 ; 分隔的目录, JAR 档案
                  和 ZIP 档案列表, 用于搜索类文件。
    -D<名称>=<值>
                  设置系统属性
    -verbose:[class|gc|jni]
                  启用详细输出
    -version      输出产品版本并退出
    -version:<值>
                  警告: 此功能已过时, 将在
                  未来发行版中删除。
                  需要指定的版本才能运行
    -showversion  输出产品版本并继续
    -jre-restrict-search | -no-jre-restrict-search
                  警告: 此功能已过时, 将在
                  未来发行版中删除。
                  在版本搜索中包括/排除用户专用 JRE
```

图 1- 32　Java 用法

（3）输入 javac，出现如图 1-33 所示的信息。

```
C:\Users\Administrator>javac
用法: javac <options> <source files>
其中, 可能的选项包括:
  -g                         生成所有调试信息
  -g:none                    不生成任何调试信息
  -g:{lines,vars,source}     只生成某些调试信息
  -nowarn                    不生成任何警告
  -verbose                   输出有关编译器正在执行的操作的消息
  -deprecation               输出使用已过时的 API 的源位置
  -classpath <路径>            指定查找用户类文件和注释处理程序的位置
  -cp <路径>                   指定查找用户类文件和注释处理程序的位置
  -sourcepath <路径>           指定查找输入源文件的位置
  -bootclasspath <路径>        覆盖引导类文件的位置
  -extdirs <目录>              覆盖所安装扩展的位置
  -endorseddirs <目录>         覆盖签名的标准路径的位置
  -proc:{none,only}          控制是否执行注释处理和/或编译。
  -processor <class1>[,<class2>,<class3>...] 要运行的注释处理程序的名称; 绕过默认
  -processorpath <路径>        指定查找注释处理程序的位置
  -parameters                生成元数据以用于方法参数的反射
  -d <目录>                    指定放置生成的类文件的位置
  -s <目录>                    指定放置生成的源文件的位置
  -h <目录>                    指定放置生成的本机标头文件的位置
  -implicit:{none,class}     指定是否为隐式引用文件生成类文件
  -encoding <编码>             指定源文件使用的字符编码
  -source <发行版>              提供与指定发行版的源兼容性
  -target <发行版>              生成特定 VM 版本的类文件
  -profile <配置文件>            请确保使用的 API 在指定的配置文件中可用
```

图 1-33　Javac 用法

运行以上三个命令并显示出相应的信息，就表示 JDK 已经安装好了。

1.4.3　安装 Scala

1. 下载软件安装包

首先确保已经安装 JDK1.8 版本，设置了 JAVA_HOME 环境变量、JDK 的 bin 目录和 JRE 的 bin 目录。在 Scala-lang 网站上下载对应的 Scala 安装文件 scala-2.11.8.zip。

2. 安装 Scala

解压 scala-2.11.8.zip 文件到 C 盘的 Scala 文件夹下，路径为 C:\Scala\scala-2.11.8。

3. 设置环境变量

（1）新建系统变量，变量名为 SCALA_HOME，变量值为 Scala 的安装路径 C:\Scala\scala-2.11.8，如图 1-34 所示。

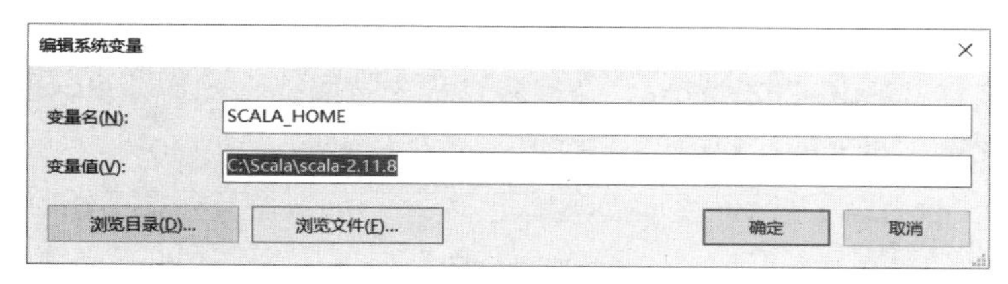

图 1-34　新建系统变量

（2）找到系统变量下的 Path，然后单击“编辑”按钮，新建两个变量，值分别为%SCALA_HOME%\bin 和%SCALA_HOME%\jre\bin，如图 1-35 所示。

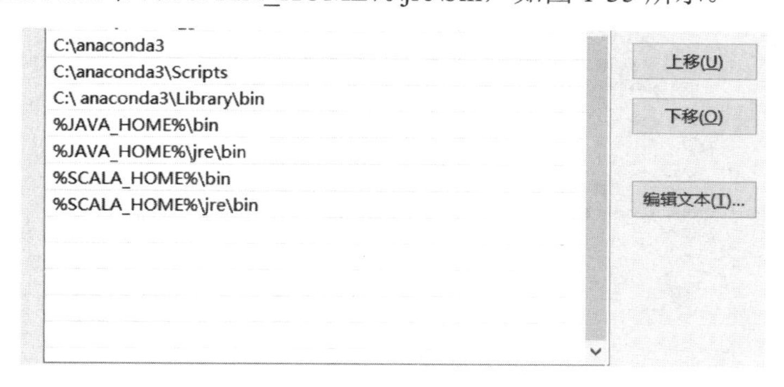

图 1-35　编辑系统变量

4. 测试安装是否成功

（1）进入 cmd 命令窗口，输入 scala -version 查看 Scala 版本，如图 1-36 所示。

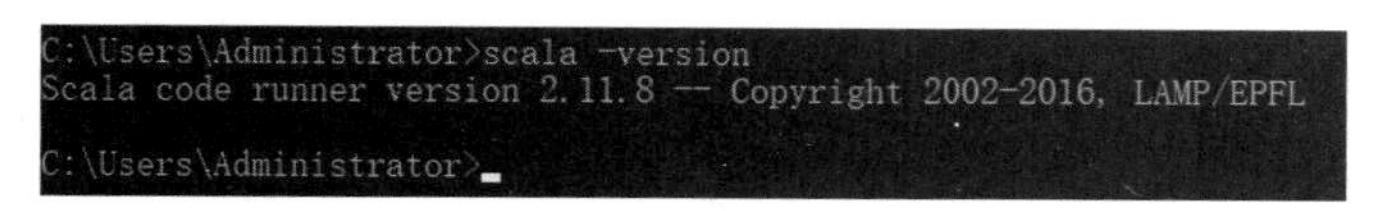

图 1-36　查看 Scala 版本

（2）输入 scala，出现如图 1-37 所示的信息，将会直接进入编写界面。

```
C:\Users\Administrator>scala
Welcome to Scala 2.11.8 (Java HotSpot(TM) 64-Bit Server VM, Java 1.8.0_361).
Type in expressions for evaluation. Or try :help.

scala>
```

图 1-37 直接进入编写界面

1.4.4 安装开发工具 IDEA

1. 下载软件安装包

Scala 主流开发工具主要有 Eclipse 和 IntelliJ IDEA。IDEA 可以自动识别错误代码并进行简单的修复，而且 IDEA 工具内置了很多优秀的插件。在 JetBrains 网站下载社区版或旗舰版，此处下载社区版安装文件 idealC-2023.2.exe。

2. 安装 IDEA

双击安装文件 idealC-2023.2.exe，在安装过程中按照提示操作即可，注意安装路径中尽可能避免出现中文和空格，如图 1-38 所示。

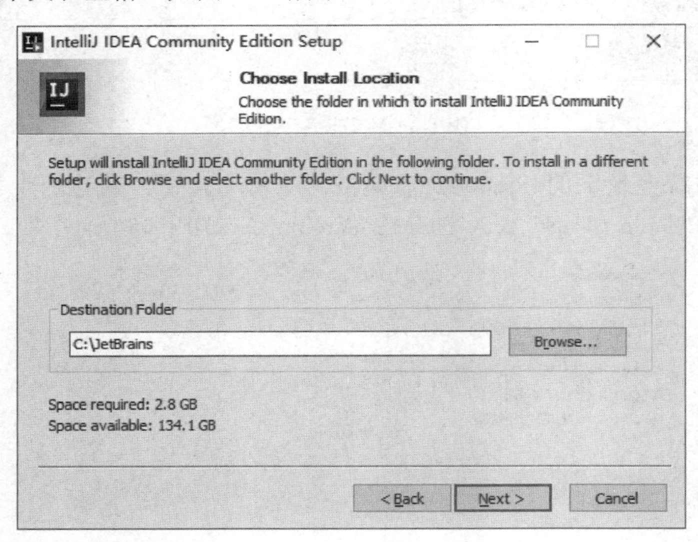

图 1-38 选择安装路径

3. 汉化 IDEA

选择“File”→“Settings”命令，在对话框中选择 Plugins（插件）选项，在搜索框里输入 chinese，在搜索结果界面中单击对应结果后面的 Install 按钮，安装中文语言包，如图 1-39 所示。

4. 安装 Scala 插件

Scala 插件可以在线安装或者离线安装。如果在 IDEA 开发工具中离线安装 Scala 插件，要先下载 Scala 插件，注意应与 IDEA 版本相对应。单击“禁用”后面的下拉箭头，在下拉列表里选择“从磁盘安装插件”选项，如图 1-40 所示，找到插件安装包的路径将其添加到插件列表中安装。

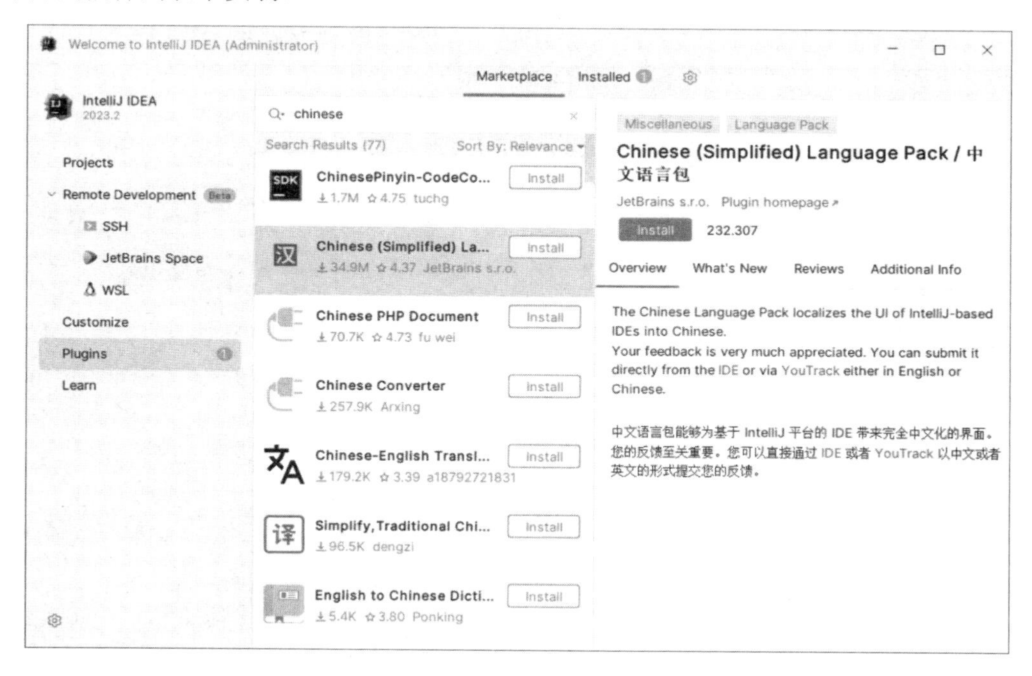

图 1-39　安装中文语言包

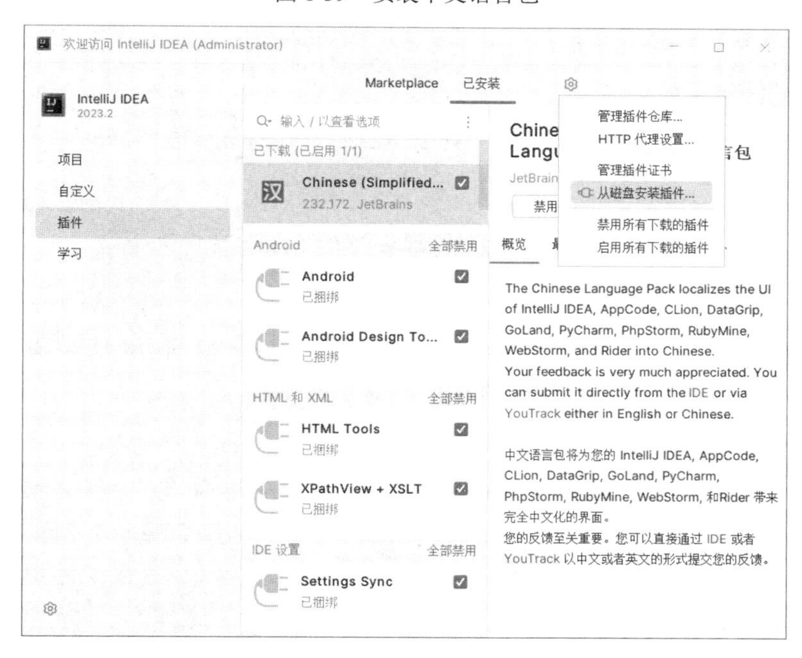

图 1-40　从磁盘安装插件

搜索 Scala，若出现该插件代表安装成功，如图 1-41 所示。

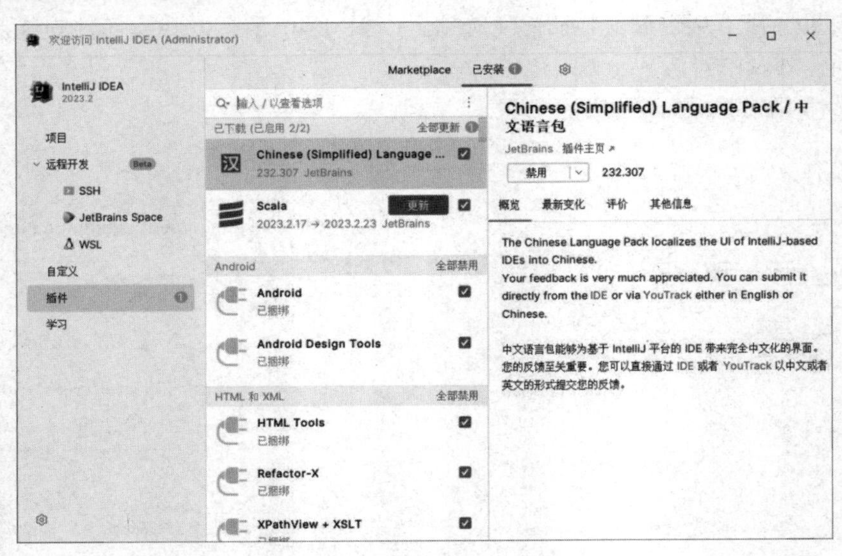

图 1-41　安装 Scala 插件成功

1.4.5　安装 Spark

Spark 是一个强大的开源大数据处理框架，具有广泛的用途和多种应用场景，提供了许多有用的库和工具，应用于大数据处理和分析、数据转换和清洗、机器学习和数据挖掘、实时流处理和图计算等。

1．下载软件安装包

在 Apache 网站上下载 Spark 安装文件 spark-2.4.8-bin-hadoop2.7.zip。

2．安装 Spark

解压 spark-2.4.8-bin-hadoop2.7.zip 文件到 C 盘的 Spark 文件夹下。

3．设置环境变量

（1）新建系统变量，变量名为 SPARK_HOME，变量值为 Spark 的安装路径 C:\Spark\spark-2.4.8-bin-hadoop2.7，如图 1-42 所示。

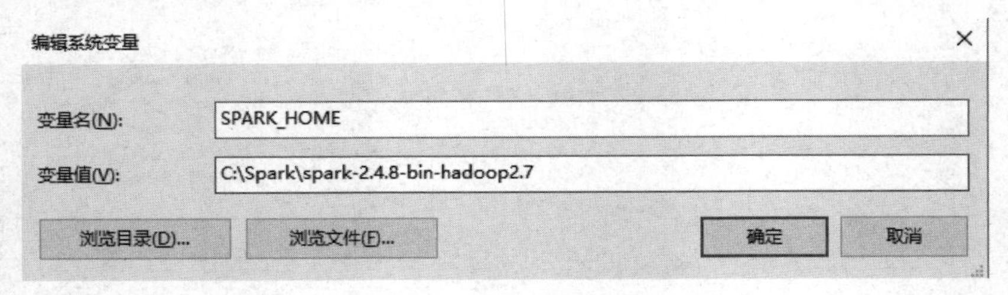

图 1-42　新建系统变量

（2）找到系统变量下的 Path，然后单击“编辑”按钮，新建两个变量，值分别为%SPARK_HOME%\bin 和%SPARK_HOME%\sbin，如图 1-43 所示。

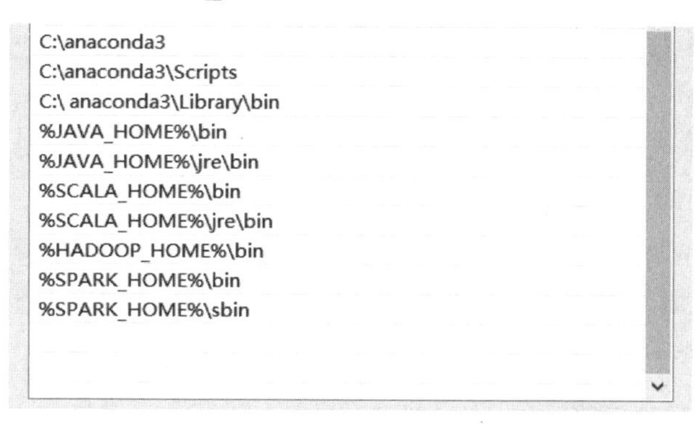

图 1-43　编辑系统变量

4．测试安装是否成功

打开 cmd 命令窗口，输入 spark-shell，测试 Spark 安装是否成功，如图 1-44 所示为安装成功。

```
C:\Users\Administrator>spark-shell
Using Spark's default log4j profile: org/apache/spark/log4j-defaults.properties
Setting default log level to "WARN".
To adjust logging level use sc.setLogLevel(newLevel). For SparkR, use setLogLeve
Spark context Web UI available at http://xmzhanmei:4040
Spark context available as 'sc' (master = local[*], app id = local-1710666573553
Spark session available as 'spark'.
Welcome to

                                   version 2.4.8

Using Scala version 2.11.12 (Java HotSpot(TM) 64-Bit Server VM, Java 1.8.0_361)
Type in expressions to have them evaluated.
Type :help for more information.
```

图 1-44　测试 Spark 安装成功

1.4.6　安装 Maven

1．下载软件安装包

在 Apache 网站上下载 Maven 安装文件 apache-maven-3.9.3-bin.zip，Maven 是一个跨平台的项目管理工具。

2．安装 Maven

解压 apache-maven-3.9.3-bin.zip 文件到 C 盘的 maven 文件夹下。

3．设置环境变量

（1）新建系统变量，变量名为 MAVEN_HOME，变量值为 Maven 的安装路径 C:\maven\apache-maven-3.9.3，如图 1-45 所示。

编辑系统变量
变量名(N):
MAVEN_HOME
变量值(V):
C:\maven\apache-maven-3.9.3
浏览目录(D)...
浏览文件(F)...
确定
取消

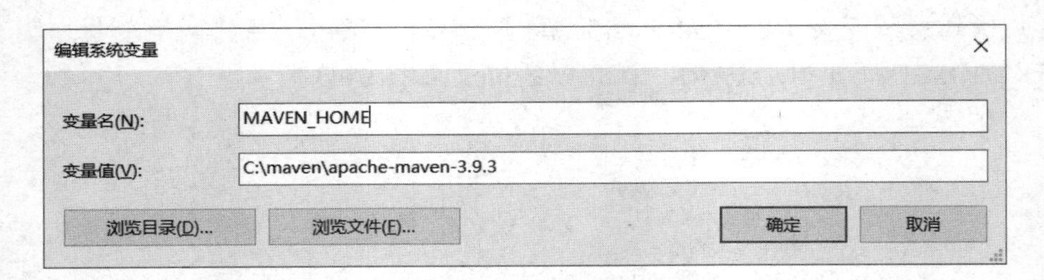

图 1-45　新建系统变量

（2）找到系统变量下的 Path，然后单击“编辑”按钮，新建一个变量，值为%MAVEN_HOME%\bin，如图 1-46 所示。

C:\anaconda3
C:\anaconda3\Scripts
C:\ anaconda3\Library\bin
%JAVA_HOME%\bin
%JAVA_HOME%\jre\bin
%SCALA_HOME%\bin
%SCALA_HOME%\jre\bin
%HADOOP_HOME%\bin
%SPARK_HOME%\bin
%SPARK_HOME%\sbin
%MAVEN_HOME%\bin

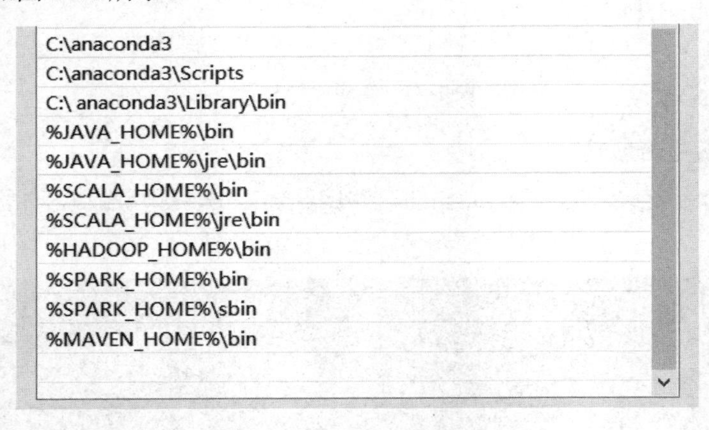

图 1-46　编辑系统变量

4．测试安装是否成功

进入 cmd 命令窗口，输入 mvn -version 或者 mvn -v，出现如图 1-47 所示的信息。

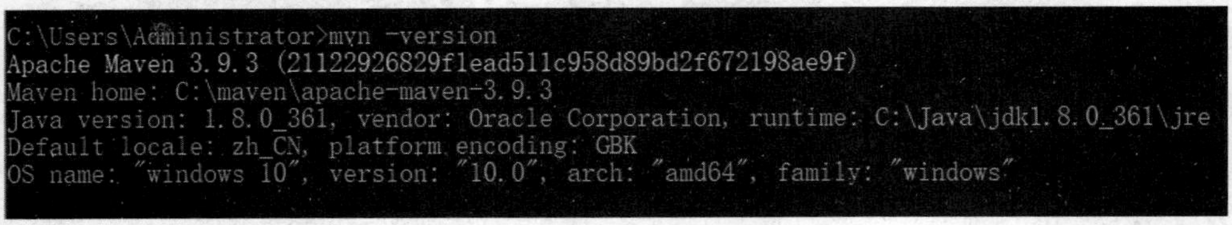

C:\Users\Administrator>mvn -version
Apache Maven 3.9.3 (21122926829f1ead511c958d89bd2f672198ae9f)
Maven home: C:\maven\apache-maven-3.9.3
Java version: 1.8.0_361, vendor: Oracle Corporation, runtime: C:\Java\jdk1.8.0_361\jre
Default locale: zh_CN, platform encoding: GBK
OS name: "windows 10", version: "10.0", arch: "amd64", family: "windows"

图 1-47　查看 Maven 版本

5．配置 Maven 仓库

Maven 中的仓库用来存储 Maven 构建的项目和各种依赖的 Jar 包。

（1）Maven 仓库分类

✧ 本地仓库：位于自己计算机中的仓库，存储从远程仓库或中央仓库下载的插件和 Jar 包。

✧ 远程仓库：需要联网才可以使用的仓库，阿里巴巴提供了一个免费的 Maven 远程仓库。Maven 软件内置远程仓库地址。

✧ 中央仓库：中央仓库服务于整个互联网，由 Maven 团队维护，其中存储了非常全的 Jar 包，包含世界上流行的大部分开源项目构件。

（2）配置本地仓库

建议将 Maven 的本地仓库放在与安装目录不同的盘符下，在 Maven 安装目录中进入 conf 目录，打开 settings.xml 文件。配置代码如下：

```
<localRepository>D:\repository</localRepository>
```

（3）Maven 下载 Jar 包默认访问国外的中央仓库，而国外网站速度很慢。改成阿里云提供的镜像仓库，访问国内网站，可以让 Maven 下载 Jar 包的速度更快。配置代码如下：

```
<mirror>
    <id>alimaven</id>
    <name>aliyun maven</name>
    <url>http://maven.aliyun.com/nexus/content/groups/public/</url>
    <mirrorOf>central</mirrorOf>
</mirror>
```

1.5　基于 Python 创建项目

【例 1-1】 基于 Python 平台，用 PyCharm 创建“Hello World”项目。具体步骤如下。

（1）启动 PyCharm，单击“新建项目”按钮，如图 1-48 所示。

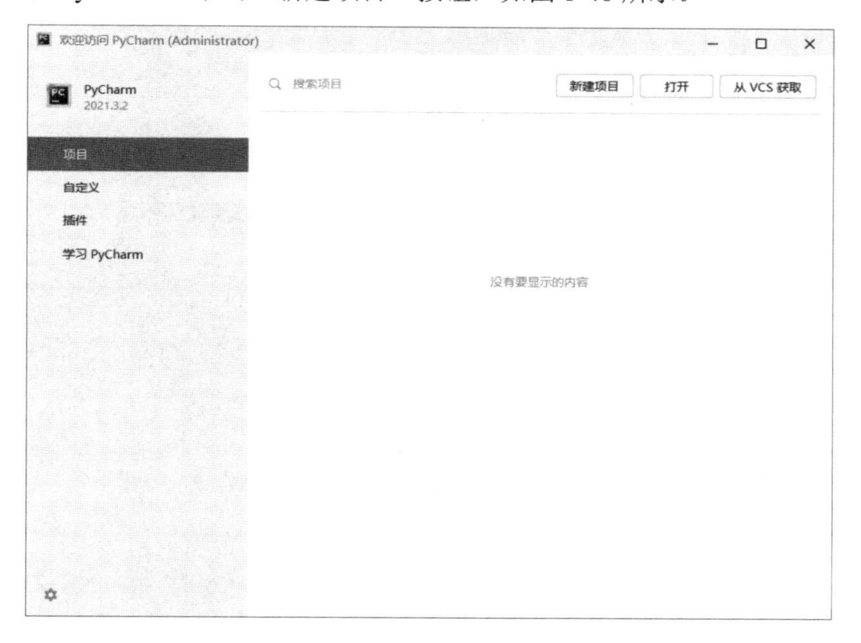

图 1-48　新建项目

（2）在打开的“新建项目”对话框中设置基础解释器，如图 1-49 所示，其中“my_env”是自行创建的虚拟环境，单击“创建”按钮。

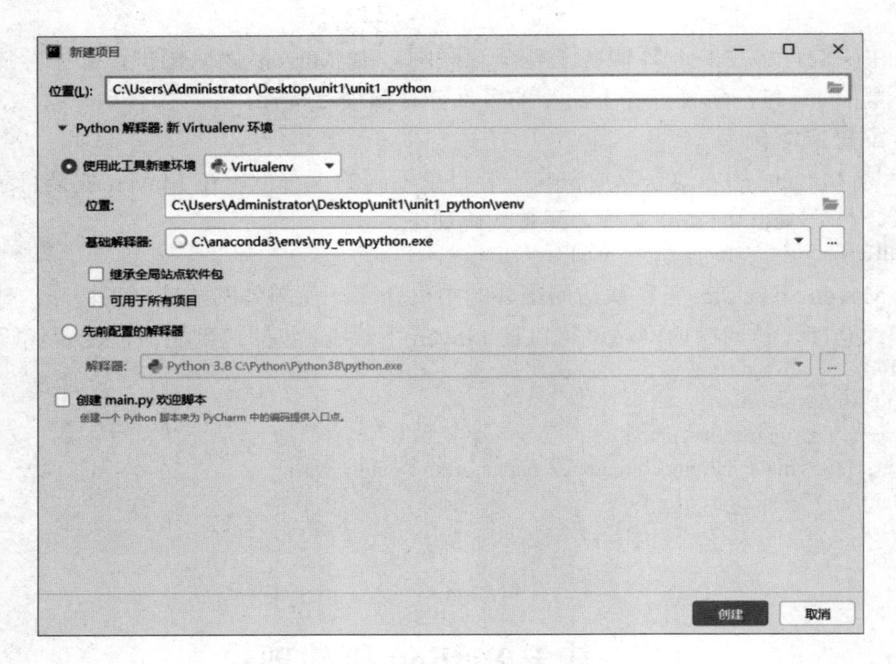

图 1-49　设置基础解释器

（3）在 PyCharm 工作界面中，右击新建的项目，在弹出的快捷菜单中选择“新建”→“Python 文件”命令，如图 1-50 所示。

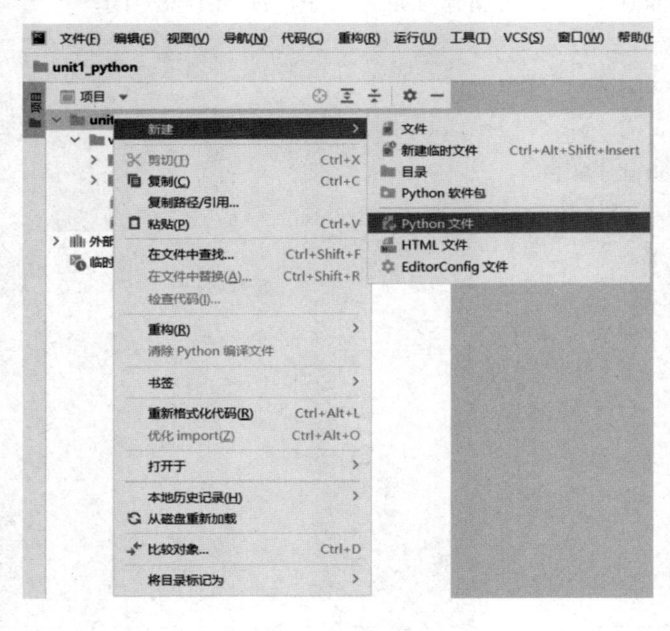

图 1-50　新建 Python 文件

在编辑区输入如下代码：

```
# Hello World
def print_hi(name):
```

```
        print(f'Hello, {name}')

if __name__ == '__main__':
    print_hi('World')
```

（4）运行效果如图 1-51 所示。

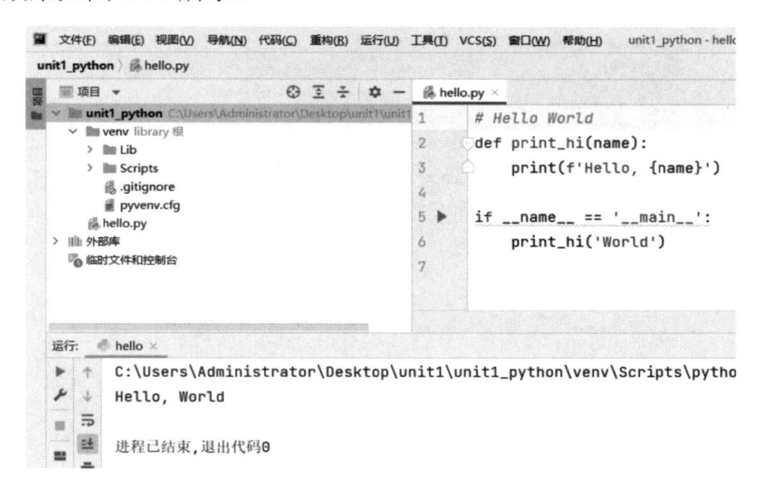

图 1-51　PyCharm 项目运行效果

1.6　基于 Spark 创建项目

【例 1-2】 基于 Spark 平台，用 IDEA 创建“Hello World”项目。具体步骤如下。

（1）启动 IDEA，新建项目，设置名称、位置、语言、构建系统、JDK 和 Scala SDK 等，如图 1-52 和图 1-53 所示。

图 1-52　新建项目

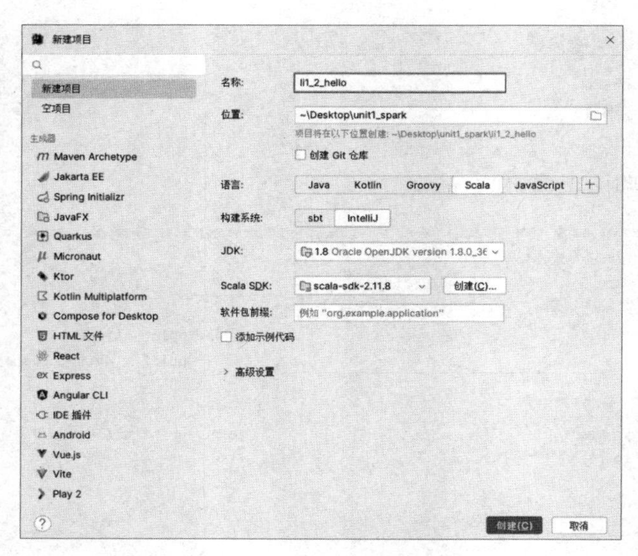

图 1-53　设置参数

（2）给项目添加框架支持，勾选 Maven 复选框，如图 1-54 所示。

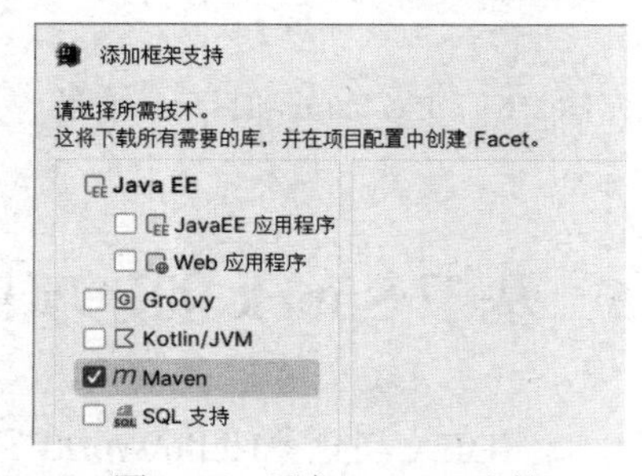

图 1-54　添加 Maven 支持

（3）打开“项目结构”对话框，在 main 下面新建文件夹，设置该文件夹为“源代码”，如图 1-55 所示。创建完成之后的项目结构如图 1-56 所示。

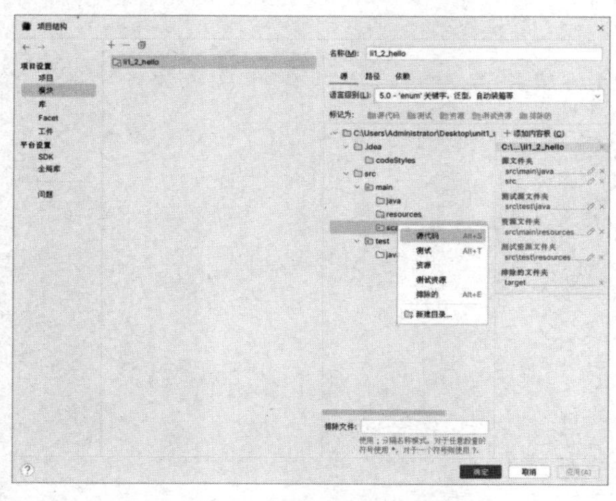

图 1-55　新建文件夹

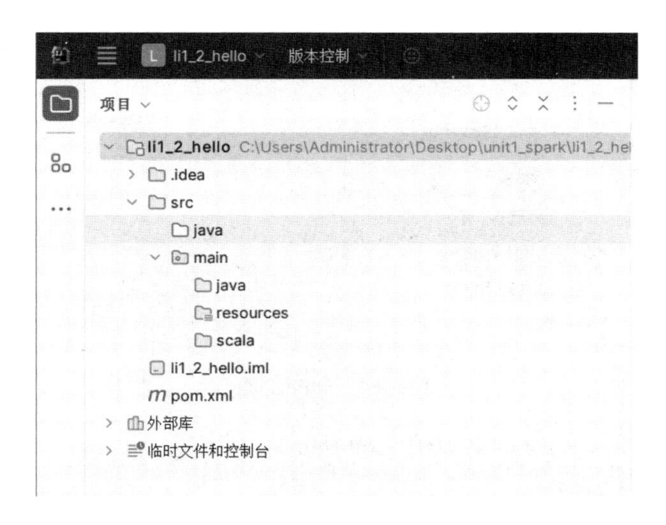

图 1-56　项目结构

（4）在“项目结构”对话框中，在库中添加 scala-sdk-2.11.8，如图 1-57 所示。

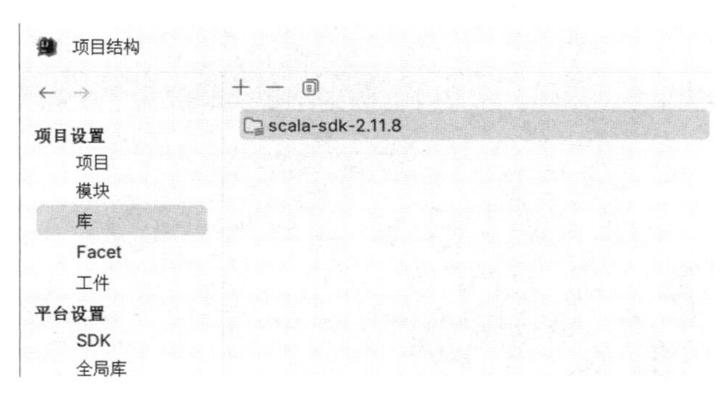

图 1-57　添加 scala-sdk-2.11.8

（5）右击 scala 文件夹，新建 Scala 类，选择 Object 类，如图 1-58 和图 1-59 所示。

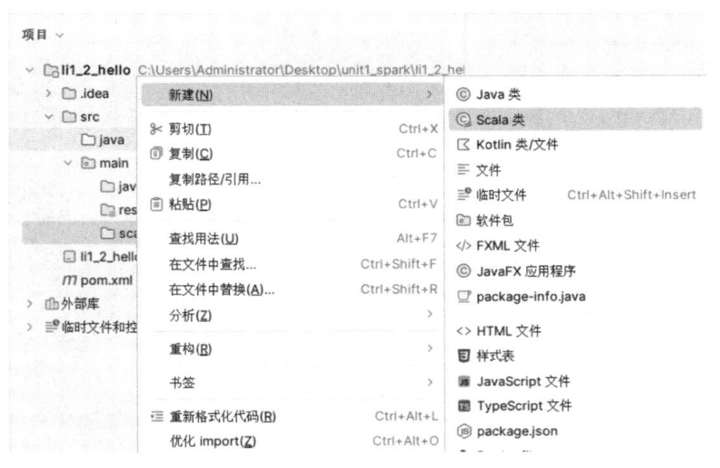

图 1-58　新建 Scala 类

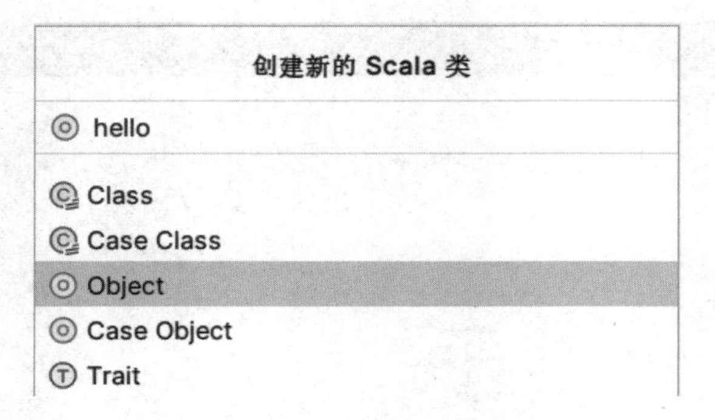

图 1-59 Object 类

（6）输入如下代码，运行效果如图 1-60 所示。

```
// Hello World
object hello {
  def main(args: Array[String]): Unit = {
    println("Hello World"）
  }
}
```

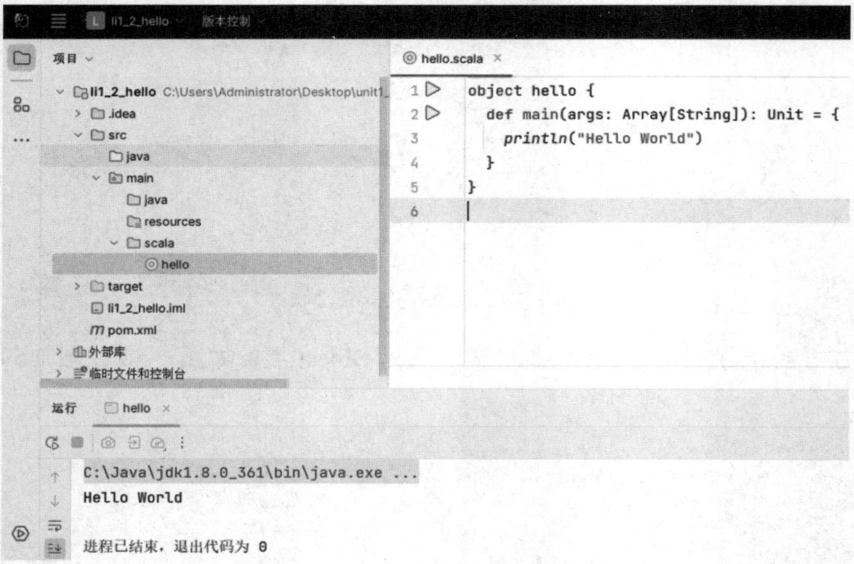

图 1-60 IDEA 项目运行效果

习题 1

一、简答题

1．什么是机器学习？机器学习按照算法的学习方式可分为哪几类？

2．什么是监督学习？什么是无监督学习？二者的主要区别是什么？

3．什么是半监督学习？它有什么优势？

4．分类、聚类、回归、关联这 4 大类常用算法中，哪些属于监督学习？哪些属于无监督学习？

5．简述机器学习算法开发应用程序的步骤。

二、操作题

1．在自己的计算机上部署 Python 环境，并完成例 1-1 的 Hello World 项目创建。

2．在自己的计算机上部署 Spark 环境，并完成例 1-2 的 Hello World 项目创建。

第 2 章　数据预处理

2.1　数据预处理的概念

典型的机器学习流程包括：数据获取、数据预处理、模型训练、模型测试和模型应用 5 个环节。其中第 2 个环节是数据预处理，即对已经获取的数据进行清洗和转换，使其符合后续模型训练和模型测试的要求。数据预处理包括数据的清洗与转换两个步骤。

2.1.1　数据清洗

数据清洗是将数据集中缺失、不完整或有缺陷的记录进行处理，输出正确、完整的数据集。数据清洗的情况主要有以下几种。

1．数据过滤

从完整的数据集中筛选出满足条件的子集。例如，从全年的数据集中筛选出第 4 季度的数据。

2．重复值处理

重复值就是所有字段都一样的记录。要进行数据去重，仅保留唯一的记录。

3．缺失值处理

处理数据集中值为空的记录。例如，将空值过多的记录删除。个别有空值的记录，可以用默认值或平均值填充。

4．异常值处理

数据中可能存在噪声，可以用异常检测手段删除异常值。例如，如果已知数据满足正态分布，那么可以把与均值之差的绝对值大于 3 倍标准差的数据删除（3σ 原则）。

【例 2-1】对表 2-1 进行数据清洗。如果某条记录的缺失值比例超过 50%，则删除这条记录。处理之后的空缺数据，采用列均值填充。

表 2-1　例 2-1 数据表

属性 A	属性 B	属性 C	属性 D	Class
1.01	3.22	2.54	1.34	1
2.34	Null	3.22	4.20	2
Null	Null	Null	2.13	1
1.34	2.33	Null	Null	2
2.11	2.34	Null	4.23	2

解：（1）删除缺失值比例超过 50%的记录：

属性 A	属性 B	属性 C	属性 D	Class
1.01	3.22	2.54	1.34	1
2.34	Null	3.22	4.20	2
1.34	2.33	Null	Null	2
2.11	2.34	Null	4.23	2

（2）填充数据：

属性 A	属性 B	属性 C	属性 D	Class
1.01	3.22	2.54	1.34	1
2.34	(3.22+2.33+2.34)/3=2.63	3.22	4.20	2
1.34	2.33	(2.54+3.22)/2=2.88	(1.34+4.20+4.23)/3=3.26	2
2.11	2.34	(2.54+3.22)/2=2.88	4.23	2

【例 2-2】 如果已知属性 A 服从均值为 1、方差为 4 的正态分布，对属性 A 的观测数据：x=[−0.3 , 5.56, −2.68, 2.92, 1.82, −5.16, −1.08, 3.8, 1.96, −0.4]。按照观察数据与均值的距离不大于3σ为准则，找出其中的观测异常值。其中σ为标准差。

解：（1）求出 x 与均值 1 的距离 d。

$d = \text{abs}(x-1)$= [1.3 ,4.56, 3.68, 1.92, 0.82, 6.16, 2.08, 2.8, 0.96, 1.4]，其中 abs 表示求绝对值运算。

（2）已知 $A \sim N(1,4)$，那么$\sigma^2 = 4$，$\sigma = 2$，$3\sigma = 6$。在 d 中超过 6 的值为 6.16，所以它对应的观测值−5.16 是观测异常值。

2.1.2　数据转换

机器学习的各种算法模型的输入一般都是数字化的矩阵，这就需要做数据转换，把清洗好的数据转换成能够输入算法模型的格式类型。主要情况有以下几种。

（1）将文字类型数据编码为数字。如果只有 2 个值，如合格和不合格，就把它们转换为 0 和 1；如果有多个固定值，可以采用 oneHotKey 编码，把数据转换为 0 和 1 的向量组合，原先的记录属于哪个类别，就在哪个类别下写 1，其他类别下写 0。

（2）从文本中提取有用的信息。例如，编写检测函数，检测用药数据集中是否包含某种药物，有就设置为 1，没有就设置为 0。

（3）将数值类型数据转换为类别数据。例如，按照年龄划分为青年、中年、老年。

（4）对数值特征进行转换。例如，对数值变量应用对数变换，从而把数值大的变量变小。

（5）对数据进行归一化和标准化，以保证数据不会因量纲而导致权重变化，同一模型的不同输入变量的值域相同。归一化是利用最大值和最小值，把一组数据取值范围限制在 0～1 之间，如下式所示：

$$y_i = \frac{x_i - x_{\min}}{x_{\max} - x_{\min}} \tag{2-1}$$

其中，y_i 是 x_i 变换以后的值，$x_{\min}$ 是所有数据中的最小值，$x_{\max}$ 是所有数据中的最大值。

标准化是指将数据按比例缩放，使其落入一个小区间内，近似服从标准正态分布，如下式所示：

$$y_i = \frac{x_i - \mu}{S} \tag{2-2}$$

其中，μ 是所有数据的均值；S 是标准差，$S = \sqrt{\frac{\sum_{i=1}^{n}(x_i - \mu)^2}{n-1}}$；$n$ 为样本的总数。

（6）特征工程。对现有变量进行组合变换以生成新的特征。例如，统计用户看电影的平均时间。再如，对文本中的单词计算其词频–逆文本频率（TF_IDF）。语料集中某文档中出现的单词 t 的 TF_IDF(t,d)为

$$\text{TF\_IDF}(t,d) = \text{TF}(t,d) \times \text{IDF}(t) \tag{2-3}$$

其中，TF(t,d)是单词 t 在该文档中出现的频率，IDF(t)是语料集中单词 t 的逆文本频率。

$$\text{IDF}(t) = \lg\frac{N}{d} \tag{2-4}$$

式（2-4）中，N 是语料集中文档的总数，d 是出现过单词 t 的文档数量。

假如一篇文档的总词语数是 100 个，而词语“机器学习”出现了 3 次，那么“机器学习”一词在该文档中出现的频率 TF(t,d)就是 3/100 = 0.03。如果语料集文档总数 N= 10000000，“机器学习”一词在其中的 d = 1000 份文件出现过，其逆文件频率 IDF(t)就是 lg(10000000/1000) = 4。最后，TF_IDF(t,d) = 0.03×4 = 0.12。

【例 2-3】对属性 A 的观测数据：x = [107.2, 100.6, 101.8, 129.6, 87.0, 114.0, 90.2, 100.6, 94.0,105.2]，共 10 个数据，分别用式（2-1）归一化、用式（2-2）标准化。

解：归一化：

（1）$x_{\min}$ = 87.0，$x_{\max}$ = 129.6，$x_{\max} - x_{\min}$ = 42.6。

（2）归一化后的数据 y = [(107.2-87.0)/42.6,(100.6-87.0)/42.6,⋯,(105.2−87.0)/42.6] = [0.47, 0.32 ,0.35, 1.0, 0, 0.63, 0.08, 0.32, 0.16, 0.43]。

标准化：

（1）均值 μ = (107.2+100.6+101.8+129.6+87.0+114.0+90.2+100.6+94.0+105.2)/10 = 103.02。

（2）标准差 $S = \sqrt{[(107.2-103.02)^2 + (100.6-103.02)^2 + \cdots + (105.2-103.02)^2]/9} = 12.31$。

（3）标准化以后的数据

y=[(107.2−103.02)/12.31, (100.6−103.02)/12.31,⋯,(105.2−103.02)/12.31]

= [0.34,−0.2 ,−0.1 ,2.16 ,−1.3 ,0.89 ,−1.04 ,−0.2 ,−0.73 ,0.18]

【例 2-4】将表 2-2 中的文字类型数据转换为数值类型。字段 sex 直接转换为数值类

型，字段 score 采用 oneHotKey 编码转换为数值类型。

表 2-2　学生成绩表

student_num	sex	score
A001	male	优秀
A002	female	及格
A003	male	不及格
A004	male	良好
A005	female	中等
A006	female	良好

解：sex 是二值化的数据，按照 male 为 0、female 为 1 直接转换；score 有 5 个分类，可拆分为 5 列，用 oneHotKey 方式编码。结果如下：

student_num	sex	优秀	良好	中等	及格	不及格
A001	0	1	0	0	0	0
A002	1	0	0	0	1	0
A003	0	0	0	0	0	1
A004	0	0	1	0	0	0
A005	1	0	0	1	0	0
A006	1	0	1	0	0	0

2.2　基于 Python 的数据预处理

在 Python 中常常用 NumPy 和 Pandas 来实现数据预处理。NumPy 是一种强大的矩阵处理工具，而 Pandas 提供了很多表格操作函数，二者结合能够快速地完成数据读取、清洗和转换处理。

【例 2-5】文件 hr.csv 记录了关于员工离职的数据，现在要做一个机器学习项目，根据满意度、工作项目、薪水等指标判断一个员工是否会离职。部分数据如表 2-3 所示。

表 2-3　员工离职数据

satisfaction_level	last_evaluation	number_project	average_monthly_hours	time_spend_company	Work_accident	promotion_last_5years	sales	salary	left
0.38	0.53	2	157	3	0	0	sales	low	1
0.8	0.86	5	262	6	0	0	sales	medium	1
0.11	0.88	7	272	4	0	0	sales	medium	1
0.72	0.87	5	223	5	0	0	sales	low	1
…	…	…	…	…	…	…	…	…	…

表 2-3 中有 10 个字段，前 9 个是员工的属性字段，如满意度、工作项目、薪水等；第 10 个字段表示该员工是否离职。用 Python 读取人力资源文件 hr.csv，对数据进行预处理，包括去除重复项、处理缺失值、文字数值化、数据标准化等。

解：（1）读取数据，查看统计信息，并做简单可视化。

代码如下：

```
import pandas as pd
import numpy as np
pd.set_option('display.max_columns', None)

#（1）读取数据,查看统计信息,并做简单可视化。
df01=pd.read_csv("hr.csv")

# 查看数据的行数与列数,一般行代表样本数,列代表 feature 数
print("行数和列数 shape=",df01.shape)
# 查看数据的前 5 行
print("df01 的前 5 行数据:\n",df01.head())
# 查看每列的计数及数据类型等信息
print("查看每列的计数及数据类型等信息:")
print(df01.info())
# 查看统计信息
print("查看统计信息:\n",df01.describe())

# 用直方图进行简单可视化
import matplotlib.pyplot as plt
df01.hist(grid=False, figsize=(12,12))
plt.show()
```

程序输出如下：

```
行数和列数 shape= (14999, 10)
df01 的前 5 行数据:
   satisfaction_level  last_evaluation  number_project  average_monthly_hours  \
0               0.38             0.53             2.0                  157.0
1               0.80             0.86             5.0                  262.0
2               0.11             0.88             7.0                  272.0
3               0.72             0.87             5.0                  223.0
4               0.37             0.52             2.0                  159.0
…
查看每列的计数及数据类型等信息:
<class 'pandas.core.frame.DataFrame'>
RangeIndex: 14999 entries, 0 to 14998
Data columns (total 10 columns):
 #   Column                 Non-Null Count  Dtype
---  ------                 --------------  -----
 0   satisfaction_level     14999 non-null  float64
 1   last_evaluation        14997 non-null  float64
 2   number_project         14998 non-null  float64
 3   average_monthly_hours  14998 non-null  float64
 4   time_spend_company     14998 non-null  float64
```

```
 5    Work_accident            14997 non-null   float64
 6    promotion_last_5years    14998 non-null   float64
 7    sales                    14998 non-null   object
 8    salary                   14999 non-null   object
 9    left                     14999 non-null   int64
...
查看统计信息:
         satisfaction_level   last_evaluation   number_project  \
count         14999.000000      14997.000000     14998.000000
mean              0.612834          0.716127         3.803174
std               0.248631          0.171166         1.232546
min               0.090000          0.360000         2.000000
25%               0.440000          0.560000         3.000000
50%               0.640000          0.720000         4.000000
75%               0.820000          0.870000         5.000000
max               1.000000          1.000000         7.000000
```

可见，整个表格共 14999 行 10 列，但是有的列的非空值统计不足 14999 个，即存在空值。程序的输出直方图反映了数值型数据的分布情况，横轴代表数据的取值范围，纵轴代表落入范围区间的数据样本数，如图 2-1 所示。

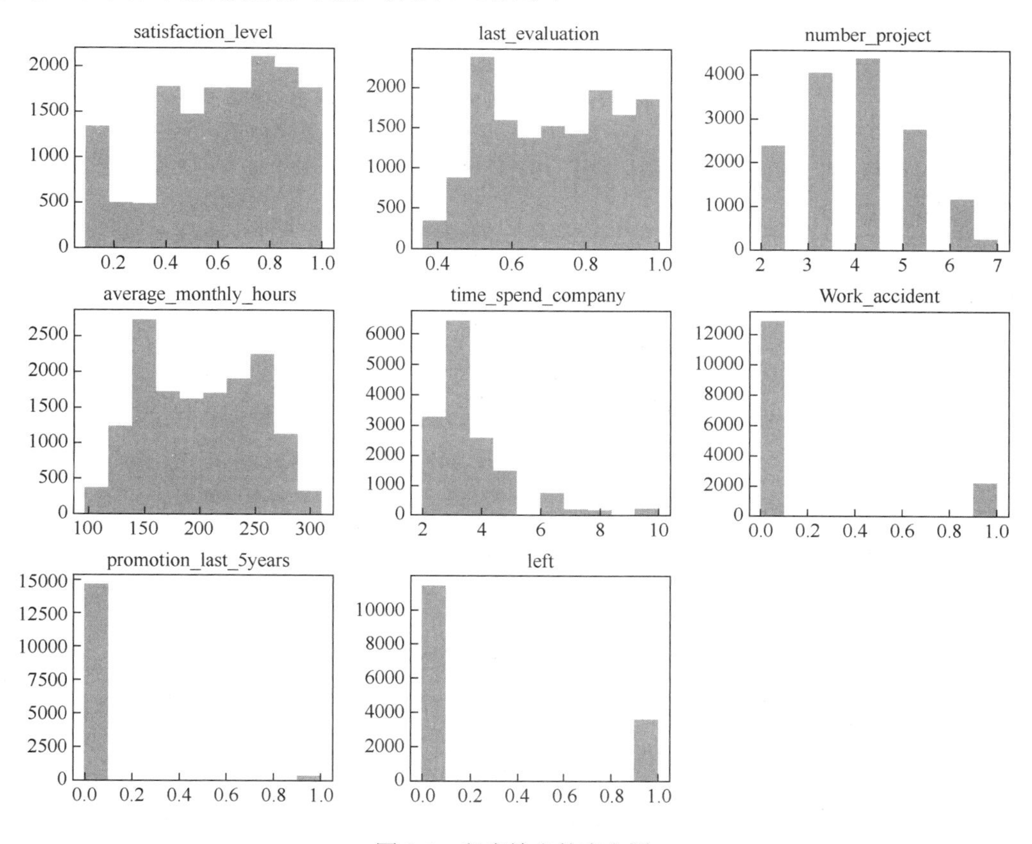

图 2-1　程序输出的直方图

（2）数据去重。

先进行重复性检查，如果出现重复值就去除它。代码如下：

```
#（2）数据去重。
print("检查 df01 种数据重复情况:")
print(pd.DataFrame(df01.duplicated(keep="last")).describe())
df01 = df01.drop_duplicates()
print("数据去重以后的 df01 的 shape:")
print(df01.shape)
```

程序输出如下：

```
检查 df01 种数据重复情况:
            0
count   14999
unique      2
top     False
freq    11994
数据去重以后的 df01 的 shape:
(11994, 10)
```

函数 duplicated 的统计结果说明，在原来的 14999 条记录中，有 11994 条是唯一的，另外的 14999 − 11994 = 3005 条出现了重复。用 drop_duplicates 函数进行数据去重。

（3）处理缺失值。

如果某一行的缺失值比例大于 50%，就删除这一行。删除以后，对个别空值进行填充。代码如下：

```
# (3) 处理缺失值。
# 去除缺失值比例超过 50%的行
def drop_row(df, cutoff=0.5):
    n = df.shape[1]
    for row in df.index:
        cnt = df.loc[row].count()   #有数据的计数
        if cnt / n < cutoff:
            df = df.drop(row, axis=0))
    return df
df01   = drop_row(df01)
print("去除缺失值比例超过 50%的行之后，df01 的 shape 和 info:")
print(df01.shape)
print(df01.info())
```

程序输出如下：

```
去除缺失值比例超过 50%的行之后,df01 的 shape 和 info:
(11993, 10)
<class 'pandas.core.frame.DataFrame'>
Int64Index: 11993 entries, 0 to 12019
Data columns (total 10 columns):
 #   Column                 Non-Null Count   Dtype
---  ------                 --------------   -----
 0   satisfaction_level     11993 non-null   float64
```

```
 1   last_evaluation          11992 non-null   float64
 2   number_project           11993 non-null   float64
 3   average_monthly_hours    11993 non-null   float64
 4   time_spend_company       11993 non-null   float64
 5   Work_accident            11992 non-null   float64
 6   promotion_last_5years    11993 non-null   float64
 7   sales                    11993 non-null   object
 8   salary                   11993 non-null   object
 9   left                     11993 non-null   int64
```

观察输出，发现缺失值出现在列 last_evaluation 和 Work_accident，因为它们的非空值为 11992，都含有一个空值。空值需要填充，以免后续算法出现空值报错。分别输出前 10 行进行观察，确定 last_evaluation 用均值填充，Work_accident 用中位数填充。代码如下：

```
print("打印 last_evaluation, Work_accident 前 10 行观察:")
print(df01[["last_evaluation", "Work_accident"]].head(10))
print("last_evaluation 用均值填充，Work_accident 用中位数填充:")
df01["last_evaluation"].fillna(df01["last_evaluation"].mean(),inplace=True)
df01["Work_accident"].fillna(df01["Work_accident"].median(),inplace=True)
print("填充以后的 df01 的 info:")
print(df01.info())
```

程序输出如下：

```
打印 last_evaluation, Work_accident 前 10 行观察:
   last_evaluation   Work_accident
0            0.53             0.0
1            0.86             0.0
2            0.88             0.0
3            0.87             0.0
4            0.52             0.0
5            0.50             0.0
6            0.77             0.0
7            0.85             0.0
8            1.00             0.0
9            0.53             0.0
last_evaluation 用均值填充，Work_accident 用中位数填充:
填充以后的 df01 的 info:
<class 'pandas.core.frame.DataFrame'>
Int64Index: 11993 entries, 0 to 12019
Data columns (total 10 columns):
 #   Column                   Non-Null Count   Dtype
---  ------                   --------------   -----
 0   satisfaction_level       11993 non-null   float64
 1   last_evaluation          11993 non-null   float64
 2   number_project           11993 non-null   float64
 3   average_monthly_hours    11993 non-null   float64
 4   time_spend_company       11993 non-null   float64
```

```
5    Work_accident            11993 non-null  float64
6    promotion_last_5years    11993 non-null  float64
7    sales                    11993 non-null  object
8    salary                   11993 non-null  object
9    left                     11993 non-null  int64
```

删除了缺失值比例大于 50%的行，并进行数据填充后，数据中不再有空值。

（4）数据集中有两列 sales 和 salary 是文字而不是数值，需要把它们转换为数值向量。采用 oneHotKey 编码，把数据转换为 0 和 1 的向量组合。代码如下：

```
# （4）文字转换为数值向量，oneHotKey 编码。
categorical_features = ['sales', 'salary']
df_cat = pd.get_dummies(df01[categorical_features])
print("df_cat 将 sales 和 salary 进行 oneHotKey 转换:")
print(df_cat)
df01 = df01.drop(categorical_features, axis=1)
df01 = pd.concat([df01, df_cat], axis=1)
print("df01 将 sales 和 salary 转换以后的结果:")
print(df01)
```

程序输出如下：

```
df_cat 将 sales 和 salary 进行 oneHotKey 转换:
      sales_IT  sales_RandD  sales_accounting  sales_hr  sales_management  \
0          0          0                0          0                 0
1          0          0                0          0                 0
2          0          0                0          0                 0
3          0          0                0          0                 0
4          0          0                0          0                 0
...       ...        ...              ...        ...               ...
      sales_technical  salary_high  salary_low  salary_medium
0                0          0           1           0
1                0          0           0           1
2                0          0           0           1
3                0          0           1           0
4                0          0           1           0
...            ...        ...         ...         ...
```

可以发现采用 oneHotKey 编码可以产生一组由 0 和 1 组成的稀疏向量。例如，原来的 salary 字段有 3 个取值，分别为 high、low 和 medium；oneHotKey 编码以后扩展为 3 个字段，分别为 salary_high、salary_low 和 salary_medium。原先的记录属于哪个类别，就在哪个类别下写 1，其他类别下写 0。oneHotKey 编码避免了人为定义的主观性，是文字转换为数值向量的常用编码。

（5）数据标准化。

观察 number_project、average_monthly_hours 和 time_spend_company 这 3 个字段，取值范围相差较大，为了避免取值范围造成的影响。用式（2-2）进行标准化处理。代码如下：

```
# （5）数据标准化。
from sklearn.preprocessing import StandardScaler
```

```
# 使用 z-score 标准化数据
ss = StandardScaler()
scale_features = ['number_project', 'average_monthly_hours', 'time_spend_company']
df01[scale_features] = ss.fit_transform(df01[scale_features])
print("数据标准化以后的结果:")
print(df01)
```

程序输出如下：

```
数据标准化以后的结果:
        satisfaction_level   last_evaluation   number_project  \
0                   0.38              0.53        -1.549783
1                   0.80              0.86         1.029175
2                   0.11              0.88         2.748480
3                   0.72              0.87         1.029175
4                   0.37              0.52        -1.549783
...                  ...               ...              ...
        average_monthly_hours   time_spend_company   Work_accident  \
0                -0.892233            -0.274375             0.0
1                 1.262658             1.980991             0.0
2                 1.467886             0.477414             0.0
3                 0.462270             1.229202             0.0
4                -0.851188            -0.274375             0.0
...                    ...                  ...              ...
```

可见，标准化处理以后，数据统一在近似标准正态分布的范围内，避免了取值范围造成的影响。另外也可以进行归一化［式（2-1）］。代码如下：

```
# 数据归一化
from sklearn.preprocessing import MinMaxScaler
ss = MinMaxScaler()
scale_features = ['number_project', 'average_monthly_hours', 'time_spend_company']
df01[scale_features] = ss.fit_transform(df01[scale_features])
print("数据归一化以后的结果：")
print(df01)
```

2.3　基于 Spark 的数据预处理

Spark 对数据的预处理，主要通过 Spark SQL 和 ML 来实现。用 Spark SQL 读取文件，形成 DataFrame 并进行数据清洗，借助 ML 进行标准化和 oneHotKey 编码处理。

【例 2-6】用 Spark 读取人力资源文件 hr.csv，对数据进行预处理。要求与例 2-5 相同。

解：Spark 的编程思想与 Python 是相同的。只是 Spark 的具体语法有所不同，最主要的区别是 Spark 内部基于 RDD 转换，会形成有向无环图，所以 Spark 是从一个 DataFrame 数据集转换为另一个 DataFrame 数据集，数据集不可重名。代码如下：

```
import org.apache.log4j.{Level, Logger}
import org.apache.spark.ml.evaluation.MulticlassClassificationEvaluator
```

```
    import   org.apache.spark.ml.feature.{OneHotEncoderEstimator,   StandardScaler,   StringIndexer,   Vector
Assembler}
    import org.apache.spark.sql.SparkSession

    object shili02_06 {
      def main(args: Array[String]): Unit = {
        Logger.getLogger("org").setLevel(Level.OFF)
        Logger.getLogger("akka").setLevel(Level.OFF)

        val spark=SparkSession.builder().master("local[*]").appName("aaa").getOrCreate()
        val df01=spark.read.option("header",true).option("inferSchema",true).csv("hr.csv")
        println("-----(1)读取数据，初步分析------")
        df01.show(5)
        val row = df01.count()
        println("总行数："+row)
        println("统计信息：")
        df01.describe().show()

        println("-----(2)数据去重------")
        val df02=df01.distinct()
        println("去重以后的行数：")
        println(df02.count())
        println("去重以后的统计信息：")
        df02.describe().show()
        df02.createOrReplaceTempView("t_df02")

        println("----(3) 缺失值处理-----")
        def check01(a:String):Int={
          val list01=a.split(",")
          list01.length
        }
        val df03=spark.sql("select *,concat_ws(',',*) as concat01 from t_df02")
        //df03.show(5,false)
        df03.createOrReplaceTempView("t_df03")

        spark.udf.register("check01",check01 _ )
        val df04=spark.sql("select *,check01(concat01) as not_null_num from t_df03")
        //df04.show(5,false)
        df04.createOrReplaceTempView("t_df04")

        val  df05=spark.sql("select  satisfaction_level,last_evaluation,number_project,average_monthly_hours,time_
spend_company,Work_accident,promotion_last_5years,sales,salary,left   from   t_df04   where   not_null_num/
10.0>0.5")
        println("去除缺失值比例超过 50%的行之后，所剩的行数：")
        println(df05.count())
        println("去除缺失值比例超过 50%的行之后，统计信息：")
```

```
        df05.describe().show()
        println("检查 last_evaluation 和 Work_accident 的前 10 项数据：")
        df05.select("last_evaluation","Work_accident").show(10)
        df05.createOrReplaceTempView("t_df05")

        println("求 last_evaluation 的均值：")
        spark.sql("select avg(last_evaluation) from t_df05").show()
        println("求 Work_accident 的中位数：")
        spark.sql("select percentile(Work_accident,0.5) from t_df05").show()
        println("数据填充：")
        val df06=df05.na.fill(0.716,Array("last_evaluation")).na.fill(0,Array("Work_accident"))
        println("数据填充以后的统计信息：")
        df06.describe().show()

        println("----(4)文字转换为数值向量，oneHotKey 编码----")
        val indexer01=new StringIndexer().setInputCol("sales").setOutputCol("sales_number").fit(df06)
        val df07=indexer01.transform(df06)
        val indexer02=new StringIndexer().setInputCol("salary").setOutputCol("salary_number").fit(df07)
        val df08=indexer02.transform(df07)

        val encoder01= new OneHotEncoderEstimator().setInputCols(Array("sales_number","salary_number"))
          .setOutputCols(Array("sales_vector","salary_vector")).setDropLast(false).fit(df08)
        val df09=encoder01.transform(df08)
        df09.show(5,false)

        println("----(5)数据标准化-----")
        val vectorAssembler01=new VectorAssembler().setInputCols(Array("number_project","average_monthly_
hours","time_spend_company"))
          .setOutputCol("feature01")
        val df10=vectorAssembler01.transform(df09)
        val scaler01=new StandardScaler().setInputCol("feature01").setOutputCol("scaled_feature01").fit(df10)
        val df11=scaler01.transform(df10)
        df11.show(5,false)

        println("把所有的属性进行汇总，并指定 label 标签：")
        val vectorAssembler02=new VectorAssembler().setInputCols(Array("satisfaction_level","last_evaluation",
"scaled_feature01","Work_accident","promotion_last_5years","sales_vector","salary_vector"))
          .setOutputCol("feature02")
        val df12=vectorAssembler02.transform(df11)
        //df12.show(5,false)
        df12.createOrReplaceTempView("t_df12")

        val df13=spark.sql("select feature02 as features,left as label from t_df12")
        df13.show(5,false)
        println("------数据预处理结束----------")
```

程序输出的最终预处理结果如下：

```
+--------------------------------------------------------------------------------------------+-----+
|features                                                                                    |label|
+--------------------------------------------------------------------------------------------+-----+
|(20,[0,1,2,3,4,13,18],[0.4,0.54,1.7192337633899624,2.811502666172221,2.2552718752873013,
1.0,1.0]) |1    |
|(20,[0,1,2,3,4,9,17],[0.38,0.55,1.7192337633899624,3.2424629288701525,2.2552718752873013,
1.0,1.0])|1    |
|(20,[0,1,2,3,4,8,18],[0.43,0.47,1.7192337633899624,2.6268054107302503,2.2552718752873013,
1.0,1.0])|1    |
|(20,[0,1,2,3,4,8,17],[0.09,0.9,6.0173181718648685,5.930834091414393,3.758786458812169,1.0,
1.0])    |1    |
|(20,[0,1,2,3,4,7,17],[0.09,0.91,5.1577012901698875,5.08943548328986,3.007029167049735,1.0,
1.0])    |1    |
+--------------------------------------------------------------------------------------------+-----+
```

在 Spark 中，所有的属性最终汇集在一起，以稀疏向量的形式表达，一般以 features 命名。注意，需要预测的目标变量一般以 label 命名。

习题 2

一、简答题

1．在机器学习的流程中，数据预处理的作用是什么？

2．数据预处理包括哪两个方面？

3．什么是数据清洗？数据清洗主要包括哪几个方面？

4．什么是数据转换？数据转换主要包括哪几个方面？

二、计算题

1．对表 2-4 中的数据进行清洗和填充。清洗的规则是（1）删除目标字段有缺失值的记录；（2）删除缺失值比例大于或等于 50%的记录。清洗后对价格字段的缺失值进行均值填充。

表 2-4　数据表

ID	地区	价格	生产日期	保质期	等级
1	甲地区	100	2020-11-11	2 年	二级
2	乙地区	140	2020-08-09	3 年	一级
3	丙地区	120	2020-09-10	2 年	一级
4	甲地区	Null	2020-08-10	2 年	二级
5	乙地区	110	2020-09-30	2 年	Null
6	Null	Null	Null	3 年	一级

2．已知 A 服从标准正态分布 $A \sim N(0,1)$，按照 3σ 原则找出对 A 的观测值 $x = [1.22, -0.41, -0.3, 1.46, -3.26, -0.02, -1.49, -0.46, 0.69, -1.78]$中的异常值。

3．对属性 A 的观测数据：$x = [47.5, 66.5, 44.5, 49.4, 57.8, 47.9, 59.0, 30.5, 54.9, 61.7]$，共有 10 个数据，对 x 进行标准化操作。

4．对属性 A 的观测数据：$x = [47.5, 66.5, 44.5, 49.4, 57.8, 47.9, 59.0, 30.5, 54.9, 61.7]$，共有 10 个数据，对 x 进行归一化操作。

5．语料集中有 4 个文档：（1）I like Spark.；（2）I like Python.；（3）We use Spark ML.；（4）Python and Spark are good.。计算文档（1）中单词 Spark 的 TF-IDF(t,d)。

三、编程题

1．利用 Python 工具，对泰坦尼克数据集 Titanic.csv 进行数据预处理，要求如下。

（1）读取数据，查看统计信息。

（2）数据去重。

（3）缺失值处理：去掉数据比例小于 60%的列，去掉数据比例小于 60%的行，对 embarked 字段空值用 unknown 填充。

（4）文字转数据：将 sex 字段转换，方法是 male 为 0，female 为 1。将 pclass 和 embarked 字段进行 oneHotKey 编码转换。

（5）对 name 字段进行特征提取。从 name 字段中提取 first_name，name 是以逗号进行分隔的，第一部分就是 first_name。提取每个 first_name 的词频–逆文本频率（TF-IDF），作为新的字段 name_tf-idf，替换原来的 name 字段。

（6）对字段 name_tf-idf 进行数据标准化。

2．利用 Spark 工具，对泰坦尼克数据集 Titanic.csv 进行数据预处理，要求如下。

（1）读取数据，查看统计信息。

（2）去除索引列 row.names，并进行数据去重。

（3）缺失值处理：去掉数据比例小于 60%的列，去掉数据比例小于 60%的行，对 embarked 字段空值用 unknown 填充。

（4）文字转数据：将 sex 字段转换，方法是 male 为 0，female 为 1。将 pclass 和 embarked 字段进行 oneHotKey 编码转换。

（5）对 name 字段进行特征提取。从 name 字段中提取 first_name，name 是以逗号进行分割的，第一部分就是 first_name。提取每个 first_name 的词频–逆文本频率（TF_IDF），作为新的字段 name_tf-idf，替换原来的 name 字段。

（6）对字段 name_tf-idf 进行数据标准化。

第3章 分类模型

3.1 分类模型的概念

分类模型是机器学习模型中最重要的模型，应用也最为成熟。分类是找出数据库中一组数据对象的共同特点并按照分类模式将其划分为不同的类，其目的是通过分类模型将数据库中的数据项映射到某个给定的类别。分类可以是二分类问题，也可以是多分类问题。

下面通过一个例子来具体说明。银行经常需要判断客户的信用等级，以此判断是否通过贷款申请。根据银行的历史数据集建立一个模型，产生一系列规则。当未来收到某个客户的申请时，依据这个规则，判断是否提供贷款。

在表 3-1 的银行历史数据集中，每行对应客户的一条记录，作为记录样本。除最后一列外的每列字段，如姓名、年龄、职业等都是预测变量，是模型的输入。最后一列的信用等级作为目标变量，是模型的输出。目标变量的值域，如信用等级的值域为优、良和差，这里的优、良和差称为类标号属性。

表 3-1 银行历史数据集

预测变量（姓名、年龄、职业、月薪、…）；目标变量（信用等级）；记录样本（各行）

姓名	年龄	职业	月薪	…	信用等级
张三	23	教师	5000	…	良
李四	45	公务员	7000	…	优
…	…	…	…	…	…
王五	38	职员	6000	…	良

实际应用时，首先建立具有分类功能的模型。然后将历史数据集划分成 2 部分：训练集和测试集。用训练集进行模型训练，确定模型参数。用测试集进行验证，检验模型的分类准确率。模型通过验证，准确率符合要求，即可部署。当有一个新数据出现，将其输入这个模型，判断新客户的信用等级，如图 3-1 所示。

如何用测试集验证模型的可靠性呢？当测试集的数据输入分类模型时，可能产生正确的分类，也可能产生错误的分类。以二分类问题为例，对于一个样本，模型可能判断为正（P），也可能判断为负（N）；该判断可能预测正确（T），也可能预测错误（F）。定义：

真正类数（True Positive，TP）：模型判断为正，它的判断是正确的，这种情况的统计次数，即被模型预测为正的正样本的数量。

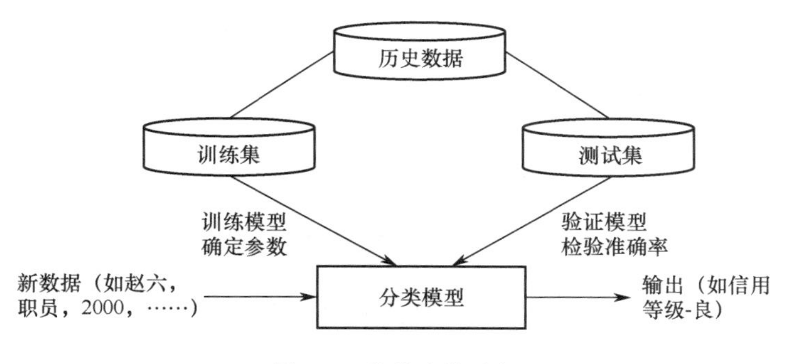

图 3-1　分类建模过程

假正类数（False Positive，FP）：模型判断为正，它的判断是错误的，这种情况的统计次数，即被模型预测为正的负样本的数量。

假负类数（False Negative，FN）：模型判断为负，它的判断是错误的，这种情况的统计次数，即被模型预测为负的正样本的数量。

真负类数（True Negative，TN）：模型判断为负，它的判断是正确的，这种情况的统计次数，即被模型预测为负的负样本的数量。

可以根据以下指标衡量模型的性能。

（1）准确率（accuracy）。accuracy = (TP+TN)/(TP+FP+TN+FN)，表示所有预测结果中有多少是正确的。

（2）精确率（precision）。precision = TP/(TP+FP)，表示预测成正样本的结果中有多少真的是正样本。

（3）真阳性率、召回率（TPR、recall）。recall = TP/(TP+FN)，表示实际的正样本中，有多少被正确预测了。

（4）真阴性率、特异度（TNR、specificity）。specificity = TN/(TN+FP)，表示实际的负样本中，有多少被预测正确了。

（5）假阴性率（FNR）。FNR = 1− recall = FN/(TP+FN)。

（6）假阳性率（FPR）。FPR = 1− specificity = FP/(TN+FP)。

以上指标取值区间是[0,1]。虽然我们希望前 4 个指标越高越好，后 2 个指标越低越好，但实际并非如此。随着分类门限（threshold）的变化，分类模型的性能指标是相互制约、此消彼长的，下面的两个指标则是综合性指标，同时考虑了多种因素。

（7）F 分数。计算公式为 $f_\beta = (\beta^2+1)(\text{precision}\times\text{recall})/(\beta^2\text{precision}+\text{recall})$。当 $\beta = 1$ 时，可以得到 F1 分数 F1 = 2(precision×recall)/(precision+recall)。F 分数同时考虑了精确率和召回率的因素，是一个综合性指标。对 F1 分数而言，精确率和召回率都很重要，权重相同。在有些情况下，如果认为精确率更重要，就调整 β 的值小于 1；如果认为召回率更重要，就调整 β 的值大于 1。

（8）ROC 曲线。ROC 曲线是反映召回率和特异度的综合性指标。如图 3-2 所示，横轴代表 FPR，纵轴代表 TPR，随着门限的减小，越来越多的样本被划分为正样本，但是这些正样本中掺杂着更多真正的负样本，导致 FPR、TPR 同时增大，反之亦然。为了衡量分类效果，可以求 ROC 曲线与横轴包围的面积（AUC）。AUC 越大越好。AUC = 0.5 说明模型与偶然造成的结果效果差不多；AUC < 0.5 说明模型不如偶然造成的效果；AUC > 0.5 说明模型较好。

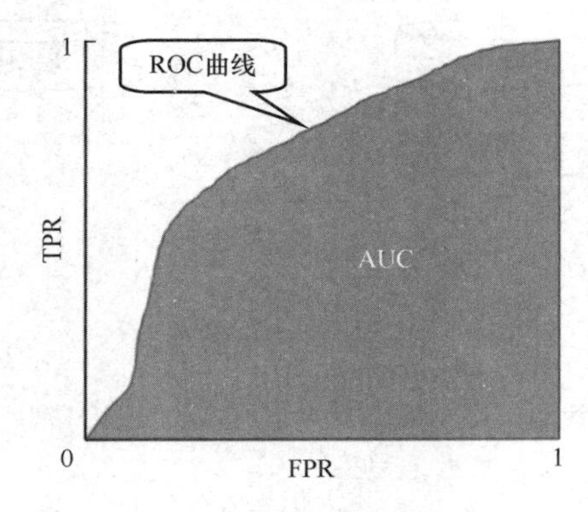

图 3-2　ROC 曲线及其包围面积 AUC

在多分类问题中计算上述参数，某些性能指标需要考虑样本占总体的比例，如下例所示。

【例 3-1】假设有一个对猫（Cat）、狗（Dog）、兔子（Rabbit）进行分类的系统。共有 27 个动物样本：8 只猫，6 条狗，13 只兔子。分类结果的混淆矩阵如表 3-2 所示。

表 3-2　一个三分类问题的混淆矩阵

		Predict class（预测类别）		
		Cat	Dog	Rabbit
Actual class（实际类别）	Cat	5	3	0
	Dog	2	3	1
	Rabbit	0	2	11

（1）求分类器的准确率（accuracy）。

（2）求分类器的加权精确率（weight_precision）。

（3）求分类器的加权召回率（weight_recall）。

（4）求 F1 分数。

解：（1）准确率：accuracy = 分类正确的样本/样本总数 = (5+3+11)/27 = 0.704。

（2）计算样本比例。

猫的样本数量在总体中的比例：cat_rate = 8/27。

狗的样本数量在总体中的比例：dog_rate = 6/27。

兔子的样本数量在总体中的比例：rabbit_rate = 13/27。

计算对于猫而言的精确率和召回率：

实际是猫，预测也是猫：TP_cat = 5。

实际是猫，但预测成狗或兔子：FN_cat = 3+0 = 3。

预测是猫，但实际是狗或兔子：FP_cat = 2+0 = 2。

预测不是猫，实际也不是猫：TN_cat = 27−5−3−2 = 17。

cat_precision = TP_cat/(TP_cat+FP_cat) = 5/(5+2) = 5/7 = 0.714。

cat_recall = TP_cat/(TP_cat+FN_cat) = 5/(5+3) = 5/8 = 0.625。

计算对于狗而言的精确率和召回率：

实际是狗，预测也是狗：TP_dog = 3。

实际是狗，但预测成猫或兔子：FN_dog = 2+1 = 3。

预测是狗，但实际是猫或兔子：FP_dog = 3+2 = 5。

预测不是狗，实际也不是狗：TN_dog = 27−3−3−5 = 16。

dog_precision = TP_dog/(TP_dog+FP_dog) = 3/(3+5) = 3/8 = 0.375。

dog_recall= TP_dog/(TP_dog+FN_dog) = 3/(3+3) = 1/2 = 0.500。

计算对于兔子而言的精确率和召回率：

实际是兔，预测也是兔：TP_rabbit = 11。

实际是兔，但预测是猫或狗：FN_rabbit = 0+2 = 2。

预测是兔，但实际是猫或狗：FP_rabbit = 0+1 = 1。

预测不是兔，实际也不是兔：TN_rabbit = 27−11−2−1 = 13。

rabbit_precision = TP_rabbit/(TP_rabbit+FP_rabbit) = 11/(11+1) = 11/12 = 0.917。

rabbit_recall = TP_rabbit/(TP_rabbit+FN_rabbit) = 11/(11+2) = 11/13 = 0.846。

加权精确率：

weight_precision = cat_rate×cat_precision+dog_rate×dog_precision+rabbit_rate × rabbit_precision = 8/27×5/7+6/27×3/8+13/27×11/12 = 0.736。

（3）加权召回率：

weight_recall = cat_rate×cat_recall+dog_rate×dog_recall+rabbit_rate× rabbit_recall = 8/27×5/8+6/27×1/2+13/27×11/13 = 0.703。

（4）F1 分数：

F1_score = 2(weight_precision×weight_recall)/(weight_precision+weight_recall) =2×0.736×0.703/ (0.736+0.703) = 0.719。

3.2　分类模型的算法原理

3.2.1　决策树算法

决策树是所有分类方法中最经典、意义最直观明确的算法，使用广泛。

1. 决策树的构建

决策树是一棵有向的树，从根节点向下产生分支结构。以 3.1 节的银行衡量信用等级的案例为例构建一个简单的决策树，如图 3-3 所示。

在用训练集构建决策树时，所有的训练集数据一开始全部汇总到节点 1，称之为根节点。按照某种分裂属性进行分支，分支的目的是使数据变“纯净”，即尽可能多的数据都有相同的类标号。例如，年龄就是一个分裂属性，以 40 岁为界限，小于 40 岁的人划分为节点 2；大于或等于 40 岁的人划分为节点 3。这里“<40”和“≥40”称为分裂谓词。然后用职业作为分裂属性，对节点 2 的数据，也就是对所有小于 40 岁的人进行划分，分成节点 4 和节点 5。因为节点 4 的数据已经非常“纯净”了，基本上所有的人信用等级都是优，所以可以得出结论：在小于 40 岁的人中，如果他的职业是教师，则其信用等级为优。同理，节点 5、节点 6、节点 7 和节点 8 也是数据非常“纯净”的节点，向下不再有划分，它们都是叶子节点，每个叶子节点都确定一个类标号。

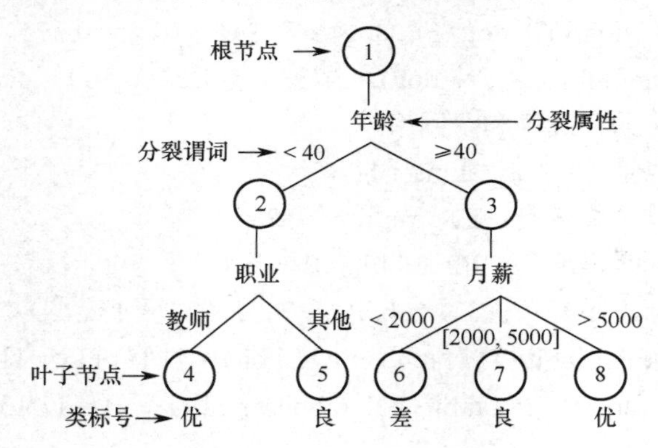

图 3-3　决策树示例

在图 3-3 中，根据训练数据集构建的决策树得到下面的规则：

如果年龄小于 40 岁，职业是教师，那么其信用等级判断为优。

如果年龄小于 40 岁，职业不是教师，那么其信用等级判断为良。

如果年龄大于 40 岁，月薪小于 2000 元，那么其信用等级判断为差。

如果年龄大于 40 岁，月薪大于或等于 2000 元，且小于或等于 5000 元，那么其信用等级判断为良。

如果年龄大于 40 岁，月薪大于 5000 元，那么其信用等级判断为优。

2．决策树的生成方法

在生成决策树时，如何让数据变得“纯净”？这就需要找到某种参数，衡量决策树的划分效果，由此产生了多种决策树生成方法。

（1）ID3 方法

ID3 方法是用信息增益衡量决策树划分的效果，即在分支过程中使信息增益最大。计算信息增益离不开熵。熵的概念源自热力学，用于衡量系统的混乱程度，系统越混沌杂乱，熵就越大；反之，系统越纯净整齐，熵就越小。所以，为了使数据纯净，ID3 方法力图使划分之后的熵最小，那么用划分之前的熵减去划分之后的熵所得到的信息增益就是最大的。

设决策树在划分前的数据集 D 由 s 个样本组成。若 D 的类标号属性具有 m 个不同的值，记为 C_i（$i=1,2,\cdots,m$）。设值为 C_i 的样本数为 s_i，那么数据集 D 的熵为

$$H(D)=\sum_{i=1}^{m}\left(p_i\times\log_2\frac{1}{p_i}\right)=-\sum_{i=1}^{m}(p_i\times\log_2 p_i) \tag{3-1}$$

其中，p_i 表示任意样本其值等于 C_i 的概率，通过下面的公式计算。

$$p_i = s_i / s \tag{3-2}$$

数据集 D 的某个属性 A 具有 v 个不同的值 $\{a_1, a_2, \cdots, a_v\}$，用属性 A 作为分裂属性划分决策树。根据属性 A 将 D 划分为 v 个不同的子集 $\{D_1, D_2, \cdots, D_v\}$，子集 D_j 中所有的样本属性值都为 a_j（$j = 1, 2, \cdots, v$）。按照属性 A 分裂为 v 个子集后，任意一个子集 D_j 的熵为

$$H(D_j) = -\sum_{i=1}^{m} p_{ij} \times \log_2 p_{ij} \tag{3-3}$$

其中，$p_{ij}=s_{ij}/s_j$，s_{ij}（$i = 1, 2, \cdots, m$）是子集 D_j 中值为 C_i 的样本数，s_j 是子集 D_j 中的样本数。按照属性 A 分裂为 v 个子集后，所有子集 $\{D_1, D_2, \cdots, D_v\}$ 的熵的总和为

$$H(D_1, D_2, \cdots, D_v) = \sum_{j=1}^{v} P(D_j) H(D_j) \tag{3-4}$$

其中，$P(D_j)$表示一个样本被划分到子集 D_j 的概率，$P(D_j) = s_j/s$，s 为数据集 D 的样本总数。最后，计算用属性 A 作为分裂属性，从数据集 D 划分为子集 $\{D_1, D_2, \cdots, D_v\}$ 所产生的信息增益：

$$\text{Gain}(D, A) = H(D) - H(D_1, D_2, \cdots, D_v) \tag{3-5}$$

【例 3-2】数据集 D 如表 3-3 所示。其中，class 作为类标号属性，具有 0 和 1 两个值。age 表示年龄，作为分裂属性。按照“年龄”分裂为两个子集 D_1 和 D_2。D_1：age < 40，D_2：age≥40，如图 3-4 所示。请用 ID3 方法计算信息增益（结果保留 3 位有效数字）。

表 3-3　数据集 D

age	ed	employ	address	income	debtinc	creddebt	othdebt	class
41	3	17	12	176	9.3	11.35939	5.008608	1
27	1	10	6	31	17.3	1.362202	4.000798	0
40	1	15	14	55	5.5	0.856075	2.168925	0
41	1	15	14	120	2.9	2.65872	0.82128	0
24	2	2	0	28	17.3	1.787436	3.056564	1
41	2	5	5	25	10.2	0.3927	2.1573	0
39	1	20	9	67	30.6	3.833874	16.66813	0
43	1	12	11	38	3.6	0.128592	1.239408	0

解：节点 1 对应的数据集 D 有 8 个样本，有 2 个样本 class 为 1，有 6 个样本 class 为 0。所以 D 的熵为 $H(D) = p_1 \times \log_2(1/p_1) + p_2 \times \log_2(1/p_2) = (2/8) \times \log_2(8/2) + (6/8) \times \log_2(8/6) = 0.811$。

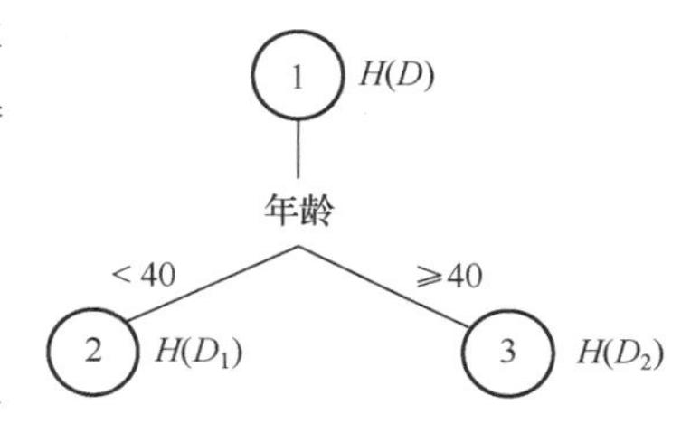

图 3-4　按照年龄划分数据集 D

当用年龄作为分裂属性划分时，节点 2 对应小于 40 岁的样本。在节点 1 的 8 个样本中，有 27、24 和 39 的 3 个样本被划分到节点 2 对应的 D_1 中。所以样本被划分到 D_1 的

概率为 $P(D_1)$=3/8。

在 D_1 的 3 个样本中，有 2 个样本 class 为 0，有 1 个样本 class 为 1。所以 D_1 的熵为 $H(D_1)= 1/3 \times \log_2(3/1) + 2/3 \times \log_2(3/2) = 0.918$。

节点 3 对应大于或等于 40 岁的样本。在节点 1 的 8 个样本中，有 5 个样本被划分到节点 3 对应的 D_2 中。所以样本被划分到 D_2 的概率为 $P(D_2)$=5/8。

在 D_2 的 5 个样本中，有 4 个样本 class 为 0，有 1 个样本 class 为 1。所以 D_2 的熵为 $H(D_2) = 1/5 \times \log_2(5/1) + 4/5 \times \log_2(5/4)=0.722$。

D_1 和 D_2 的熵的总和为 $H(D_1,D_2) = P(D_1) \times H(D_1)+ P(D_2) \times H(D_2) = 3/8 \times 0.918+5/8 \times 0.722$。

信息增益为 Gain(D,年龄) = $H(D)-H(D_1,D_2) = 0.811- (3/8 \times 0.918 + 5/8 \times 0.722) = 0.0155$。

用 ID3 方法构建决策树，具体实施步骤：检查所有属性，选择信息增益最大的属性进行分支；再用同样方法对各个分支子集选择信息增益最大的属性进行分支，直到所有子集仅仅包含同一类别的数据为止。

（2）C4.5 方法

用 ID3 方法构建决策树的缺点是最终会产生非常多的分支，每个分支都小而纯，这样的决策树往往会过拟合，失去了一般性。为了克服这个缺点，C4.5 方法用信息增益比例来代替信息增益，衡量决策树划分的效果。

设决策树在划分前的数据集 D 由 s 个样本组成。A 是 D 的划分属性，有 m 个不同的值，由此把 D 划分为 m 个子集，D_i 表示第 i 个子集（$i=1,2,\cdots,m$），s_i 表示 D_i 中的样本数。则数据集 D 关于属性 A 的熵为

$$H(D,A)=\sum_{i=1}^{m}\frac{s_i}{s}\log_2\frac{s}{s_i} \tag{3-6}$$

$H(D, A)$用来衡量属性 A 分裂数据集的均匀性。样本在属性 A 上取值分布越均匀，$H(D, A)$就越大。信息增益比例定义为

$$\text{GainRatio}(D,A)=\text{Gain}(D,A)/H(D,A) \tag{3-7}$$

C4.5 方法选择信息增益比例最大者作为分裂属性。由于 $H(D, A)$越大，GainRatio 越小，因此这种算法杜绝了选择值较多且均匀分布的属性进行分裂。

【例 3-3】数据集 D 如表 3-3 所示。其中，class 作为类标号属性，具有 0 和 1 两个值。age 表示年龄，作为分裂属性。按照“年龄”D 分裂为两个子集 D_1 和 D_2。D_1：age<40，D_2：age≥40，如图 3-4 所示。请用 C4.5 方法计算信息增益比例（结果保留 3 位有效数字）。

解：D 有 8 个样本。按照年龄是否大于 40 岁划分为两个子集 D_1 和 D_2。D_1 有 3 个样本，D_2 有 5 个样本。所以，$H(D$,年龄$) = 3/8 \times \log_2(8/3) + 5/8 \times \log_2(8/5) = 0.954$。

由例 3-1，可知 Gain(D,年龄) = 0.0155。

GainRatio(D,A)= Gain(D,年龄)/H(D,年龄) = 0.0162。

用 C4.5 方法构建决策树，具体实施步骤：首先将连续的属性离散化，然后处理有缺失值的样本，接着按照信息增益比例最大化的原则划分决策树，最后用“后剪枝”的方法修剪决策树，减掉对分类精度贡献不大的叶子节点。

（3）CART 方法

与前两种方法不同，CART 方法以杂度削减为参数划分决策树，而且它每次分裂只产生两个分支，称之为二叉决策树。

设 t 为决策树上的某个节点，该节点的数据集为 D，由 s 个样本组成，其类标号有 m 个不同的值，对应 m 个不同的类 $C_i(i=1,2,\cdots,m)$。设属于类 C_i 的样本数为 s_i。定义节点 t 的吉尼指标 gini(t)为

$$\text{gini}(t)=1-\sum_{i=1}^{m}(s_i/s)^2 \tag{3-8}$$

吉尼指标与熵类似，可以衡量数据集的纯度。数据越杂乱，吉尼指标就越大，反之，数据越纯净，吉尼指标就越小。由于 CART 方法生成的是一棵二叉树，对于节点 t，分裂后产生左子树 t_L 和右子树 t_R，设它们的吉尼指标分别为 gini(t_L)和 gini(t_R)，那么分裂导致的杂度削减为

$$\Phi(D,t)=\text{gini}(t)-p_L\text{gini}(t_L)-p_R\text{gini}(t_R) \tag{3-9}$$

其中，$p_L=s_L/s$ 是 t 中的样本被划分到左子树的概率，s_L 为左子树的样本数；$p_R=s_R/s$ 是样本被划分到右子树的概率，s_R 为右子树样本数；s 为 D 的样本总数。

【例 3-4】 数据集 D 如表 3-3 所示。其中，class 作为类标号属性，具有 0 和 1 两个值。age 表示年龄，作为分裂属性。按照“年龄”D 分裂为两个子集 D_1 和 D_2。D_1：age＜40，D_2：age≥40，如图 3-4 所示。请用 CART 方法计算杂度削减（结果保留 3 位有效数字）。

解：节点 1 对应的数据集 D 有 8 个样本，有 2 个样本 class 为 1，有 6 个样本 class 为 0。所以 D 的吉尼指标为 $\text{gini}(D)=1-\left(\frac{2}{8}\right)^2-\left(\frac{6}{8}\right)^2=0.375$。

当用年龄作为分裂属性划分时，节点 2 对应小于 40 岁的样本。在节点 1 的 8 个样本中，有 27、24 和 39 的 3 个样本被划分到节点 2 对应的 D_1 中。所以样本被划分到 D_1 中的概率为 $P(D_1)=3/8$。

在 D_1 的 3 个样本中，有 2 个样本 class 为 0，有 1 个样本 class 为 1。所以 D_1 的吉尼指标为 $\text{gini}(D_1)=1-\left(\frac{1}{3}\right)^2-\left(\frac{2}{3}\right)^2=0.444$。

节点 3 对应大于或等于 40 岁的样本。在节点 1 的 8 个样本中，有 5 个样本被划分到节点 3 对应的 D_2 中。所以样本被划分到 D_2 中的概率为 $P(D_2)=5/8$。

在 D_2 的 5 个样本中，有 4 个样本 class 为 0，有 1 个样本 class 为 1。所以 D_2 的吉尼指标为 $\text{gini}(D_2)=1-\left(\frac{1}{5}\right)^2-\left(\frac{4}{5}\right)^2=0.320$。

按照年龄分裂导致的杂度削减为

$\Phi(D)=\text{gini}(D)-P(D_1)\times\text{gini}(D_1)-P(D_2)*\text{gini}(D_2)=0.375-3/8\times0.444-5/8\times0.320=0.00850$。

用 CART 方法构建决策树，具体实施步骤：检查所有属性，选择杂度削减最大的属性进行分支；再用同样方法对各个分支子集选择杂度削减最大的属性进行分支，直到满足某

一个停止准则为止。

3．决策树的修剪

在实际应用中，决策树不能过于复杂，因此需要对决策树进行修剪。决策树的修剪是为了简化决策树模型，避免过拟合。过拟合是指构建的决策树对训练集的预测 100% 正确，但是对测试集的正确率较低。这样的决策树在实际应用中往往失去一般性，判别效果不理想。

决策树的修剪方法可分为预剪枝和后剪枝。

（1）预剪枝

预剪枝是在构造决策树的同时进行剪枝。所有决策树的构建方法都是在无法进一步降低熵或杂度削减的情况下才会停止创建分支的过程。为了避免过拟合，可以设定一个阈值，当熵或杂度削减降低的数量小于这个阈值时，即使还可以继续降低，也停止继续创建分支。

例如，CART 方法就是利用预剪枝来实现修剪。CART 决策树的停止准则如下：

① 这个节点是“纯”的，即这个节点的所有样本都属于同一类别；

② 对于每一个属性（不包括类标号属性），节点中的所有样本都有相同的值；

③ 当前节点所在的深度已经达到“最大树深度”；

④ 这个节点的样本数小于“父分支中的最小记录数”；

⑤ 这个节点分裂后产生的子节点中包含的样本数小于预定义的“子分支中的最小记录数”；

⑥ 分裂产生的杂度削减小于预定义的“最小杂度削减”。

（2）后剪枝

后剪枝是在决策树生长完成之后对其进行剪枝，得到简化版的决策树。剪枝的过程是对拥有同样父节点的一组节点进行检查，判断如果将其合并，熵的增加量是否小于某一阈值。如果确实小，则这一组节点可以合并为一个节点，其中包含所有可能的结果。后剪枝是目前最普遍的做法。

例如，C4.5 方法就是利用后剪枝进行修剪。对于某个节点，计算该节点分裂前的误分类损失和分裂后的误分类损失，如果分裂后的误分类损失没有明显降低，就可以考虑修剪这棵子树。

3.2.2 最近邻算法

最近邻算法的思想比较简单，对于需要判断类别的新样本，只需要选取距离这个新样本最近的 k 个类别已知的样本，然后让这 k 个样本投票，判定新样本的所属类别。对于二分类问题，k 一般取奇数。对于多分类问题，设分类数为 a，则 $k = a \times n + 1$，其中 n 为正整数。

如图 3-5 所示，确定圆圈的样本属于哪个类别（方块或者三角），要做的就是选出距离目标点最近的 k 个点，让这 k 个点投票。当 $k = 3$ 时，2 票投三角，1 票投方块，结果就是三角。当 $k=5$ 时，2 票投三角，3 票投方块，结果就是方块。

最近邻算法的步骤如下：

① 向量归一化；

② 计算测试数据与各个训练数据之间的距离；

③ 按照距离的递增关系排序；

④ 选取距离最小的 k 个点；

⑤ 计算这 k 个点所在类别的出现频率；

⑥ 返回这 k 个点中出现频率最高的类别作为测试数据的预测分类。

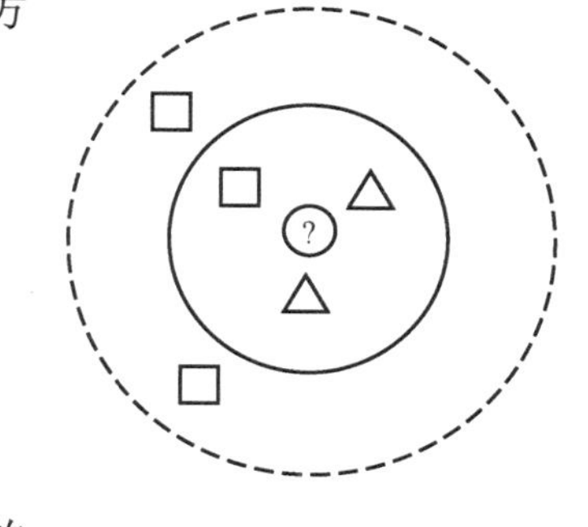

图 3-5　最近邻算法示意图

【例 3-5】 根据身高和体重估计性别。原始数据集 D 如表 3-4 所示。试用最近邻算法估计一个新样本 5(178,74)的性别。其中 $k=3$。

表 3-4　身高、体重、性别对照表

序号	身高	体重	性别
1	180	76	男
2	158	43	女
3	176	65	男
4	161	49	女
5	178	74	?

解：

（1）利用下面的公式进行归一化

$$x' = (x - x_{\min})/(x_{\max} - x_{\min}) \tag{3-10}$$

其中，x 表示原始数据元素，x' 表示归一化以后的数据元素，$x_{\min}$ 表示该数据元素所在列的最小值，$x_{\max}$ 表示该数据元素所在列的最大值。将表中所给出样本和新样本进行归一化，结果如表 3-5 所示。

表 3-5　归一化的身高、体重、性别对照表

序号	身高	体重	性别
1	1	1	男
2	0	0	女
3	0.818	0.667	男
4	0.136	0.182	女
5	0.909	0.939	?

（2）计算被测试样本与各个样本之间的距离，这里采用欧几里得距离（欧氏距离）计算：

$$d_i = \sqrt[2]{(x - x_i)^2 + (y - y_i)^2} \tag{3-11}$$

其中，d_i 表示被测试样本与第 i（$i=1,2,3,4$）个已知样本之间的距离，x 代表归一化的被测试样本的身高，y 代表归一化的被测试样本的体重，x_i 代表第 i 个样本的归一化身高，y_i 代表第 i 个样本的归一化体重，得到表 3-6 的结果。

表 3-6　被测试样本与已有样本的欧几里得距离

序号	身高	体重	性别	距离
1	1	1	男	0.109
2	0	0	女	1.307
3	0.818	0.667	男	0.287
4	0.136	0.182	女	1.082
5	0.909	0.939	?	

（3）按照距离的递增关系进行排序，结果：d_1,d_3,d_4,d_2。

（4）选择距离最小的 3 个点：d_1,d_3,d_4。

（5）在 3 个最近样本中，男出现 2 次，女出现 1 次。

（6）因为男出现的频率高，所以新样本判断为男。

3.2.3　朴素贝叶斯算法

贝叶斯分类算法是统计学的一种分类方法，它是一种利用条件概率进行分类的算法。在许多场合，朴素贝叶斯算法可以与决策树和神经网络分类算法相媲美，该算法能运用到大型数据库中，而且方法简单、分类准确率高、速度快。

设每个数据样本用一个 n 维特征向量来描述 n 个属性的值，即 $\boldsymbol{X}=\{x_1,x_2,\cdots,x_n\}$。假定有 m 个类，分别用 $C_1,C_2,\cdots,C_m$ 表示。现有一个未知的数据样本 $\boldsymbol{X}$，若有后验概率 $P(C_i\,|\,\boldsymbol{X})>P(C_j\,|\,\boldsymbol{X})$，其中$1\leqslant i\leqslant m$，$1\leqslant j\leqslant m$，$j\neq i$，则该样本 $\boldsymbol{X}$ 属于类 C_i。

由于 $P(\boldsymbol{X})$对于所有类为常数，后验概率 $P(C_i\,|\,\boldsymbol{X})$ 可转化为先验概率 $P(\boldsymbol{X}\,|\,C_i)P(C_i)$。概率 $P(x_1\,|\,C_i)$，$P(x_2\,|\,C_i)$,…，$P(x_n\,|\,C_i)$ 可以从训练数据集求得，假设各属性的取值互相独立，有 $P(\boldsymbol{X}\,|\,C_i)=P(x_1\,|\,C_i)P(x_2\,|\,C_i)\cdots P(x_n\,|\,C_i)$。而每类的概率 $P(C_i)$也很容易从训练数据集求得。这样，就能计算出 $\boldsymbol{X}$ 属于每个类别 C_i 的概率 $P(\boldsymbol{X}\,|\,C_i)P(C_i)$，然后选择其中概率最大的类别作为其类别。

【例 3-6】统计了 10 封邮件，单词出现的频率属性如表 3-7 所示。

表 3-7　邮件单词频率属性统计表

特征	正常邮件	垃圾邮件	总计
Buy	1	3	4
Hello	5	1	6
总计	6	4	10

现在收到一封新邮件“Hello，Buy”，用朴素贝叶斯算法确定它是正常邮件还是垃圾邮件。

解：令正常邮件的类标号为 A，垃圾邮件的类标号为 B。

P(A|Hello,Buy)转化为

P(Hello,Buy |A)P(A)= P(Hello |A)P(Buy |A)P(A)=(5/6)×(1/6)×(6/10)=0.083。

P(B|Hello,Buy)转化为

P(Hello,Buy |B)P(B)= P(Hello |B)P(Buy |B)P(B)=(1/4)×(3/4)×(4/10)=0.075。

由于 P(Hello,Buy |A)P(A)> P(Hello,Buy |B)P(B)，因此该邮件是正常邮件。

3.2.4　逻辑回归算法

逻辑回归算法是统计学的一种算法，实际上是一种广义线性回归，通过 logistic 函数将线性回归应用于分类任务。对于一个二分类问题，令 0,1 表示类标号。样本 X 属于类别 1 的概率为 $P(Y=1|X)=p$，那么属于类别 0 的概率为 $P(Y=0|X)=1-p$。

令变量 x_i 表示样本 X 的各个归一化属性，$i=1,2,\cdots,k$。利用 Sigmoid 函数建立回归方程，即式（3-12)。Sigmoid 函数定义为 $\sigma(x)=1/(1+\mathrm{e}^{-x})$。误差项 ε 服从正态分布，且每个样本的误差项相互独立。β_0 是常数项，$\beta_1,\beta_2,\cdots,\beta_k$ 是方程中各个属性的权重。

$$p=\frac{1}{1+\exp[-(\beta_0+\beta_1x_1+\beta_2x_2+\cdots+\beta_kx_k+\varepsilon)]} \tag{3-12}$$

进一步整理，得到

$$\ln\left(\frac{p}{1-p}\right)=\beta_0+\beta_1x_1+\beta_2x_2+\cdots+\beta_kx_k+\varepsilon \tag{3-13}$$

算法具体步骤如下。

① 针对测试数据集，将各个属性进行归一化操作。

② 计算测试数据集的 $P(Y=1|X)$ 和 $P(Y=0|X)$，建立逻辑回归方程式（3-13)。

③ 参数估计。建立似然函数 L，并求对数，得到

$$\ln(L)=\sum_{i=1}^{n}\ln\frac{\exp(\beta_0+\beta_1x_1+\beta_2x_2+\cdots+\beta_kx_k)}{1+\exp(\beta_0+\beta_1x_1+\beta_2x_2+\cdots+\beta_kx_k)} \tag{3-14}$$

其中，n 是样本数量。然后，分别对 $\beta_0,\beta_1,\cdots,\beta_k$ 求偏导数，并令

$$\frac{\partial\ln L}{\partial\beta_0}=0,\ \frac{\partial\ln L}{\partial\beta_1}=0,\ \cdots,\ \frac{\partial\ln L}{\partial\beta_k}=0 \tag{3-15}$$

即可解出 $\beta_0,\beta_1,\cdots,\beta_k$ 的估计值。这样对一个新的样本 X'，利用式（3-12）可以求出 p，当 $p\geqslant0.5$ 时判断为类别 1，当 $p<0.5$ 时判断为类别 0。

3.2.5　支持向量机算法

支持向量机的原理是在特征空间中找到间隔最大的分类超平面，从而对数据进行高效的二分类。下面在二维空间中说明这一原理。如图 3-6 所示，一个超平面把十字数据点和圆圈数据点划分开。对于线性可分的数据，总能找到这样的超平面（在二维空间中是一条

直线），而且这样的超平面有无数个。设超平面 A 是所有超平面中的一个。A 向十字数据集方向平移 $d/2(A_0)$，会与最近的十字数据点相交。A 向圆圈数据集方向平移 $d/2(A_1)$，会与最近的圆圈数据点相交。如果存在这样的 A，使得平移后的 A_0 和 A_1 之间的距离 d 最大，这个 A 就是最佳的分类超平面。不难发现，虽然数据点众多，但起决定作用的是位于边缘的数据点，这样的数据点起到了支撑作用，因而称为支持向量，这种算法就称为支持向量机。

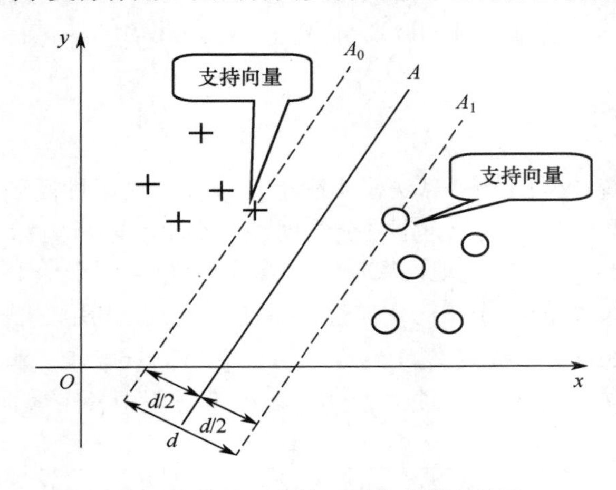

图 3-6　线性可分情况下的支持向量机

以上是线性可分的情况，对于线性不可分的情况，解决方案有 2 种。第 1 种是允许一定的分类错误发生，并且分类错误尽可能最少。第 2 种是通过核函数将数据点映射到高维空间，使原本线性不可分的数据变成线性可分的。

3.3　基于 Python 的分类建模实例

Python 的机器学习库 sklearn 自带了 Iris 鸢尾花数据集，包含 150 条鸢尾花数据样本，分为 3 类。每类有 50 个数据，每个数据包含 4 个属性。可通过花萼长度（sepal_length）、花萼宽度（sepal_width）、花瓣长度（petal_length）、花瓣宽度（petal_width）4 个属性建立分类模型，预测鸢尾花卉属于山鸢尾（Setosa）、杂色鸢尾（Versicolour）、弗吉尼亚鸢尾（Virginica）中的哪一类。

【例 3-7】利用 sklearn 的决策树算法建立鸢尾花分类模型，采用吉尼杂度指标，75%的数据作为训练集建模，25%的数据作为测试集验证，输出模型分类准确率。判断一个新的鸢尾花样本（花萼长度 5，花萼宽度 2.9，花瓣长度 1，花瓣宽度 0.2）是哪类鸢尾花。代码如下：

```
from sklearn.datasets import load_iris
import numpy as np
# 引入鸢尾花数据集
iris_dataset = load_iris()
```

```
# DESCR(descr)键对应的值是数据集的简要说明
# print(iris_dataset['DESCR'])
# 打印数据集
print(iris_dataset)

# 划分训练集与测试集
# 常使用 sklearn 库下的 model_selection 模块的 train_test_split 函数
# 使用该函数可以打乱数据集并进行拆分，由经验，常使用 25%的数据作为测试集
# 在 sklearn 中常用 X 表示数据(数据通常是二维矩阵)，y 表示标签(目标常是一个一维向量)
# train_data：所要划分的样本特征集
# train_target：所要划分的样本结果
# test_size：样本占比，如果为整数就是样本的数量
# random_state：随机数的种子
from sklearn.model_selection import train_test_split
X_train,X_test,y_train,y_test = train_test_split(iris_dataset['data'],iris_dataset['target'] ,test_size=0.25,
random_state=0)

# 引入决策树模型，并用训练集进行训练
from sklearn import tree
cls = tree.DecisionTreeClassifier(criterion="gini",random_state=10)
# criterion="gini"表示使用吉尼杂度指标，"entropy"表示使用信息增益指标
# random_state=10 是随机数种子，保证每次运行结果一致
cls.fit(X_train,y_train)

## 评估模型
y_pred = cls.predict(X_test)
from sklearn.metrics import classification_report
def evaluation(y_test, y_predict):
    accuracy = classification_report(y_test, y_predict, output_dict=True)['accuracy']
    s = classification_report(y_test, y_predict, output_dict=True)['weighted avg']
    precision = s['precision']
    recall = s['recall']
    f1_score = s['f1-score']
    return accuracy, precision, recall, f1_score
list_evalucation=evaluation(y_test,y_pred)
print("accuracy:{:.3f}".format(list_evalucation[0]))
print("weighted precision:{:.3f}".format(list_evalucation[1]))
print("weighted recall:{:.3f}".format(list_evalucation[2]))
print("F1 score:{:.3f}".format(list_evalucation[3]))

# 预测
# 判断一个新样本属于哪类
X_new = np.array([[5,2.9,1,0.2]])
prediction = cls.predict(X_new)
print("Prediction :{}".format(prediction))
print("Predicted target name:{}".format(iris_dataset['target_names'][prediction]))
```

程序输出如下：

```
accuracy:0.974
weighted precision:0.976
weighted recall:0.974
F1 score:0.974
Prediction :[0]
Predicted target name:['setosa']
```

可见，模型分类的准确率是 97.4%。由于该问题是多分类问题，要考虑每类样本在总体中的比重，因此对精确率和召回率有加权的操作。加权精确率为 97.6%，加权召回率为 97.4%，F1 分数为 0.974。新的样本被判定为山鸢尾（Setosa）。

【例 3-8】利用 sklearn 的最近邻算法建立鸢尾花分类模型，将新样本点的最近邻的 7 个已知样本作为“评委”投票。其他要求与例 3-7 一致。

将例 3-7 中间的分类模型构建代码修改为

```
# 引入最近邻模型，并用训练集训练
from sklearn.neighbors import KNeighborsClassifier
# n_neighbors=7 表示取最近的 7 个数据点投票
cls = KNeighborsClassifier(n_neighbors=7)
cls.fit(X_train,y_train)
```

程序输出如下：

```
accuracy:0.974
weighted precision:0.976
weighted recall:0.974
F1 score:0.974
Prediction :[0]
Predicted target name:['setosa']
```

【例 3-9】利用 sklearn 的朴素贝叶斯算法建立鸢尾花分类模型，假设样本分布服从高斯分布。其他要求与例 3-7 一致。

将例 3-7 中间的分类模型构建代码修改为

```
# 引入贝叶斯模型，并用训练集训练
from sklearn.naive_bayes import GaussianNB
# GaussianNB 是高斯分布，BernoulliNB 是伯努利分布，MultinomialNB 是多项式分布
cls = GaussianNB()
cls.fit(X_train,y_train)
```

程序输出如下：

```
accuracy:1.000
weighted precision:1.000
weighted recall:1.000
F1 score:1.000
Prediction :[0]
Predicted target name:['setosa']
```

【例 3-10】利用 sklearn 的逻辑回归算法建立鸢尾花分类模型。其他要求与例 3-7 一致。

将例 3-7 中间的分类模型构建代码修改为

```
# 引入逻辑回归模型，并用训练集训练
```

```
from sklearn.linear_model import LogisticRegression
cls = LogisticRegression(solver="newton-cg")
# 优化算法选择参数 solver 包括 liblinear、lbfgs、newton-cg、sag
# newton-cg：利用损失函数二阶导数矩阵即海森矩阵来迭代优化损失函数
cls.fit(X_train,y_train)
```

程序输出如下：

```
accuracy:0.974
weighted precision:0.976
weighted recall:0.974
F1 score:0.974
Prediction :[0]
Predicted target name:['setosa']
```

【例 3-11】 利用 sklearn 的支持向量机算法建立鸢尾花分类模型。其他要求与例 3-7 一致。

将例 3-7 中间的分类模型构建代码修改为

```
# 引入支持向量机模型，并用训练集训练
from sklearn.svm import SVC
cls = SVC()
cls.fit(X_train,y_train)
```

程序输出如下：

```
accuracy:0.974
weighted precision:0.976
weighted recall:0.974
F1 score:0.974
Prediction :[0]
Predicted target name:['setosa']
```

由例 3-7 至例 3-11 可见，Python 通过 sklearn 库建立分类模型，代码复用性很强，只要建模的代码加以替换，就可以应用新的分类模型。分类效果决定于 accuracy、weighted precision、weighted recall 和 F1 score 这 4 个参数，它们越接近 1 越好。如果分类效果不佳，可以切换分类模型，对同一种模型也可以改变参数进行调优。

3.4　基于 Spark 的分类建模实例

将鸢尾花数据集 Iris.csv 文件导入 Spark 工程所在文件夹，可以查看到鸢尾花数据的情况，第一列是花萼长度，第二列是花萼宽度，第三列是花瓣长度，第四列是花瓣宽度，第五列是样本的所属种类。利用 Spark 建立分类模型，预测鸢尾花卉的所属种类。

【例 3-12】 利用 ML 决策树算法建立鸢尾花分类模型，采用杂度指标建立决策树。75%的数据作为训练集建模，25%的数据作为测试集验证，输出模型分类准确率、精确率、召回率、F1 分数。判断一个新的鸢尾花样本（花萼长度 5，花萼宽度 2.9，花瓣长度 1，花瓣宽度 0.2）是哪类鸢尾花。代码如下：

```
import org.apache.log4j.{Level, Logger}
import org.apache.spark.sql.{DataFrame, SparkSession}
import org.apache.spark.ml.feature.StringIndexer
import org.apache.spark.ml.feature.VectorAssembler
import org.apache.spark.ml.evaluation.MulticlassClassificationEvaluator

object shili03_12 {
  def main(args: Array[String]): Unit = {
    //不要让 Spark 输出过多的日志
    Logger.getLogger("org").setLevel(Level.OFF)
    Logger.getLogger("akka").setLevel(Level.OFF)

    //1. 创建 SparkSession 对象
    val spark = SparkSession.builder()
      .appName("logistic")
      .master("local[2]")
      .getOrCreate()

    //2. 设置数据结构
    val schma01=StructType(Array(
      StructField("sepal_length",DoubleType,true),
      StructField("sepal_width",DoubleType,true),
      StructField("petal_length",DoubleType,true),
      StructField("petal_width",DoubleType,true),
      StructField("class",StringType,true)
    ))

    // 3. 读取数据，打印统计信息
    val dataDF=spark.read.format("csv").schema(schma01).csv("Iris.csv")
    println("----dataDF----")
    dataDF.show(5)
    println("----description of dataDF----")
    dataDF.describe().show()

    //4. 数据加载，指定预测的目标字段 label 和参与预测的字段 features
    //指定目标字段
    val lableIndexer=new StringIndexer().setInputCol("class").setOutputCol("label")
    val dataDF2=lableIndexer.fit(dataDF).transform(dataDF)
    println("----dataDF2----")
    dataDF2.show()

    //指定参与预测的字段
    val features=Array("sepal_length","sepal_width","petal_length","petal_width")
    val assembler=new VectorAssembler().setInputCols(features).setOutputCol("features")
    val dataDF3=assembler.transform(dataDF2)
    println("----dataDF3----")
```

```
dataDF3.show()

//求每种特征与预测目标的相关性
println("----correlation----")
println("sepal_length and label:",dataDF3.stat.corr("sepal_length","label"))
println("sepal_width and label:",dataDF3.stat.corr("sepal_width","label"))
println("petal_length and label:",dataDF3.stat.corr("petal_length","label"))
println("petal_width and label:",dataDF3.stat.corr("petal_width","label"))

//5. 划分数据集为训练集 trainingData 和测试集 testData
val seed=1234
val Array(trainingData,testData)=dataDF3.randomSplit(Array(0.75,0.25),seed)

//6. 引入分类模型，并用训练集训练
import org.apache.spark.ml.classification.DecisionTreeClassifier
val cls=new DecisionTreeClassifier().setImpurity("gini")//gini 为杂度，entropy 为信息增益
val model=cls.fit(trainingData)

//7. 用测试集检验模型质量
val predictions=model.transform(testData)
println("----predictions----")
predictions.show()

val evaluator=new MulticlassClassificationEvaluator()
val f1=evaluator.setMetricName("f1").evaluate(predictions)
val wp=evaluator.setMetricName("weightedPrecision").evaluate(predictions)
val wr=evaluator.setMetricName("weightedRecall").evaluate(predictions)
val accuracy=evaluator.setMetricName("accuracy").evaluate(predictions)
println("accuracy="+accuracy.formatted("%.3f"))  //准确率（Accuracy)
println("weightedPrecision="+wp.formatted("%.3f")) //精确率（Precision)
println("weightedRecall="+wr.formatted("%.3f"))  //召回率（Recall)
println("F1="+f1.formatted("%.3f")) //F1 分数

//8. 预测新的样本
import spark.implicits._
val df = Seq(
  (5,2.9,1,0.2,"new")
).toDF("sepal_length","sepal_width","petal_length","petal_width","class")
//df.show()
val df2=lableIndexer.fit(df).transform(df)
val df3=assembler.transform(df2)
val p3=model.transform(df3)
//p3.select("prediction").show()
println(p3.select("prediction").rdd.collect()(0)(0))

def checkResult(a:Float):String={
```

```
            if(a==0.0) return "Setosa"
            else if(a==1.0) return "Versicolour"
            else return "Virginica"
        }
        println("result:"+checkResult(p3.select("prediction").rdd.collect()(0)(0).toString.toFloat))
    }
}
```

程序输出如下：

```
accuracy=0.968
weightedPrecision=0.971
weightedRecall=0.968
F1=0.968
0.0
result:Setosa
```

可见，分类准确率为96.8%，加权精确率为97.1%，加权召回率为96.8%，F1分数为96.8%，新的样本判断为山鸢尾（Setosa）。与例3-7相比，模型性能相差不大，Spark语言建模代码较多，但是Spark可以利用Hadoop分布式平台处理海量数据集，在数据量较大时优势明显。

【例3-13】 利用ML的朴素贝叶斯算法建立鸢尾花分类模型，假设样本分布服从多项式分布。其他要求与例3-12一致。

将例3-12引入分类模型的代码修改为

```
//6. 引入分类模型，并用训练集训练
import org.apache.spark.ml.classification.NaiveBayes
val cls=new NaiveBayes().setModelType("multinomial")//multinomial 为多项式分布，bernoulli 为伯努利分布
val model=cls.fit(trainingData)
```

程序输出如下：

```
accuracy=1.000
weightedPrecision=1.000
weightedRecall=1.000
F1=1.000
0.0
result:Setosa
```

可见，基于多项式分布的朴素贝叶斯模型，对测试集的分类没有产生任何错误。

【例3-14】 利用ML的逻辑回归算法建立鸢尾花分类模型。其他要求与例3-12一致。

将例3-12引入分类模型的代码修改为

```
//6. 引入分类模型，并用训练集训练
import org.apache.spark.ml.classification.LogisticRegression
val cls=new LogisticRegression()
val model=cls.fit(trainingData)
```

程序输出如下：

```
accuracy=0.968
weightedPrecision=0.971
```

```
weightedRecall=0.968
F1=0.968
0.0
result:Setosa
```

org.apache.spark.ml.classification 中也有支持向量机算法 LinearSVC，但目前尚不支持多分类问题。另外，ML 中也没有现成的最近邻算法函数。

【例 3-15】随机森林是一种强大的集成学习算法，它以多棵决策树为基础，并行地进行训练。利用 ML 的随机森林算法建立鸢尾花分类模型。其他要求与例 3-12 一致。

将例 3-12 引入分类模型的代码修改为

```
//6. 引入分类模型，并用训练集训练
import org.apache.spark.ml.classification.RandomForestClassifier
val cls=new RandomForestClassifier()
val model=cls.fit(trainingData)
```

程序输出如下：

```
accuracy=0.968
weightedPrecision=0.971
weightedRecall=0.968
F1=0.968
0.0
result:Setosa
```

习题 3

一、简答题

1．在机器学习中，什么是分类？分类的目的是什么？

2．建立分类模型时，数据集被划分为哪两部分？它们各自的作用是什么？

3．衡量分类模型性能的常用指标有哪些？

4．决策树按照某种分裂属性进行分支的目的什么？为了使决策树不能过于复杂，需要进行什么操作？

5．最近邻算法的思想是什么？

6．支持向量机算法的原理是什么？

二、计算题

1．根据一个二分类器的混淆矩阵（见表 3-8），求二分类模型的准确率、精确率、召回率、特异度、假阴性率、假阳性率、F1 分数。

表 3-8　一个二分类器的混淆矩阵

		预测值	
		P	N
实际值	P	120	14
	N	16	100

2．数据集 D 如表 3-9 所示。其中 class 作为类标号属性，具有 0 和 1 两个值；ed 表示受教育程度，作为分裂属性。按照“受教育程度”分裂为 3 个子集 D_1、D_2 和 D_3。D_1：ed=1，D_2：ed=2，D_3：ed=3。请用 ID3 方法计算信息增益（结果保留 3 位有效数字）。

表 3-9 数据集 D

age	ed	employ	address	income	debtinc	creddebt	othdebt	class
41	3	17	12	176	9.3	11.35939	5.008608	1
27	1	10	6	31	17.3	1.362202	4.000798	0
40	1	15	14	55	5.5	0.856075	2.168925	0
41	1	15	14	120	2.9	2.65872	0.82128	0
24	2	2	0	28	17.3	1.787436	3.056564	1
41	2	5	5	25	10.2	0.3927	2.1573	0
39	1	20	9	67	30.6	3.833874	16.66813	0
43	1	12	11	38	3.6	0.128592	1.239408	0

3．数据集 D 如表 3-9 所示。其中 class 作为类标号属性，具有 0 和 1 两个值；ed 表示受教育程度，作为分裂属性。按照“受教育程度”分裂为 3 个子集 D_1、D_2 和 D_3。D_1：ed = 1，D_2：ed = 2，D_3：ed = 3。请用 C4.5 方法计算信息增益比例（结果保留 3 位有效数字）。

4．数据集 D 如表 3-9 所示。其中 class 作为类标号属性，具有 0 和 1 两个值；ed 表示受教育程度，作为分裂属性。按照“受教育程度”分裂为 2 个子集 D_1、D_2。D_1：ed = 1，D_2：ed = 2 or 3。请用 CART 方法计算杂度削减（结果保留 3 位有效数字）。

5. 根据表 3-10，利用朴素贝叶斯算法，判断一个客户（性别=女，婚姻状态=已婚，是否有房=无房）是否会购买此保险。

表 3-10 购买保险情况统计表

记录	性别	婚姻状态	是否有房	购买保险
1	女	未婚	无	否
2	女	未婚	有	否
3	女	已婚	有	否
4	女	已婚	有	否
5	女	未婚	有	是
6	男	未婚	有	是
7	男	未婚	有	否
8	男	已婚	有	否
9	男	未婚	有	是
10	男	未婚	有	是

三、编程题

1．文件 xiti03_06.csv 是一个 4 分类数据集，数据有 3 个维度，分别是 x、y、z。目标字段为 label，类标号为 1、2、3、4。请利用 Python 的 sklearn 的支持向量机模型构建分类器，80%的数据作为训练集，20%的数据作为测试集。输出准确率、加权精确率、加权召回率、F1 分数，并判断[2.12, 2.10, 1.89]和[1.15, 2.05, 2.88]这两个新样本的类型。

2．文件 xiti03_06.csv 是一个 4 分类数据集，数据有 3 个维度，分别是 x、y、z。目标字段为 label，类标号为 1、2、3、4。请利用 Spark 的 ML 的逻辑回归模型构建分类器，80%的数据作为训练集，20%的数据作为测试集。输出准确率、加权精确率、加权召回率、F1 分数，并判断[2.12, 2.10, 1.89]和[1.15, 2.05, 2.88]这两个新样本的类型。

第4章　聚类模型

4.1　聚类模型的概念

4.1.1　聚类模型概述

聚类是一种无监督学习算法，即按照某个特定标准（如距离准则）把一个数据集分成不同的簇（簇也称为类），使得同一个簇内的数据对象的相似性尽可能大，同时不在同一个簇中的数据对象的差异性也尽可能大，也就是说，聚类后同类的数据尽量聚集到一起，不同类的数据尽量分离。

在机器学习中，聚类是一个很重要的概念，在聚类之后我们可以更加准确地在每个类中单独使用统计模型进行估计、分析或者预测，也可以研究不同类之间的差异。构建聚类模型时，聚类的输入是一组未被标记的样本，聚类根据数据自身的距离或相似度划分为若干簇，划分的原则是簇内距离最小化而簇间距离最大化，如图 4-1 所示。

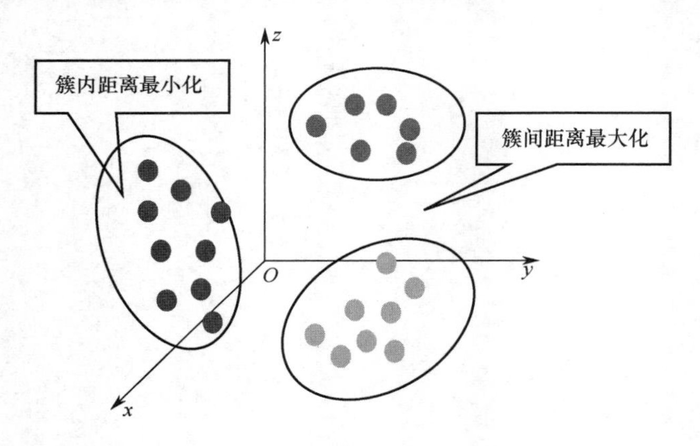

图 4-1　聚类划分原则

聚类的目的是将整个数据集分成不同的簇，具体实现过程如下。

1．数据预处理

将数据集进行清洗、去重、缺失值处理等操作，使得数据集符合聚类算法的要求。

2．特征选择

选择合适的特征作为聚类的依据。

3．模型训练与对数据的预测

选择适合的聚类算法对导入的数据进行训练，利用训练好的模型预测数据。

4．分析与决策

通过评估指标对聚类结果进行评估，选择最优的聚类数和聚类结果。根据聚类结果分析不同类的数据。

4.1.2　聚类模型中的相似度计算方法

在机器学习中通常采用距离来度量样本间的相似度，距离越小相似度越高，距离越大相似度越低。常用的距离有闵可夫斯基距离、曼哈顿距离、欧几里得距离、切比雪夫距离、余弦相似度。

1．闵可夫斯基距离

闵可夫斯基距离适用于 n 维实数空间的度量，设 $\boldsymbol{x}_1$ 和 $\boldsymbol{x}_2$ 是 n 维空间的 2 个点，它们之间的闵可夫斯基距离 d 为

$$d=\sqrt[p]{\sum_{k=1}^{n}(|x_{1k}-x_{2k}|)^p} \tag{4-1}$$

其中，x_{1k} 表示 $\boldsymbol{x}_1$ 的第 k 个坐标，x_{2k} 表示 $\boldsymbol{x}_2$ 的第 k 个坐标。当 $p=1$ 时表示曼哈顿距离，当 $p=2$ 时表示欧几里得距离，当 $p=\infty$ 时表示切比雪夫距离。

2．曼哈顿距离

闵可夫斯基距离是一类距离，当参数 $p=1$ 时，称为曼哈顿距离。曼哈顿距离常用来衡量实值向量之间的距离，在二维空间中，一般用曼哈顿距离计算两点之间的直角边距离。当数据是离散型数据或者二值型数据时，曼哈顿距离效果较好，曼哈顿距离也适用于高维数据，但直观性较差。其计算方法如下：

$$d=\sum_{k=1}^{n}|x_{1k}-x_{2k}| \tag{4-2}$$

3．欧几里得距离

欧几里得距离是最常见的一种相似度计算标准，它衡量 n 维空间中两个点之间的真实距离。其计算方法如下：

$$d=\sqrt{\sum_{k=1}^{n}(x_{1k}-x_{2k})^2} \tag{4-3}$$

4．切比雪夫距离

切比雪夫距离是向量空间的一种度量，衡量两个向量在任意坐标维度上的最大差值。切比雪夫距离用于提取一个方块到另一个方块所需的最小移动次数。其计算方法如下：

$$d=\max|x_{1k}-x_{2k}|,\quad k=1,2,3,\cdots,n \tag{4-4}$$

5．余弦相似度

余弦相似度常用于高维欧几里得空间距离计算问题，它衡量两个向量夹角的余弦，只

考虑向量的方向，不考虑向量的大小。方向完全相同的两个向量的余弦相似度为 1，彼此相对的两个向量的余弦相似度为−1。其计算方法如下：

$$\cos\theta = \frac{\sum_{k=1}^{n} x_{1k}x_{2k}}{\sqrt{\sum_{k=1}^{n} x_{1k}^2}\sqrt{\sum_{k=1}^{n} x_{2k}^2}} \tag{4-5}$$

【例 4-1】 计算 4 维空间的 2 个点 $\boldsymbol{x}_1(1,2,3,4)$和 $\boldsymbol{x}_2(2,4,6,8)$的曼哈顿距离、欧几里得距离、$p=3$ 时的闵可夫斯基距离、$p=10$ 时的闵可夫斯基距离、切比雪夫距离、余弦相似度。

解：（1）曼哈顿距离

$$d = \sum_{k=1}^{n} |x_{1k} - x_{2k}| = 1+2+3+4 = 10$$

（2）欧几里得距离

$$d = \sqrt{\sum_{k=1}^{n}(x_{1k} - x_{2k})^2} = \sqrt{1+4+9+16} = \sqrt{30} \approx 5.477$$

（3）$p=3$ 时的闵可夫斯基距离

$$d = \sqrt[3]{\sum_{k=1}^{n}(|x_{1k} - x_{2k}|)^3} = \sqrt[3]{1+8+27+64} \approx 4.641$$

（4）$p=10$ 时的闵可夫斯基距离

$$d = \sqrt[10]{\sum_{k=1}^{n}(|x_{1k} - x_{2k}|)^{10}} = \sqrt[10]{1+2^{10}+3^{10}+4^{10}} \approx 4.002$$

（5）切比雪夫距离

$$d = \max|x_{1k} - x_{2k}| = \max(1,2,3,4) = 4$$

（6）余弦相似度

$$\cos\theta = \frac{\sum_{k=1}^{n} x_{1k}x_{2k}}{\sqrt{\sum_{k=1}^{n} x_{1k}^2}\sqrt{\sum_{k=1}^{n} x_{2k}^2}} = \frac{1\times2+2\times4+3\times6+4\times8}{\sqrt{1+4+9+16}\times\sqrt{4+16+36+64}} = 1$$

可见，对于高维空间的点而言，如果至少 2 个坐标出现不相同的情况（如本例的 4 个坐标均不相同），那么其闵可夫斯基距离从 $p=1$ 到 $p=\infty$ 逐渐减小，曼哈顿距离是最大值，切比雪夫距离是最小值。从余弦相似度上看，从原点 $\boldsymbol{O}(0,0,0,0)$分别到两个点 $\boldsymbol{x}_1(1,2,3,4)$和 $\boldsymbol{x}_2(2,4,6,8)$形成的向量方向完全相同，或者说射线 $\boldsymbol{Ox}_1$ 和 $\boldsymbol{Ox}_2$ 的夹角为 0，因此余弦相似度达到了最大值 1。

4.1.3　聚类算法的评价

评价聚类质量有内部质量评价和外部质量评价两个标准。内部质量评价标准用于评价聚类结果内部质量，常见的内部指标包括 CH 指标、轮廓系数、DB 指标等。外部质量评价标准用于评价聚类结果外部质量，常见的外部指标包括兰德指标、调整兰德指标、调整互信息、同质性、完整性和 V 测度等。

1．内部质量评价标准

（1）CH 指标

CH 指标通过计算簇内各点与簇中心的距离平方和来度量簇内相似度，通过计算簇间中心点与数据集中心点距离的平方和来度量数据集的分离度，CH 指标由分离度与紧密度的比值得到，值越大表示簇内各数据点的联系越紧密，簇间越分散，聚类效果越好。CH 指标定义如下：

$$\mathrm{CH}(K)=\frac{\mathrm{tr}(B)/(K-1)}{\mathrm{tr}(W)/(N-K)} \tag{4-6}$$

$\mathrm{tr}(B)$表示簇间距离差矩阵的迹，$\mathrm{tr}(W)$表示簇内距离差矩阵的迹，N 代表聚类个数，K 代表当前簇编号。

（2）轮廓系数

轮廓系数同时兼顾了聚类的内聚度和分离度，取值范围为[−1, 1]，数值越大聚类效果越好。

针对某个样本的轮廓系数 s 为

$$s=\frac{b-a}{\max(a,b)} \tag{4-7}$$

其中，a 表示某个样本与其所在簇内其他样本的平均距离，b 表示某个样本与其他簇样本的平均距离。

聚类总的轮廓系数 SC 为

$$\mathrm{SC}=\frac{\sum_{i=1}^{N}s_i}{N} \tag{4-8}$$

其中，s_i 为第 i 个样本的轮廓系数，N 为样本总数。

（3）DB 指标

DB 指标用来衡量任意两个簇的簇内距离之和与簇间距离之比，值越小表示簇内相似度越高，簇间相似度越低。DB 指标定义如下：

$$\mathrm{DB}=\frac{1}{k}\sum_{i=1}^{k}\max_{i\neq j}\left(\frac{\mathrm{avg}(C_i)+\mathrm{avg}(C_j)}{d_{\mathrm{cen}}(C_i,C_j)}\right) \tag{4-9}$$

其中，$\mathrm{avg}(C)$表示簇的紧密程度，$d_{\mathrm{cen}}(C_i,C_j)$ 表示不同簇的远离程度。

【例 4-2】聚类 1 包含 3 个点：$\boldsymbol{x}_0$(10.06,11.78)，$\boldsymbol{x}_1$(9.96,11.84)，$\boldsymbol{x}_2$(11.56,8.74)。聚类 2 包

含 3 个点：$\boldsymbol{y}_0(19.2,20.48)$, $\boldsymbol{y}_1(21.24,11.62)$, $\boldsymbol{y}_2(23.1,21.0)$。衡量坐标点之间的距离采用欧几里得距离。（1）根据式（4-7）和式（4-8）求轮廓系数 SC。（2）若 $\boldsymbol{x}_2$ 被错分到聚类 2 中，再求此时的轮廓系数 SC′。

解：（1）$\boldsymbol{x}_0$ 到聚类 1 内其他点的距离：

$$d(\boldsymbol{x}_0,\boldsymbol{x}_1)=\sqrt{(10.06-9.96)^2+(11.78-11.84)^2}=0.117$$

$$d(\boldsymbol{x}_0,\boldsymbol{x}_2)=\sqrt{(10.06-11.56)^2+(11.78-8.74)^2}=3.390$$

$\boldsymbol{x}_0$ 与其所在簇内其他样本的平均距离：

$$a(\boldsymbol{x}_0)=\frac{d(\boldsymbol{x}_0,\boldsymbol{x}_1)+d(\boldsymbol{x}_0,\boldsymbol{x}_2)}{2}=1.753$$

$\boldsymbol{x}_0$ 到聚类 2 各个点的距离：

$$d(\boldsymbol{x}_0,\boldsymbol{y}_0)=\sqrt{(10.06-19.2)^2+(11.78-20.48)^2}=12.619$$

$$d(\boldsymbol{x}_0,\boldsymbol{y}_1)=\sqrt{(10.06-21.24)^2+(11.78-11.62)^2}=12.183$$

$$d(\boldsymbol{x}_0,\boldsymbol{y}_2)=\sqrt{(10.06-23.1)^2+(11.78-21.0)^2}=15.970$$

$\boldsymbol{x}_0$ 与其他簇样本的平均距离：

$$b(\boldsymbol{x}_0)=\frac{d(\boldsymbol{x}_0,\boldsymbol{y}_0)+d(\boldsymbol{x}_0,\boldsymbol{y}_1)+d(\boldsymbol{x}_0,\boldsymbol{y}_2)}{3}=13.591$$

$\boldsymbol{x}_0$ 的轮廓系数：

$$s(\boldsymbol{x}_0)=\frac{b(\boldsymbol{x}_0)-a(\boldsymbol{x}_0)}{\max(a(\boldsymbol{x}_0),\ b(\boldsymbol{x}_0))}=0.871$$

同理计算其他各个点的轮廓系数：

$s(\boldsymbol{x}_1)=0.868$， $s(\boldsymbol{x}_2)=0.762$， $s(\boldsymbol{y}_0)=0.683$， $s(\boldsymbol{y}_1)=0.629$， $s(\boldsymbol{y}_2)=0.732$

聚类的总轮廓系数：

$$\mathrm{SC}=\frac{s(\boldsymbol{x}_0)+s(\boldsymbol{x}_1)+s(\boldsymbol{x}_2)+s(\boldsymbol{y}_0)+s(\boldsymbol{y}_1)+s(\boldsymbol{y}_2)}{6}=0.758$$

（2）若 $\boldsymbol{x}_2$ 被错分到聚类 2 中，那么聚类 1 中包含 2 个点：$\boldsymbol{x}_0(10.06,11.78)$, $\boldsymbol{x}_1(9.96,11.84)$。聚类 2 中包含 4 个点：$\boldsymbol{y}_0(19.2,20.48)$, $\boldsymbol{y}_1(21.24,11.62)$, $\boldsymbol{y}_2(23.1,21.0)$, $\boldsymbol{y}_3(11.56,8.74)$。

$\boldsymbol{x}_0$ 到聚类 1 内其他点的距离：

$$d(\boldsymbol{x}_0,\boldsymbol{x}_1)=\sqrt{(10.06-9.96)^2+(11.78-11.84)^2}=0.117$$

$\boldsymbol{x}_0$ 与其所在簇内其他样本的平均距离：

$$a(\boldsymbol{x}_0)=0.117$$

$\boldsymbol{x}_0$ 到聚类 2 各个点的距离：

$$d(\boldsymbol{x}_0,\boldsymbol{y}_0)=\sqrt{(10.06-19.2)^2+(11.78-20.48)^2}=12.619$$

$$d(\boldsymbol{x}_0,\boldsymbol{y}_1)=\sqrt{(10.06-21.24)^2+(11.78-11.62)^2}=12.183$$

$$d(\boldsymbol{x}_0,\boldsymbol{y}_2)=\sqrt{(10.06-23.1)^2+(11.78-21.0)^2}=15.970$$

$$d(\boldsymbol{x}_0,\boldsymbol{y}_3)=\sqrt{(10.06-11.56)^2+(11.78-8.74)^2}=3.390$$

$\boldsymbol{x}_0$ 与其他簇样本的平均距离：

$$b(\boldsymbol{x}_0)=\frac{d(\boldsymbol{x}_0,\boldsymbol{y}_0)+d(\boldsymbol{x}_0,\boldsymbol{y}_1)+d(\boldsymbol{x}_0,\boldsymbol{y}_2)+d(\boldsymbol{x}_0,\boldsymbol{y}_3)}{4}=11.040$$

$\boldsymbol{x}_0$ 的轮廓系数：

$$s(\boldsymbol{x}_0)=\frac{b(\boldsymbol{x}_0)-a(\boldsymbol{x}_0)}{\max(a(\boldsymbol{x}_0),\ b(\boldsymbol{x}_0))}=0.989$$

同理计算其他各个点的轮廓系数：

$s(\boldsymbol{x}_1)=0.989$，$s(\boldsymbol{y}_0)=0.411$，$s(\boldsymbol{y}_1)=0.410$，$s(\boldsymbol{y}_2)=0.468$，$s(\boldsymbol{y}_3)=-0.762$

聚类的总轮廓系数：

$$\mathrm{SC}'=\frac{s(\boldsymbol{x}_0)+s(\boldsymbol{x}_1)+s(\boldsymbol{y}_0)+s(\boldsymbol{y}_1)+s(\boldsymbol{y}_2)+s(\boldsymbol{y}_3)}{6}=0.418$$

可见，轮廓系数的取值范围为[−1,1]，值越大聚类效果越好。$\boldsymbol{x}_2$ 错误划分到聚类 2 中，导致该点的轮廓系数出现负值，总体的轮廓系数减少。

2．外部质量评价标准

（1）兰德指标

兰德指标用于衡量两个簇的相似度，取值范围为[0,1]，值越大意味着聚类结果与真实情况越吻合。对于随机结果，兰德指标并不能保证分数接近零。兰德指标定义如下：

$$\mathrm{RI}=\frac{a+b}{C_n^2} \tag{4-10}$$

其中，a 为样本数据既属于簇 C 也属于簇 K 的个数，b 为样本数据既不属于簇 C 也不属于簇 K 的个数，C_n^2 是所有可能的样本对个数。

（2）调整兰德指标

为了实现“在聚类结果随机产生的情况下，指标应该接近零”，提出了调整兰德指标。调整兰德指标是兰德指标的一个改进版本，目的是去掉随机标签对兰德指标评估结果的影响，用于衡量两个数据分布的吻合程度。调整兰德指标的取值范围为[−1,1]，值越大意味着聚类结果与真实情况越吻合。调整兰德指标定义如下：

$$\mathrm{ARI}=\frac{\mathrm{RI}-E(\mathrm{RI})}{\max(\mathrm{RI})-E(\mathrm{RI})} \tag{4-11}$$

其中，E 表示期望。

（3）调整互信息

调整互信息基于预测簇向量与真实簇向量的互信息值衡量其相似度，取值范围为[−1,1]，值越大表示相似度越高，值接近 0 表示簇向量随机分配。调整互信息定义如下：

$$\mathrm{AMI}(U,V)=\frac{\mathrm{MI}(U,V)-E(\mathrm{MI}(U,V))}{\mathrm{avg}(H(U),H(V))-E(\mathrm{MI}(U,V))} \tag{4-12}$$

其中，$\mathrm{MI}(U,V)$表示互信息，E 表示期望，$H(U)$表示熵。

（4）同质性、完整性和 V 测度

同质性用来度量每个簇只包含单个类别样本的程度，即每个簇中正确分类的样本数占样本总数的比例，一个簇只包含一个类别的样本则满足同质性。

完整性用来度量同类型样本被归类到相同簇的程度，即每个簇中正确分类的样本数占所有相关类型的总样本数的比例之和，即同类别样本被归类到相同簇中则满足完整性。

V 测度结合同质性和完整性两个因素评价簇向量间的相似度。

4.2 聚类模型的算法原理

聚类算法一般用基于划分、基于层次、基于密度、基于模型、基于网格、基于图等方式来分类。常用的聚类算法如图 4-2 所示。

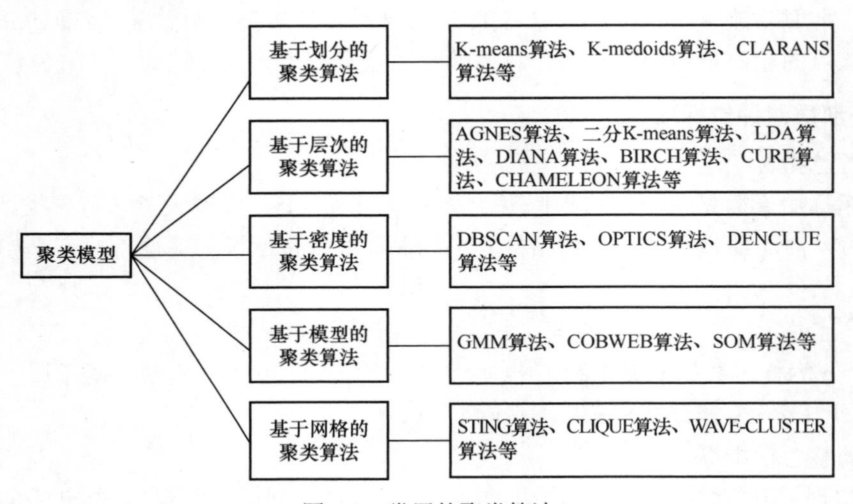

图 4-2　常用的聚类算法

4.2.1 K-means 算法

划分聚类算法是一种常用的聚类算法，它将数据集划分为若干子集，每个子集代表一个簇。划分聚类算法的核心思想是将数据集划分为若干互不重叠的子集，使每个子集内部的数据点相似度较高，不同子集之间的数据点相似度较低。划分聚类算法中的典型算法有 K-means 聚类算法、K-Medoids 聚类算法。

1. K-means 算法的原理

K-means 算法是一个迭代求解的聚类算法，其基本思想是将数据集划分为 k 个簇（k 由用户指定），使得每个簇内部的样本数据相似度高，不同簇之间样本数据的差异性大。K-means 算法通过样本之间的距离来度量样本的相似度，两个样本距离越远，相似度越低，否则相似度越高。K-means 算法的流程如下：

输入：样本数据集 D、聚类中心个数 k。

输出：聚类结果。

1）初始化：随机选择 k 个样本作为 k 个初始的聚类中心。

2）对样本进行聚类：计算数据集 D 中的每个样本到每个聚类中心的距离，将样本分配到与其距离最近的聚类中心所在的簇。

3）计算新的聚类中心：计算当前每个簇的均值作为新的聚类中心。

4）重复执行步骤 2）和 3），直至满足终止条件。

终止条件可以是没有（或低于某一数目的）对象重新分配给不同的簇，聚类中心不再发生变化，即误差平方和（SSE）局部最小。

2．K-means 算法的特点

K-means 算法原理简单，容易实现，运行效率较高，且聚类结果容易解释，适用于高维数据的聚类。K-means 算法采用贪心策略容易导致局部收敛，在大规模数据集上求解较慢。K-means 算法对离群点和噪声点非常敏感，少量的离群点和噪声点可能对算法求平均值产生极大影响，从而影响聚类结果。K-means 算法中初始聚类中心的选取也对算法结果影响很大，不同的初始中心可能会导致不同的聚类结果。

4.2.2 AGNES 算法

层次聚类通过计算不同类别数据点间的相似度来创建一棵有层次的嵌套聚类树，不同类别的原始数据点是树的底层，树的顶层是一个聚类的根节点。创建聚类树有两种方法：自底向上的方法是将小的类别逐渐合并为大的类别，即凝聚聚类算法；自顶向下的方法是将大的类别逐渐分裂为小的类别，即分裂聚类算法。目前层次聚类多采用凝聚聚类算法。

1．凝聚聚类算法的原理

凝聚聚类（AGNES）算法的基本思想是，首先将每个数据点看作一个独立的类别，然后通过计算不同类别之间的距离，将距离最近的两个类别合并成一个新的类别，直到所有的数据点被合并为一个类别为止。凝聚聚类算法的流程如下：

输入：样本数据集 D，终止条件簇的数目 k。

输出：k 个簇，达到终止条件规定的簇的数目。

1）计算所有样本之间的距离，得到距离矩阵。

2）将每个样本都当成一个簇。

3）计算每两个簇之间的距离，将距离最近的两个簇合并。

4）更新样本的距离矩阵。

5）重复执行步骤 2）～步骤 4），直到所有样本都合并为一个簇为止。

在凝聚聚类中，距离的计算方式有多种，单链接方式计算两个簇中最相近的两个样本的距离，将距离最近的两个样本所属的簇合并；全链接方式计算两个簇中最不相近的两个样本的距离，将距离最远的两个样本所在的簇合并。

2. 凝聚聚类算法的特点

AGNES 算法比较简单，但经常会遇到合并点选择困难的问题，如果在某一步没有很好地选择合并点，很可能导致低质量的聚类结果。此算法没有良好的可伸缩性，数据在执行合并操作后不能撤销合并，在计算大数据集时效率较低，也无法对分布形状复杂的数据进行正确的聚类分析。

4.2.3 DBSCAN 算法

基于密度的聚类算法依据样本分布的紧密程度来确定聚类结构，使用一定邻域内点的数量作为连通性的标准，并基于该连通性不断扩展聚类簇得到最终的聚类结果。基于密度的聚类可以处理形状不规则的类，常见的基于密度的聚类算法有 DBSCAN 算法和 OPTICS 移算法。

1. DBSCAN 算法的原理

DBSCAN（Density-Based Spatial Clustering of Applications with Noise，具有噪声的基于密度的聚类）算法的基本思想是将簇定义为密度相连的点的最大集合。数据稠密区域相似度高，数据稀疏区域是分界线，该算法将具有足够密度的区域划分为簇，并在具有噪声的空间数据库中发现任意形状的簇。DBSCAN 算法将数据点分为核心点（稠密区域内的点）、边界点（稠密区域边缘上的点）、噪声点（稀疏区域内的点）。DBSCAN 算法的流程如下：

输入：数据样本集 D，半径 eps，最小数据样本数 MinPts。

输出：所有生成的簇，达到密度要求。

1）任选一个未被访问的点，找出与其距离小于或等于 eps 的所有附近点。

2）如果附近点的数量大于或等于 MinPts，则当前点与其附近点形成一个簇，将该点标记为已访问。然后以相同的方法处理该簇内所有未被访问的点，从而对簇进行扩展。

3）如果附近点的数量小于 MinPts，则该点暂时被标记为噪声点。结束本次循环，跳转到步骤 1）继续执行。

4）重复执行步骤 1）～步骤 3），直到簇内所有的点都被标记为已访问的点。

如果簇充分地被扩展，即簇内的所有点都被标记为已访问，可用同样的算法处理未被访问的点。

5）一旦完成了当前簇的聚类，就检索和处理新的未被访问的点，重复执行步骤 1）～步骤 5），直至所有点被标记为属于一个簇或噪声。

---

2. DBSCAN 算法的特点

DBSCAN 算法具有较强的抗噪性，能够处理任意形状和大小的簇，有效去除噪声点。DBSCAN 算法的主要缺点是不能有效处理高维数据，当样本数据密度不均匀或聚类间距差较大时，它的聚类效果并不好。

4.2.4　GMM 算法

基于模型的聚类算法就是为每个簇假定了一个模型，寻找数据对给定模型的最佳拟合，这类算法主要是指基于概率模型的算法和基于神经网络模型的算法，尤其以前者居多。概率模型主要指概率生成模型（generative Model），同一“类”的数据属于同一种概率分布，即假设数据是根据潜在的概率分布生成的。其中最典型也最常用的算法就是高斯混合模型（Gaussian Mixture Models，GMM）。

1．GMM 算法的原理

GMM 算法是通过选择成分最大化后验概率来完成聚类的，各数据点的后验概率表示属于各类的可能性，而不是判定它完全属于某个类，所以称为软聚类。GMM 算法的基本思想是用多个高斯分布函数去近似任意形状的概率分布，所以 GMM 就是由多个单高斯密度分布（Gaussian）组成的，每个 Gaussian 为一个“Component”，这些“Component”线性加和即 GMM 的概率密度函数。将待聚类的数据点看成分布的采样点，通过采样点利用类似极大似然估计的方法估计高斯分布的参数，求出参数（用 EM 算法求解）即得出了数据点对分类的隶属函数。GMM 算法流程如下：

输入：数据样本集 D。

输出：聚类结果。

1）设置 k 的个数，即初始化高斯混合模型的成分数。（随机初始化每个簇的高斯分布参数均值和方差，也可观察数据给出一个相对精确的均值和方差。）

2）计算每个数据点属于每个高斯模型的概率，即计算后验概率。（点越靠近高斯分布的中心，概率越大，属于该簇的可能性越高。）

3）计算参数使得数据点的概率最大化，使用数据点概率的加权来计算这些新的参数，权重就是数据点属于该簇的概率。

4）重复迭代步骤 2）和步骤 3）直至收敛。

2．GMM 算法的特点

用 GMM 算法可以处理多维数据，也可以处理混合分布数据。在 GMM 算法中可以使用多个高斯分布来描述数据的分布情况，更好地拟合数据，使模型更加精确。GMM 算法使用均值和标准差，簇可以呈现出椭圆形，优于 K-means 的圆形。GMM 算法是使用概率的，故一个数据点可以属于多个簇。

GMM 算法的缺点是计算复杂度较高。在 GMM 算法中需要不断迭代，直到模型的参数收敛为止。GMM 还存在一些参数调整的问题。GMM 算法一般先用 K-means（重复并取最优值），然后将聚类中心点（cluster_centers）作为 GMM 的初始值进行训练。

4.2.5　二分 K-means 算法

K-means 算法的聚类结果易受到聚类中心点的选择影响，在很多情况下只会收敛到局部最小值而不是全局最小值，二分 K-means 算法（bisecting K-means）可以改善这个问题。二分 K-means 算法是基于层次聚类的算法。

1. 二分 K-means 算法的原理

二分 K-means 算法（bisecting K-means）的基本思想是将所有点作为一个簇，将该簇一分为二后，选择能最大限度降低聚类代价函数（SSE）的簇划分为两个簇，不断重复基于 SSE 的划分过程，直到簇的数目等于用户给定的数目 k 为止。SSE 统计参数计算的是拟合数据和原始数据对应点的误差的平方和。SSE 越接近 0，说明模型选择和拟合更好，数据预测也越成功。

二分 K-means 算法流程如下：

输入：样本数据集 D。

输出：聚类结果。

1）将所有的点看成一个簇。

2）当簇数小于 k 时，对每个簇计算总误差，在当前簇内进行 K-means 聚类，k 的值为 2，计算将该类一分为二后的总误差；选择使误差最小的那个簇划分。

---

2. 二分 K-means 算法的特点

因为二分 K-means 算法的相似度计算少，所以可以加速 K-means 算法的执行速度。因为不存在随机点的选取且每一步都保证了误差最小，所以不受初始化问题的影响。其缺点与 K-means 算法一样，不适用于非球形簇的聚类，也不适用于不同尺寸和密度的类型的簇。

4.2.6 隐式狄利克雷分配算法

隐式狄利克雷分配（Latent Dirichlet Allocation ，LDA）算法是基于层次的聚类算法，是一种词袋模型，它认为文档是一组词构成的集合，词与词之间是无序的。一篇文档可以包含多个主题，文档中的每个词都是由某个主题生成的，LDA 给出文档属于每个主题的概率分布，同时给出每个主题上词的概率分布。LDA 是一种无监督学习，在文本主题识别、文本分类、文本相似度计算和文章相似推荐等方面都有应用。

1. LDA 算法的原理

LDA 属于生成模型，模型假设主题由单词的多项分布表示，文本由主题的多项分布表示，单词的多项分布和主题的多项分布的先验分布都是狄利克雷分布。文本内容的不同是由于它们的主题多项分布不同。严格意义上来说，这里的多项分布都是类别分布。LDA 算法是基于贝叶斯模型的，贝叶斯模型离不开“先验分布”、“数据（似然）”和“后验分布”。在贝叶斯学派中有“先验分布”+“数据（似然）”=“后验分布”的说法。LDA 算法流程如下：

输入：样本数据集 D。

输出：聚类结果。

1）随机生成 K 个主题的单词分布。

2）随机生成 M 个文本的主题分布。

3）随机生成 M 个文本的 N_m 个单词，先按照多项分布随机生成一个主题，再按照多项分布随机生成一个单词。

2．LDA 算法的特点

LDA 算法是常见的主题模型之一，可以将文档集中的每篇文档按照概率分布的形式给出。LDA 算法是一种无监督的贝叶斯模型，在训练时不需要手工标注的训练集，只需要文档集以及指定主题的数量 k。LDA 算法对每个主题均可找出一些词语来描述它，使用先验概率分布，以防止学习过程中产生过拟合。

4.3　基于 Python 的聚类建模实例

在 Python 的 sklearn 库中，常用的聚类算法有亲和力传播（AP 聚类）、凝聚聚类、BIRCH、DBSCAN、K-means、Mini-Batch K-means、Mean Shift、OPTICS、谱聚类和 GMM。

Python 的机器学习库 sklearn 自带了 Iris 鸢尾花数据集，在聚类分析中可以使用特征值对不同种类的鸢尾花进行聚类分析。

【例 4-3】 使用 K-means 算法对不同种类的鸢尾花进行聚类分析，代码如下。

```
# K-means 聚类鸢尾花
import os
os.environ["OMP_NUM_THREADS"] = "1"
import matplotlib.pyplot as plt
from sklearn import datasets
from sklearn.cluster import KMeans

iris = datasets.load_iris()
print(iris.data[0:5])      # iris.data 花萼、花瓣的长宽，一共 4 列
print(iris.target)  # 值 0，1，2，分别代表 Setosa(山鸢尾)、Versicolour(杂色鸢尾)、Virginica(弗吉尼亚鸢尾)
X = iris.data[:, :4]  # 取特征空间中的 4 个维度
print(X.shape)

# 绘制数据分布散点图，plt.scatter(X[:,0].X[:,1])将 X 数组的第一列作为 x 坐标，第二列作为 y 坐标，label='see'图例
plt.scatter(X[:, 0], X[:, 1], c="red", marker='o', label='see')
plt.xlabel('sepal length')
plt.ylabel('sepal width')
plt.legend(loc=2)          # 图例中的 loc 参数可以控制图例的位置，loc=2 为左上角
plt.show()
```

```
# 构造聚类器
estimator = KMeans(n_clusters=3,n_init='auto')
estimator.fit(X)  # 聚类
label_pred = estimator.labels_  # 获取聚类标签
# 绘制 K-means 结果
x0 = X[label_pred == 0]
x1 = X[label_pred == 1]
x2 = X[label_pred == 2]
plt.scatter(x0[:, 0], x0[:, 1], c="red", marker='o', label='label0')          # 生成一个 scatter 散点图
plt.scatter(x1[:, 0], x1[:, 1], c="green", marker='*', label='label1')
plt.scatter(x2[:, 0], x2[:, 1], c="blue", marker='+', label='label2')
plt.xlabel('sepal length')
plt.ylabel('sepal width')
plt.legend(loc=2)
plt.title("K-Means Clustering")
plt.show()
```

程序输出结果如图 4-3 所示。

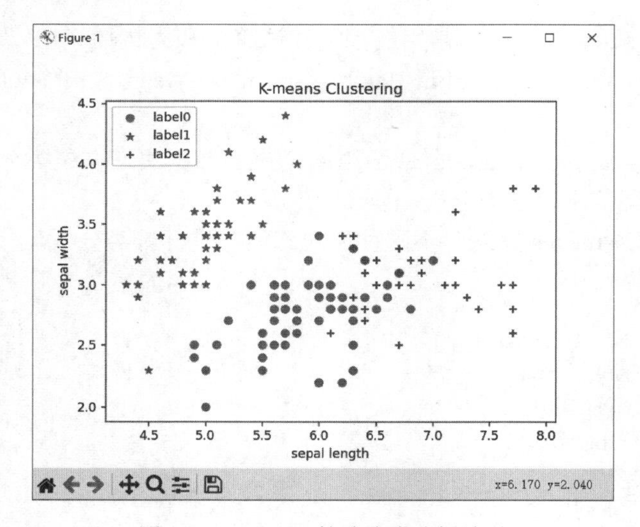

图 4-3　K-means 算法聚类分析结果

【例 4-4】使用凝聚聚类算法对不同种类的鸢尾花进行聚类分析，代码如下。

```
# 凝聚聚类算法 AGNES 聚类鸢尾花
from sklearn import datasets
from sklearn.cluster import AgglomerativeClustering
import matplotlib.pyplot as plt
from sklearn.metrics import confusion_matrix
import pandas as pd

iris = datasets.load_iris()
irisdata = iris.data
# 创建聚类器。  linkage='ward'指定链接算法，ward 为单链接，complete 为全链接，average 为均链接
clustering = AgglomerativeClustering(linkage='ward', n_clusters=3)
```

```
    # 聚类
    res = clustering.fit(irisdata)

    print("各个簇的样本数目：")
    print(pd.Series(clustering.labels_).value_counts())        # 统计各个类别的数目
    print("聚类结果：")
    print(confusion_matrix(iris.target, clustering.labels_))        # iris.target 为目标结果品种信息，
clustering. labels 为每个数据所属的簇编号

    plt.figure()            # 创建一个图形
    d0 = irisdata[clustering.labels_ == 0]
    plt.plot(d0[:, 0], d0[:, 1], 'ro')
    d1 = irisdata[clustering.labels_ == 1]
    plt.plot(d1[:, 0], d1[:, 1], 'go')
    d2 = irisdata[clustering.labels_ == 2]
    plt.plot(d2[:, 0], d2[:, 1], 'b*')
    plt.xlabel("Sepal.Length")
    plt.ylabel("Sepal.Width")
    plt.title("AGNES Clustering")
    plt.show()
```

程序输出结果如图 4-4 所示。

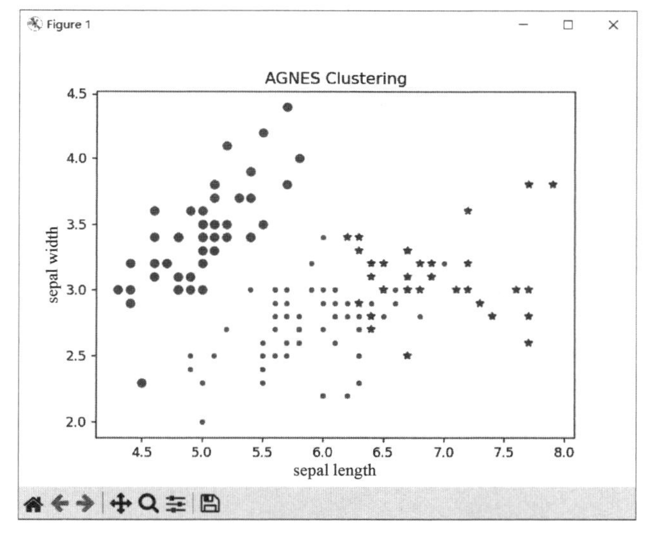

图 4-4　凝聚聚类算法聚类分析结果

【例 4-5】使用 DBSCAN 算法对不同种类的鸢尾花进行聚类分析，代码如下。

```
    # DBSCAN 算法聚类鸢尾花
    import matplotlib.pyplot as plt
    from sklearn import datasets
    from sklearn.cluster import DBSCAN

    iris = datasets.load_iris()
```

```
X = iris.data[:, :4]  # 表示只取特征空间中的 4 个维度
print(X.shape)

# 绘制数据分布图
plt.scatter(X[:, 0], X[:, 1], c="red", marker='o', label='see')
plt.xlabel('sepal length')
plt.ylabel('sepal width')
plt.legend(loc=2)
plt.show()

# 创建聚类器。eps 为邻域半径，两个样本之间的最大距离，即扫描半径。min_samples 为核心点的邻域内的最小样本数，包括点本身
dbscan = DBSCAN(eps=0.4, min_samples=9)
dbscan.fit(X) # 聚类
label_pred = dbscan.labels_

# 绘制结果
x0 = X[label_pred == 0]
x1 = X[label_pred == 1]
x2 = X[label_pred == 2]
plt.scatter(x0[:, 0], x0[:, 1], c="red", marker='o', label='label0')
plt.scatter(x1[:, 0], x1[:, 1], c="green", marker='*', label='label1')
plt.scatter(x2[:, 0], x2[:, 1], c="blue", marker='+', label='label2')
plt.xlabel('sepal length')
plt.ylabel('sepal width')
plt.legend(loc=2)
plt.title("DBSCAN Clustering")
plt.show()
```

程序输出结果如图 4-5 所示。

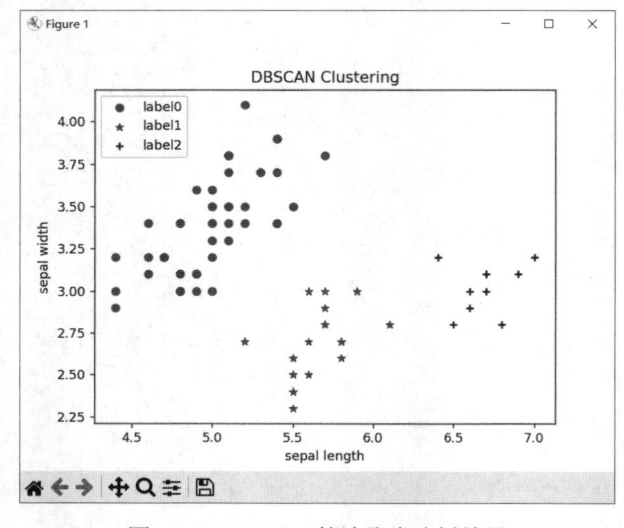

图 4-5　DBSCAN 算法聚类分析结果

【例 4-6】使用 GMM 算法对不同种类的鸢尾花进行聚类分析，代码如下。

```
# GMM 算法聚类鸢尾花
import os
os.environ["OMP_NUM_THREADS"] = '1'
import numpy as np
from sklearn import datasets
from sklearn.preprocessing import StandardScaler
from sklearn.mixture import GaussianMixture as GMM
import matplotlib.pyplot as plt
from mpl_toolkits.mplot3d import Axes3D

# 使图形中的中文正常编码显示，使坐标轴刻度正常显示正负符号
plt.rcParams['font.sans-serif'] = ['SimHei']
plt.rcParams['axes.unicode_minus'] = False

iris = datasets.load_iris()
features = iris.data
target = iris.target
# print(features)
# print(target)
# StandardScaler()使数据标准化；fit_transform() fit to data,then transform it 先计算均值、标准差，再
标准化
scaler = StandardScaler()
features_std = scaler.fit_transform(features)

fig = plt.figure()
ax = Axes3D(fig, auto_add_to_figure=False)   # 创建 3D 图像，禁止 Axe3D 自动将自己添加到图形中
fig.add_axes(ax)           # 新增子区域，可放在 figure 内任意位置，可设置任意大小
ax.scatter(features[:, 0], features[:, 1], features[:, 2], c=target, s=50)   # c 散点颜色；  s 散点大小，默认 20
plt.show()

n_components = np.arange(1, 11)
print(n_components)
# 设置超参数，初始化模型；拟合数据聚类个数 n，covariance_type 通过 EM 算法估算参数时使用
的协方差类型，random_state=0 随机划分训练集和测试集
models = [GMM(n, covariance_type='full', random_state=0).fit(features_std)
          for n in n_components]
# 评估效果，赤池信息量准则 AIC、贝叶斯信息量准则 BIC
plt.plot(n_components, [m.aic(features_std) for m in models], label='AIC')
plt.plot(n_components, [m.bic(features_std) for m in models], label='BIC', linestyle='_ _')
plt.legend(loc='best')
plt.xlabel('n_components')
plt.show()
```

程序输出结果如图 4-6 所示。

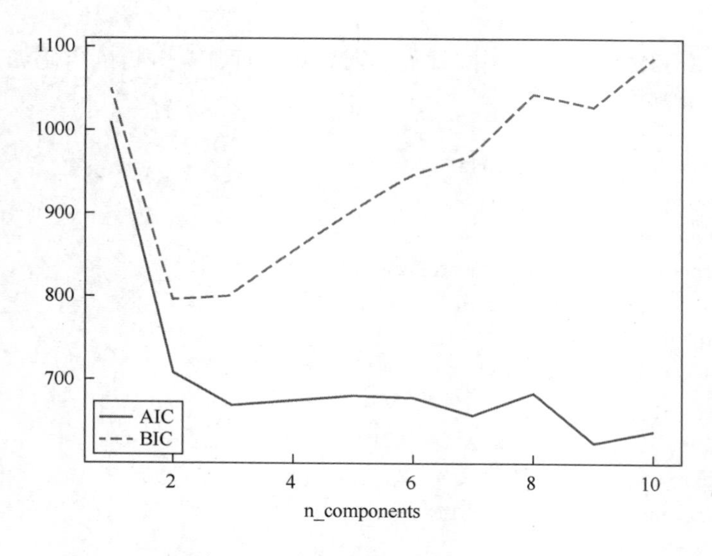

图 4-6 GMM 算法聚类分析结果

从上面聚类分析效果图可以看出，K-means 聚类和层次聚类的分析结果大致相同，但是两者与 DBSCAN 的结果（较多的噪声点）不一样。

K-means 对于大型数据集也是简单高效、时间复杂度和空间复杂度低。最重要的是数据集大时结果容易局部最优；需要预先设定 k 值，对最先的 k 个点选取很敏感，对噪声和离群值非常敏感，只用于数值类型数据，不能解决非凸数据。

层次聚类适用于小样本的聚类，相对于 K-means 时间复杂度较高，计算较慢。

DBSCAN 对噪声不敏感，能发现任意形状的聚类。但是聚类的结果与参数有很大关系，DBSCAN 用固定参数识别聚类，当聚类的稀疏程度不同时，相同的判定标准可能会破坏聚类的自然结构，即较稀的聚类会被划分为多个类，或密度较大且离得较近的类会被合并成一个类。

GMM 聚类算法的分类准确度要高一些，但是算法的收敛速度慢，运行时间长。

4.4 基于 Spark 的聚类建模实例

Spark 有两个机器学习库 ML 和 MLlib，ML 库引入了可以组合成管道的新的抽象概念——估计器、转换器和评估器，ML 经常使用 DataFrame 对象来呈现数据集。在基于 DataFrame 的 ML 库中，常用的聚类算法有 K-means、GMM、二分 K-means、LDA。在基于 RDD API 的 MLLib 库中，常用的聚类算法有 K-means、GMM、二分 K-means 算法、LDA、幂迭代聚类（PIC）和流式 K-means 算法。

将鸢尾花数据集 Iris.csv 文件导入 Spark 工程所在文件夹，可以查看鸢尾花数据的情况，第一列是花萼长度，第二列是花萼宽度，第三列是花瓣长度，第四列是花瓣宽度，第五列是样本的所属种类。

【例 4-7】利用 K-means 算法建立鸢尾花聚类模型，代码如下。

```
/*Iris K-means*/
import org.apache.log4j.{Level, Logger}
import org.apache.spark.ml.clustering.KMeans
import org.apache.spark.ml.feature.VectorAssembler
import org.apache.spark.sql.SparkSession
object shili04_07{
  def main(args: Array[String]): Unit = {
    Logger.getLogger("akka").setLevel(Level.OFF)
    Logger.getLogger("org").setLevel(Level.OFF)
    //创建环境
    val spark = SparkSession
      .builder()
      .appName("aaa")    //设置任务名称
      .master("local[*]")    //在本地执行
      .getOrCreate()

    //读取数据并转为 DataFrame，inferSchema 让框架推断 csv 文件的数据类型
    val df01 = spark.read.option("inferSchema", value = true).csv("Iris.csv")
    println(df01.count())
    df01.show(5)

    //将原始的 4 个特征列组合成一个特征向量，即将多列数据转化为单个向量列
    val assembler = new VectorAssembler()
      .setInputCols(Array("_c0", "_c1", "_c2", "_c3"))
      .setOutputCol("features")
    //对数据进行转换
    val data = assembler.transform(df01)
    data.show(5)

    //建立模型并训练
    val kmeans = new KMeans()
      .setK(3)                              //设置聚类簇数为 3
      .setFeaturesCol("features")    //设置特征列名
      .setPredictionCol("prediction")    //设置预测结果列名
      .setMaxIter(100)                        //设置最大迭代次数
      .setSeed(1L)          //随机种子，设定生成随机数的种子让结果具有重复性
      .fit(data)      //对数据进行拟合，获得数据的均值、最大值、最小值、标准差等属性值

    //进行聚类计算，基于训练出的模型对测试集进行预测
    val results = kmeans.transform(data)
    results.show(5)

    //查看聚类中心点，查看结果
    kmeans.clusterCenters.foreach(center => {
      println("Clustering Center:" + center)
```

```
    })

    //使用误差平方和来评估聚类的有效性
    val wssse = kmeans.computeCost(data)
    println("有效性" + wssse)

    spark.stop()
  }
}
```

聚类中心如下。

```
Clustering Center:[5.88360655737705,2.7409836065573776,4.388524590163936,1.4344262295081969]
Clustering Center:[6.853846153846153,3.0769230769230766,5.715384615384615,2.053846153846153]
Clustering Center:[5.005999999999999,3.4180000000000006,1.4640000000000002,0.2439999999999999]
```

聚类结果如下。

```
+-----+-----+-----+------+-------------+-----------------+----------+
|_c0  |_c1 |_c2  |_c3   |     _c4  |  features        |  prediction  |
+-----+-----+-----+------+-------------+-----------------+----------+
|5.1  |3.5  |1.4  |0.2  |Iris-setosa | [5.1,3.5,1.4,0.2] |         2|
|4.9  |3.0  |1.4  |0.2  |Iris-setosa | [4.9,3.0,1.4,0.2] |         2|
|4.7  |3.2  |1.3  |0.2  |Iris-setosa | [4.7,3.2,1.3,0.2] |         2|
|4.6  |3.1  |1.5  |0.2  |Iris-setosa | [4.6,3.1,1.5,0.2] |         2|
|5.0  |3.6  |1.4  |0.2  |Iris-setosa | [5.0,3.6,1.4,0.2] |         2|
+-----+-----+-----+------+-------------+-----------------+----------+
only showing top 5 rows
```

【例 4-8】利用 GMM 算法建立鸢尾花聚类模型，代码如下。

```
/*GMM   IRIS*/
import org.apache.log4j.{Level, Logger}
import org.apache.spark.ml.clustering.GaussianMixture
import org.apache.spark.ml.feature.VectorAssembler
import org.apache.spark.sql.SparkSession
object shili04_08 {
  def main(args: Array[String]): Unit = {
    Logger.getLogger("akka").setLevel(Level.OFF)
    Logger.getLogger("org").setLevel(Level.OFF)
    //创建环境
    val spark = SparkSession
      .builder()
      .appName("aaa")
      .master("local[*]")
      .getOrCreate()

    //读取数据并转为 DataFrame
    val df01 = spark.read.option("inferSchema", value = true).csv("Iris.csv")
    println(df01.count())
```

```
        df01.show(5)

        //将原始的 4 个特征列组合成一个特征向量，即将多列数据转化为单个向量列
        val assembler = new VectorAssembler()
          .setInputCols(Array("_c0", "_c1", "_c2", "_c3"))
          .setOutputCol("features")
        //对数据进行转换
        val data = assembler.transform(df01)
        data.show(5)

        //调用 fit()方法训练模型
        val gm = new GaussianMixture()
          .setK(3)          //设置聚类簇数为 3
          .setPredictionCol("Prediction")    //设置预测结果列名
          .setProbabilityCol("Probability")     //设置预测概率值的列名
        val gmm = gm.fit(data)

        //调用 transform()方法测试数据集后，打印数据集
        val result = gmm.transform(data)
        result.show(150, truncate = false)       //truncate = false 禁用截断

    //输出 model 参数，weight 是各个混合成分的权重，mean 是均值向量 ，cov 是协方差矩阵
        //println(gmm.getK)
        for (i <- 0 until gmm.getK) {
          println("Component %d : weight is %f \n mu vector is %s \n sigma matrix is %s"
            format(i, gmm.weights(i), gmm.gaussians(i).mean, gmm.gaussians(i).cov))
        }

        spark.stop()
      }
    }
```

聚类分析结果的样本的预测簇及其概率分布向量如下。

```
+-----------------+----------+------------------------------------------------------------------+
|features         |Prediction|Probability                                                       |
+-----------------+----------+------------------------------------------------------------------+
|[5.1,3.5,1.4,0.2]|0         |[1.0,4.682242865097166E-17,4.682242865097166E-17]   |
|[4.9,3.0,1.4,0.2]|0         |[0.9999999999999996,1.0042562339263313E-16,1.004256233920664E-16] |
|[4.7,3.2,1.3,0.2]|0         |[0.9999999999999997,7.291774312466869E-17,7.29177431246585E-17]   |
|[4.6,3.1,1.5,0.2]|0         |[0.9999999999999997,8.745517102390204E-17,8.745517096600958E-17]  |
|[5.0,3.6,1.4,0.2]|0         |[1.0,5.775129326714161E-17,5.775129326714161E-17]                 |
```

聚类分析结果的多元高斯分布的参数如下。

```
Component 0 : weight is 0.333333
 mu vector is [5.00600000000003,3.417999999999994,1.4640000000000593,0.24400000000002298]
 sigma   matrix   is   0.12176400000003369         0.09829199999998683          0.015816000000137238
0.010336000000005086
 0.09829199999998683     0.1422760000000096       0.011447999999975216    0.011207999999988852
```

```
0.015816000000137238    0.011447999999975216    0.029504000000287408    0.00558400000010887
0.01033600000005086     0.011207999999988852    0.00558400000010887     0.011264000000042304
Component 1 : weight is 0.366905
 mu vector is [6.545118526275775,2.9488866553753748,5.480730389373235,1.9853570260090512]
 sigma matrix is 0.38709052583310033    0.09220845080866377    0.3026366789453173
0.06139836134931214
0.09220845080866377    0.11035487081673509    0.08415606993121152    0.055932224609026374
0.3026366789453173     0.08415606993121152    0.32719057345059416    0.07400201788019359
0.06139836134931214    0.055932224609026374   0.07400201788019359    0.08551278052236494
Component 2 : weight is 0.299762
 mu vector is [5.915466952515251,2.7778918278905387,4.202538181617946,1.2973514022063268]
 sigma matrix is 0.2753475805625947    0.09684275275485184    0.18482825569527325
0.05447555104658051
0.09684275275485184    0.09261962197943036    0.09110625602220143    0.04299474593078352
0.18482825569527325    0.09110625602220143    0.2010295135399222     0.061149884500612935
0.05447555104658051    0.04299474593078352    0.061149884500612935   0.03207844297374784
```

【例 4-9】利用二分 K-means 算法建立鸢尾花聚类模型，代码如下。

```
/*BisectingK-Means*/
import org.apache.log4j.{Level, Logger}
import org.apache.spark.ml.clustering.BisectingKMeans
import org.apache.spark.ml.feature.VectorAssembler
import org.apache.spark.sql.SparkSession
object shili04_09 {
  def main(args: Array[String]): Unit = {
    Logger.getLogger("akka").setLevel(Level.OFF)
    Logger.getLogger("org").setLevel(Level.OFF)
    //创建环境
    val spark = SparkSession
      .builder()
      .appName("aaa")
      .master("local[*]")
      .getOrCreate()

    //读取数据并转为 DataFrame
    val df01 = spark.read.option("inferSchema", value = true).csv("Iris.csv")
    println(df01.count())
    df01.show(5)

    //将原始的 4 个特征列组合成一个特征向量，即将多列数据转化为单个向量列
    val assembler = new VectorAssembler()
      .setInputCols(Array("_c0", "_c1", "_c2", "_c3"))
      .setOutputCol("features")
    //对数据进行转换
    val data = assembler.transform(df01)
    data.show(5)
```

```
        //建立模型并训练
        val bkmeans = new BisectingKMeans()
          .setK(2)             //设置聚类簇数为 2
          .setFeaturesCol("features")            //设置特征列名
          .setPredictionCol("prediction")     //设置预测结果列名
          .setMaxIter(100)                       //设置最大迭代次数
          .setSeed(1L)                           //设定生成随机数的种子让结果具有重复性
          .fit(data)                             //基于训练集训练出模型

        //进行聚类计算
        val results = bkmeans.transform(data)

        //查看聚类中心点，查看结果
        bkmeans.clusterCenters.foreach(center => {
          println("Clustering Center:" + center)
        })
        results.show()

        //使用误差平方和来评估聚类的有效性
        val wssse = bkmeans.computeCost(data)
        println("有效性" + wssse)

        spark.stop()
    }
}
```

二分 K-means 聚类结果的聚类中心如下。

```
Clustering Center:[5.005660377358491, 3.3603773584905667, 1.562264150943396, 0.28867924528301875]
Clustering Center:[6.30103092783505, 2.8865979381443303, 4.958762886597939, 1.6958762886597945]
```

二分 K-means 聚类结果如下。

```
+------+------+------+------+-----------+------------------+----------------+
| _c0  | _c1  | _c2  | _c3 |  _c4       |      features        | prediction  |
+------+------+------+------+-------------+-------------------+--------------+
| 5.1  | 3.5  | 1.4  | 0.2  | Iris-setosa| [5.1,3.5,1.4,0.2] |           0|
| 4.9  | 3.0  | 1.4  | 0.2  | Iris-setosa| [4.9,3.0,1.4,0.2] |           0|
| 4.7  | 3.2  | 1.3  | 0.2  | Iris-setosa |[4.7,3.2,1.3,0.2] |           0|
| 4.6  | 3.1  | 1.5  | 0.2  | Iris-setosa| [4.6,3.1,1.5,0.2] |           0|
| 5.0  | 3.6  | 1.4  | 0.2  | Iris-setosa| [5.0,3.6,1.4,0.2] |           0|
```

【例 4-10】利用 LDA 算法建立鸢尾花聚类模型，代码如下。

```
/*Iris LDA*/
import org.apache.log4j.{Level, Logger}
import org.apache.spark.ml.clustering.LDA
import org.apache.spark.ml.feature.{StringIndexer, VectorAssembler}
import org.apache.spark.sql.SparkSession
object shili4_10 {
  def main(args: Array[String]): Unit = {
```

```
Logger.getLogger("akka").setLevel(Level.OFF)
Logger.getLogger("org").setLevel(Level.OFF)
//创建环境
val spark = SparkSession
  .builder()
  .appName("aaa")
  .master("local[*]")
  .getOrCreate()

//读取数据并转为 DataFrame
val df01 = spark.read.option("inferSchema", value = true).csv("Iris.csv")
println(df01.count())
df01.show(5)

//将原始的 4 个特征列组合成一个特征向量，即将多列数据转化为单个向量列
val assembler = new VectorAssembler()
  .setInputCols(Array("_c0", "_c1", "_c2", "_c3"))
  .setOutputCol("features")
////对数据进行转换
val df02 = assembler.transform(df01)
df02.show(5)

//将标签的字符串列编码为标签索引列。索引取值为[0,numLabels]，按标签频率排序
val indexer = new StringIndexer()
  .setInputCol("_c4")          //设定输入列名
  .setOutputCol("label")       //设定输出列名
  .fit(df02)
val data = indexer.transform(df02)
data.show(5)

//划分训练集和测试集，随机分割，比例分别是 0.8 和 0.2
val Array(train, _) = data.randomSplit(Array(0.8, 0.2))
train.show(30)

//训练 LDA 模型
val lda = new LDA()
  .setFeaturesCol("features")    //设置特征列名
  .setK(3)                       //设置聚类簇数为 3
  .setMaxIter(40)                //设置最大迭代次数
val model = lda.fit(train)       //训练
val prediction = model.transform(train)     //测试
val ll = model.logLikelihood(train)         //返回训练集的对数似然
val lp = model.logPerplexity(train)         //返回训练集的困惑度

//输出主题
val topics = model.describeTopics(3)        //选择权重排名在前 3 的主题
```

```
        prediction.select("label", "topicDistribution").show(false)
        //topic 表示主题编号，termIndices 表示词语编号组成的集合，termWeights 表示词语编号对应的权重的集合
        println("The topics described by their top-weighted terms:")
        topics.show(false)
        println(s"The lower bound on the log likelihood of the entire corpus: $ll")
        println(s"The upper bound on perplexity: $lp")
        spark.stop()
    }
}
```

LDA 算法聚类结果如下。

```
+-----+--------------------------------------------------------------------------------+
|label|topicDistribution                                                               |
+-----+--------------------------------------------------------------------------------+
|0.0  |[0.04552799083372247,0.9407664669116081,0.01370554225466938]  |
|0.0  |[0.043774834277837224,0.9432010164446044,0.013024149277558458]|
|0.0  |[0.04256117522955 4056,0.9447907744843114,0.012648050286134584]|
|0.0  |[0.04285483338414224,0.9441214324946626,0.013023734121195202] |
|0.0  |[0.04262084755788939,0.9447322780633989,0.012646874378711846] |
```

习题 4

一、简答题

1．聚类是一种无监督学习算法，就是按照某个特定标准（如距离准则）把一个数据集分割成不同的簇（簇也称为类），使得同一个簇内的数据对象的相似性尽可能______，同时不在同一个簇中的数据对象的差异性也尽可能______。

2．闵可夫斯基距离公式 $d=\sqrt[p]{\sum_{k=1}^{n}(|x_{1k}-x_{2k}|)^p}$，当 $p=1$ 时是______，当 $p=2$ 时是______，当 $p=\infty$ 时是______。

3．对于高维空间的任意 2 个坐标点，欧几里得距离、曼哈顿距离、切比雪夫距离三者的大小关系是______≥______≥______。

4．哪种距离指标衡量两个向量夹角的余弦，只考虑向量的方向，不考虑向量的大小？

二、计算题

1．计算 $\boldsymbol{x}(1,2)$ 和 $\boldsymbol{y}(3,4)$ 之间的曼哈顿距离、欧几里得距离、切比雪夫距离、余弦相似度。

2．聚类 1 有 2 个点 $\boldsymbol{x}_1(0,1)$、$\boldsymbol{x}_2(1,0)$，聚类 2 有 2 个点 $\boldsymbol{y}_1(5,6)$ 和 $\boldsymbol{y}_2(6,5)$，计算轮廓系数。（距离指标用曼哈顿距离。）

三、编程题

1．用 Python 进行聚类编程，完成下面的要求。

（1）导入 sklearn 自带数据集 breast_cancer，显示相关信息，然后将数据集分为训练集和测试集。

（2）对 breast_cancer 数据集进行标准化和归一化操作。

（3）对 breast_cancer 数据集进行 PCA 降维和 Incremental PCA 降维操作。

（4）使用基于 Python 的 K-means 算法对 PCA 降维后的 breast_cancer 数据集进行聚类操作，对比原始数据与降维后数据的聚类结果。

（5）使用基于 Python 的 K-means 算法对 IncrementalPCA 降维后的 breast_cancer 数据集进行聚类操作，对比原始数据与降维后数据的聚类结果。

2．使用 Spark K-means 聚类算法分析足球队的实力，该数据共 16 条，包含 1 个队名和 6 个特征数据，数据样式如图 4-17 所示。

```
team,score,goal,shoot,straight,violated,offside
拜仁,18,24,150,65,54,13
热刺,10,18,80,41,60,8
巴黎,16,17,75,35,90,16
皇马,11,14,121,47,73,6
曼城,14,16,92,39,53,15
亚特兰大,7,8,87,32,76,11
尤文图斯,16,12,79,33,83,9
马竞,10,8,96,35,74,14
利物浦,13,13,104,36,39,8
那不勒斯,12,11,87,22,77,10
巴塞罗那,14,9,82,33,79,8
多特蒙德,10,8,73,29,56,11
莱比锡红牛,11,10,105,35,51,16
里昂,8,9,87,28,71,13
瓦伦西亚,11,9,70,26,115,9
切尔西,11,11,108,37,62,8
```

图 4-17　16 支足球队的实力

3．加载 Spark 自带的文件 spark-2.4.8-bin-hadoop2.7\data\mllib\sample_lda_libsvm_data.txt，使用 ML 库里的 LDA 算法完成模型训练，对数据的主题进行聚类、模型评价和模型描述。

第 5 章　回归模型

5.1　回归模型的概念

在事物发展的过程中存在多种因素，这些因素会对结果造成影响，这些影响有确定性的，也有随机性的。例如，一般而言，学生的考试成绩与自身的智力水平、努力程度、学习方法等因素有关，这些因素是确定性的，即聪明、勤奋、学习方法好的学生，考试成绩好；但是成绩也与一些随机因素有关，如身体状况、临场发挥、外界环境等。

回归就是研究一个随机变量 y 对另一个变量 x 或一组变量 $[x_1,x_2,\cdots,x_n]$ 的相依关系的统计分析方法。回归模型用数学语言描述为 $y=f(x_1,x_2,\cdots,x_n)+\xi$，其中 $x_1,x_2,\cdots,x_n$ 是确定或可控的因素，f 是映射函数，ξ 是不确定或不可控的因素。通过拟合大量的数据，求解映射函数 f 的具体表达式，就是回归建模的过程。一旦建立回归模型，就能通过该模型进行数据预测。

5.2　回归模型的算法原理

5.2.1　线性回归算法

线性回归是最经典的回归算法，应用也最为广泛，因为自然和社会中的现象大量地表现为线性相关的关系。其数学表达式描述为

$$y=\beta_0+\beta_1 x_1+\beta_2 x_2+\cdots+\beta_n x_n+\xi \tag{5-1}$$

其中，$x_1,x_2,\cdots,x_n$ 为自变量；y 为因变量；ξ 为误差项，是随机变量。对于 ξ，有以下的假定。

（1）ξ 的数学期望为 0，即 $E(\xi)=0$。对于给定的 $x_1,x_2,\cdots,x_n$，y 的数学期望为

$$E(y)=E(\beta_0+\beta_1 x_1+\beta_2 x_2+\cdots+\beta_n x_n)+E(\xi)=\beta_0+\beta_1 x_1+\beta_2 x_2+\cdots+\beta_n x_n \tag{5-2}$$

式（5-2）称为回归方程。

（2）对于所有的 $x_1,x_2,\cdots,x_n$，ξ 的方差都是相等的。y 的方差为

$$D(y)=D(\beta_0+\beta_1 x_1+\beta_2 x_2+\cdots+\beta_n x_n)+D(\xi)=0+D(\xi)=\delta^2 \tag{5-3}$$

（3）误差项 ξ 服从正态分布，即 $\xi\sim N(0,\delta^2)$，且每个样本的误差项相互独立。因此，$y\sim N(\mu,\delta^2)$，其中 $\mu=\beta_0+\beta_1 x_1+\beta_2 x_2+\cdots+\beta_n x_n$。而且 y 的每个样本的误差是不相关的。

式（5-2）中的参数 $\beta_1,\beta_2,\cdots,\beta_n$ 是总体的回归参数，是未知的。已知的只是 y 和

$x_1,x_2,\cdots,x_n$ 每一次观测的结果，即一些数据样本。这就需要利用数据样本去估计参数 $\beta_1,\beta_2,\cdots,\beta_n$。当利用样本统计量 $\hat{\beta}_0,\hat{\beta}_1,\cdots,\hat{\beta}_n$ 来估计式（5-2）中的参数 $\beta_1,\beta_2,\cdots,\beta_n$ 时，就得到了估计的回归方程：

$$\hat{y}=\hat{\beta}_0+\hat{\beta}_1x_1+\hat{\beta}_2x_2+\cdots+\hat{\beta}_nx_n \tag{5-4}$$

其中，$\hat{y}$ 是 y 的估计值，$\hat{\beta}_0,\hat{\beta}_1,\cdots,\hat{\beta}_n$ 是 $\beta_1,\beta_2,\cdots,\beta_n$ 的估计值。$\hat{\beta}_i$（$i=1,2,\cdots,n$）的实质可以解释为：当其他自变量不变时，x_i 每变动一个单位导致的因变量 y 的平均变动量。线性回归算法可以概括为：通过参数估计求出回归方程系数，通过拟合优度和假设检验验证回归方程的有效性。

1．参数估计

采用最小二乘法进行参数估计。设有 m 个样本，对于第 i（$i=1,2,\cdots,m$）个样本 $X_i=[x_{i1},x_{i2},\cdots,x_{in}]$，变量 y 的估计值为 $\hat{y}_i=\hat{\beta}_0+\hat{\beta}_1x_{i1}+\hat{\beta}_2x_{i2}+\cdots+\hat{\beta}_nx_{in}$。共有 m 个回归方程，因此可以写成矩阵的形式：

$$\boldsymbol{Y}=\boldsymbol{XB} \tag{5-5}$$

其中，$\boldsymbol{Y}=\begin{bmatrix}\hat{y}_1\\ \hat{y}_2\\ \vdots\\ \hat{y}_m\end{bmatrix}$，$\boldsymbol{X}=\begin{bmatrix}1 & x_{11} & x_{12} & \cdots & x_{1n}\\ 1 & x_{21} & x_{22} & \cdots & x_{2n}\\ \vdots & \vdots & \vdots & & \vdots\\ 1 & x_{m1} & x_{m2} & \cdots & x_{mn}\end{bmatrix}$，$\boldsymbol{B}=\begin{bmatrix}\hat{\beta}_0\\ \hat{\beta}_1\\ \vdots\\ \hat{\beta}_n\end{bmatrix}$

样本 i 的因变量 y 的实际观测值 y_i 与估计值 $\hat{y}_i$ 之间的差，定义为残差，即

$$e_i=y_i-\hat{y}_i \tag{5-6}$$

应用最小二乘法原理，需要所有样本的残差平方之和达到最小值，这样的估计值是最优的，即在式（5-7）中，Q 达到最小。

$$Q=\sum_{i=1}^{m}(e_i)^2 \tag{5-7}$$

对 Q 求驻点，即对 Q 求估计参数的偏导数，并令其为 0，便可求出估计参数：

$$\begin{cases}\dfrac{\partial Q}{\partial\hat{\beta}_0}=0\\ \dfrac{\partial Q}{\partial\hat{\beta}_i}=0,\ i=1,2,\cdots,n\end{cases} \tag{5-8}$$

在一般情况下，采集的样本数量 m 大于参数的个数 n，可以采用广义逆矩阵的方法来直接计算式（5-5）中的 $\boldsymbol{B}$，这与式（5-8）的偏导数方程求解是一致的。对式（5-5）两边同时左乘 $\boldsymbol{X}^{\mathrm{T}}$，然后两边同时左乘$(\boldsymbol{X}^{\mathrm{T}}\boldsymbol{X})^{-1}$，可得

$$\boldsymbol{B}=(\boldsymbol{X}^{\mathrm{T}}\boldsymbol{X})^{-1}\boldsymbol{X}^{\mathrm{T}}\boldsymbol{Y}=\boldsymbol{X}^{+}\boldsymbol{Y} \tag{5-9}$$

其中，$\boldsymbol{X}^{+}=(\boldsymbol{X}^{\mathrm{T}}\boldsymbol{X})^{-1}\boldsymbol{X}^{\mathrm{T}}$ 为矩阵 $\boldsymbol{X}$ 的广义逆矩阵。这里，角标 T 表示一个矩阵的转置，角标−1 表示一个方阵的逆矩阵。

【例 5-1】 线性回归方程为 $\hat{y}=\hat{\beta}_0+\hat{\beta}_1x_1+\hat{\beta}_2x_2$，观测得到的数据样本如表 5-1 所示，

求方程参数的估计值 $\hat{\beta}_0,\hat{\beta}_1,\hat{\beta}_2$。

表 5-1　自变量和因变量的观测值

y 的观测值	x_1 的观测值	x_2 的观测值
6.02	1	1
3.93	0	1
0.98	0	0
3.05	1	0
3.34	0.7	0.3
3.68	0.3	0.7

解： 列出回归方程组

$$\begin{cases}\hat{\beta}_0+1\times\hat{\beta}_1+1\times\hat{\beta}_2=6.02\\ \hat{\beta}_0+0\times\hat{\beta}_1+1\times\hat{\beta}_2=3.93\\ \hat{\beta}_0+0\times\hat{\beta}_1+0\times\hat{\beta}_2=0.98\\ \hat{\beta}_0+1\times\hat{\beta}_1+0\times\hat{\beta}_2=3.05\\ \hat{\beta}_0+0.7\times\hat{\beta}_1+0.3\times\hat{\beta}_2=3.34\\ \hat{\beta}_0+0.3\times\hat{\beta}_1+0.7\times\hat{\beta}_2=3.68\end{cases}，即 \begin{bmatrix}1&1&1\\1&0&1\\1&0&0\\1&1&0\\1&0.7&0.3\\1&0.3&0.7\end{bmatrix}\begin{bmatrix}\hat{\beta}_0\\ \hat{\beta}_1\\ \hat{\beta}_2\end{bmatrix}=\begin{bmatrix}6.02\\3.93\\0.98\\3.05\\3.34\\3.68\end{bmatrix}$$

与式（5-5）对照，有

$$\boldsymbol{X}=\begin{bmatrix}1&1&1\\1&0&1\\1&0&0\\1&1&0\\1&0.7&0.3\\1&0.3&0.7\end{bmatrix},\ \boldsymbol{B}=\begin{bmatrix}\hat{\beta}_0\\ \hat{\beta}_1\\ \hat{\beta}_2\end{bmatrix},\ \boldsymbol{Y}=\begin{bmatrix}6.02\\3.93\\0.98\\3.05\\3.34\\3.68\end{bmatrix}$$

因此，

$$\boldsymbol{X}^{+}=(\boldsymbol{X}^{\mathrm{T}}\boldsymbol{X})^{-1}\boldsymbol{X}^{\mathrm{T}}=\begin{bmatrix}-0.333&0.167&0.667&0.167&0.167&0.167\\0.5&-0.431&-0.5&0.431&0.172&-0.172\\0.5&0.431&-0.5&-0.431&-0.172&0.172\end{bmatrix}\ \boldsymbol{B}=\boldsymbol{X}^{+}\boldsymbol{Y}=\begin{bmatrix}0.98\\2.082\\2.958\end{bmatrix}$$

即参数估计值为 $\hat{\beta}_0=0.98$，$\hat{\beta}_1=2.082$，$\hat{\beta}_2=2.958$。回归方程为 $\hat{y}=0.98+2.082x_1+2.958x_2$。本题中广义逆矩阵运算比较复杂，可以借助 Python 求解。

2．拟合优度

在参数估计之后，$\hat{\beta}_0,\hat{\beta}_1,\cdots,\hat{\beta}_n$ 就确定下来，从而得到回归方程（5-4）。但是用式（5-4）进行预测，精度如何或者它的预测效果如何，需要一个衡量标准。此时可以用拟合优度来衡量预测精度。

定义 m 个样本的总变差平方和为 TSS：

$$\mathrm{TSS}=\sum_{i=1}^{m}(y_i-\bar{y})^2 \tag{5-10}$$

其中，y_i（$i=1,2,\cdots,m$）表示因变量每一次的观测值，$\overline{y}$ 表示因变量每一次观测值的平均值。可以证明：

$$\text{TSS}=\text{RSS}+\text{ESS}=\sum_{i=1}^{m}(y_i-\hat{y}_i)^2+\sum_{i=1}^{m}(\hat{y}_i-\overline{y})^2 \tag{5-11}$$

其中，$\text{RSS}=\sum_{i=1}^{m}(y_i-\hat{y}_i)^2$ 表示因变量实际观测值与回归值之间的残差平方和，是由其他随机因素导致的。$\text{ESS}=\sum_{i=1}^{m}(\hat{y}_i-\overline{y})^2$ 是可以由回归方程解释的变差部分，称为回归平方和。显然，ESS 在 TSS 中的比重越大，说明拟合程度越好。定义判断系数 R^2：

$$R^2=\frac{\text{ESS}}{\text{TSS}}=1-\frac{\text{RSS}}{\text{TSS}} \tag{5-12}$$

R^2 的取值范围为[0,1]，R^2 越接近 1，表示拟合程度越好；反之，越接近 0，表示拟合程度越差。为了避免由于增加自变量而高估 R^2，再定义修正的判断系数 $\overline{R}^2$：

$$\overline{R}^2=1-\frac{m-1}{m-n-1}(1-R^2) \tag{5-13}$$

【例 5-2】计算例 5-1 中回归方程的判断系数 R^2 以及修正的判断系数 $\overline{R}^2$。

解：例 5-1 已经求出参数估计值为 $\hat{\beta}_0=0.98$，$\hat{\beta}_1=2.082$，$\hat{\beta}_2=2.958$。回归方程为 $\hat{y}=0.98+2.082x_1+2.958x_2$。因变量观测值的平均值为 $\overline{y}=(6.02+3.93+0.98+3.05+3.34+3.68)/6=3.5$。将因变量的观测值代入回归方程，可得表 5-2。

表 5-2　拟合优度的统计参数

y_i	$\overline{y}$	$\hat{y}_i$	x_1 的观测值	x_2 的观测值
6.02	3.5	6.02	1	1
3.93	3.5	3.938	0	1
0.98	3.5	0.98	0	0
3.05	3.5	3.062	1	0
3.34	3.5	3.3248	0.7	0.3
3.68	3.5	3.6752	0.3	0.7

$$\text{TSS}=\sum_{i=1}^{6}(y_i-\overline{y})^2=13.1462$$

$$\text{ESS}=\sum_{i=1}^{6}(\hat{y}_i-\overline{y})^2=13.145878$$

$$\text{RSS}=\text{TSS}-\text{ESS}=0.000462$$

$$R^2=\frac{\text{ESS}}{\text{TSS}}=0.9999755$$

$$\overline{R}^2=1-\frac{6-1}{6-2-1}(1-R^2)=0.9999592$$

3．显著性检验

显著性检验就是事先对总体参数或总体分布形式做出一个假设，然后利用样本信息来判断这个假设是否合理，即判断总体的真实情况与原假设是否有显著性差异。对回归方程的显著性检验包括线性关系显著性检验和回归参数显著性检验。

（1）线性关系显著性检验

线性关系显著性检验也称为总体显著性检验，主要检验所有自变量对因变量的总体影响是否显著。具体步骤如下。

第一步：提出假设。

H_0：$\beta_1=\beta_2=\cdots=\beta_n=0$ 。

H_1：$\beta_1,\beta_2,\cdots,\beta_n$ 至少有一个不等于 0。

第二步：计算统计量 F。

因为 y_i 服从正态分布，所以 y_i 的一组样本的平方和服从 χ^2 分布，即 ESS$=\sum_{i=1}^{m}(\hat{y}_i-\bar{y})\sim\chi^2(n)$，RSS$=\sum_{i=1}^{m}(y_i-\hat{y}_i)^2\sim\chi^2(m-n-1)$ 。根据统计学原理，统计量 F 服从分子自由度 n 和分母自由度 $m-n-1$ 的 F 分布：

$$F=\frac{\text{ESS}/n}{\text{RSS}/(m-n-1)}\sim F(n,m-n-1) \tag{5-14}$$

用式（5-14）可计算出统计量 F 的值。

第三步：做出统计决策。

给定显著性水平 α，查 F 分布表得到 $F_\alpha(n,m-n-1)$ 。如果 $F>F_\alpha(n,m-n-1)$，则拒绝原假设，说明回归方程线性关系显著；如果 $F\leqslant F_\alpha(n,m-n-1)$，则接受原假设，说明回归方程线性关系不显著。另一种方法是根据统计量 F 和两个自由度求出 P 值，若 $P<\alpha$，则拒绝原假设；若 $P\geqslant\alpha$，则接受原假设。这里，检验的显著性水平 α 是指要求“小概率事件”发生的概率小于或等于某一给定的临界概率，α 的取值为较小的数，如 0.05、0.01、0.001。P 是指“拒绝原假设 H_0”发生错误的概率。$P<\alpha$，说明拒绝 H_0 发生错误是一个小概率事件，即几乎不可能发生，所以倾向于拒绝 H_0。

【例 5-3】对例 5-1 所得出的回归方程做线性关系显著性检验，判断回归方程的线性关系是否显著。显著性水平 $\alpha=0.05$。

解：（1）提出假设。

H_0：$\beta_1=\beta_2=\cdots=\beta_n=0$ 。

H_1：$\beta_1,\beta_2,\cdots,\beta_n$ 至少有一个不等于 0。

（2）计算统计量 F。

$$F=\frac{\text{ESS}/n}{\text{RSS}/(m-n-1)}=\frac{13.145878079999997/2}{0.00046208000000000027/(6-2-1)}=42674.03289$$

（3）做出统计决策。

给定显著性水平 $\alpha=0.05$，查 F 分布表得到 $F_{0.05}(2,3)=9.552$。因为 $F>F_{0.05}(2,3)$，所以拒绝原假设 H_0，接受 H_1，认为回归方程线性关系显著。

（2）回归参数显著性检验

回归参数显著性检验就是对每个回归参数进行单独检验，主要检测每个自变量对因变量总体影响是否显著。如果某一个自变量没有通过检验，就意味着这个自变量对因变量的影响不显著，可从回归方程中删除这个自变量。具体步骤如下。

第一步：提出假设。对任意参数$\beta_i(i=1,2,\cdots,n)$，有H_0：$\beta_i=0$；H_1：$\beta_i \neq 0$。

第二步：计算统计量t。构造统计量：

$$t_i=\frac{\hat{\beta}_i}{s_{\hat{\beta}_i}} \tag{5-15}$$

其中，$s_{\hat{\beta}_i}$是$\hat{\beta}_i$的抽样分布标准差，即

$$s_{\hat{\beta}_i}=\frac{s_y}{\sqrt{\sum_{i=1}^{m}{x_i}^2-\frac{1}{m}\left(\sum_{i=1}^{m}x_i\right)^2}} \tag{5-16}$$

$$s_y=\sqrt{\frac{\text{RSS}}{m-n-1}} \tag{5-17}$$

第三步：做出统计决策。

给定显著性水平 α，根据自由度$m-n-1$，查 t 分布表得到$t_{\alpha/2}(m-n-1)$。如果$|t_i|>t_{\alpha/2}$，则拒绝 H_0，说明该自变量对因变量的影响显著；如果$|t_i|\leqslant t_{\alpha/2}(m-n-1)$，则接受$H_0$，说明该自变量对因变量影响不显著，应该从回归方程中删除。

【例 5-4】对例 5-1 的回归方程进行回归参数的显著性检验，在显著性水平 $\alpha=0.05$ 时，判断两个方程中的两个自变量影响是否显著。

解：（1）提出假设。对参数$\beta_i(i=1,2)$，有H_0：$\beta_i=0$；H_1：$\beta_i\neq 0$。

（2）计算统计量t。

$$t_1=\frac{\hat{\beta}_1}{s_{\hat{\beta}_1}}=174.339,\ t_2=\frac{\hat{\beta}_2}{s_{\hat{\beta}_2}}=247.692$$

（3）做出统计决策。给定显著性水平 $\alpha=0.05$，根据自由度$m-n-1=3$，查 t 分布表得到$t_{0.05/2}(3)=3.182$。由于$|t_1|$、$|t_2|$均大于 $t_{0.05/2}(3)$，因此自变量 x_1、x_2对因变量的影响都是显著的。

4．标准化系数

在回归方程中，自变量可能会有不同的量纲，因此，回归系数的大小只能表示数量上的关系，不能表示自变量在回归方程中的重要性。如果要比较各个自变量的重要性，必须消除量纲的影响。为此，进行线性回归时可以对变量值做标准化变换，从而得到标准化的回归系数。

设n为自变量数，m为样本数。标准化的回归方程为

$$\frac{y_i-\overline{y}}{\sigma_y}=\hat{\beta}_1'\frac{x_{i1}-\overline{x}_1}{\sigma_{x_1}}+\hat{\beta}_2'\frac{x_{i2}-\overline{x}_2}{\sigma_{x_2}}+\cdots+\hat{\beta}_n'\frac{x_{in}-\overline{x}_n}{\sigma_{x_n}} \tag{5-18}$$

其中，σ_y 是因变量的标准差，$\bar{y}$ 表示因变量的平均值。$\sigma_{x_i}(i=1,2,\cdots,n)$ 是自变量的标准差，$\bar{x}_i(i=1,2,\cdots,n)$ 表示自变量的平均值。

$$\sigma_y=\sqrt{\frac{1}{m-1}\sum_{j=1}^{m}(y_j-\bar{y})^2} \tag{5-19}$$

$$\sigma_{x_i}=\sqrt{\frac{1}{m-1}\sum_{j=1}^{m}(x_{ij}-\bar{x}_i)^2} \tag{5-20}$$

容易证明，在标准化的回归方程中常数项为 0，所以式（5-18）中不存在 $\hat{\beta}_0'$ 这一项。

【例 5-5】某地区旅游业的年收入可能与该地区人口数量、每月人均可支配收入、公路与轨道交通里程数有关，如表 5-3 所示。建立标准化回归方程，并确定标准化的回归系数。

表 5-3　某地区旅游年收入

旅游业年收入（亿元）	人口数量（万人）	每月人均可支配收入（元）	公路与轨道交通里程数（千米）
2503	520	2300	1456
2642	567	2423	1552
2697	599	2540	1672
2742	632	2589	1770
2826	655	2667	1842
2878	673	2699	1956
2920	701	2720	2042

解：根据表 5-3 中的数据，有

$$\bar{y}=2744.0,\ \bar{x}_1=621.0,\ \bar{x}_2=2562.571,\ \bar{x}_3=1755.714$$

根据式（5-19）和式（5-20），有

$$\sigma_y=145.117,\ \sigma_{x_1}=63.222,\ \sigma_{x_2}=154.884,\ \sigma_{x_3}=211.368$$

根据式（5-18），标准化的回归方程组为 $\boldsymbol{Y}=\boldsymbol{XB}$，其中，

$$\boldsymbol{X}=\begin{bmatrix}-1.598 & -1.695 & -1.418\\ -0.854 & -0.901 & -0.964\\ -0.348 & -0.146 & -0.396\\ 0.174 & 0.171 & 0.068\\ 0.538 & 0.674 & 0.408\\ 0.823 & 0.881 & 0.948\\ 1.265 & 1.016 & 1.354\end{bmatrix},\ \boldsymbol{B}=\begin{bmatrix}\hat{\beta}_1\\ \hat{\beta}_2\\ \hat{\beta}_3\end{bmatrix},\ \boldsymbol{Y}=\begin{bmatrix}-1.661\\ -0.703\\ -0.324\\ -0.014\\ 0.565\\ 0.923\\ 1.213\end{bmatrix}$$

解得

$$\boldsymbol{B}=\boldsymbol{X}^{+}\boldsymbol{Y}=(\boldsymbol{X}^{\mathrm{T}}\boldsymbol{X})^{-1}\boldsymbol{X}^{\mathrm{T}}\boldsymbol{Y}=\begin{bmatrix}0.692\\ 0.228\\ 0.077\end{bmatrix}$$

从标准化回归系数来看，人口数量对该地区旅游业收入的贡献最大，其次是每月人均可支配收入，而公路与轨道交通里程数的贡献最小。

5.2.2 广义线性回归算法

在广义线性回归模型中，因变量 y 以数学期望的形式与自变量 $x_1,x_2,\cdots,x_n$ 建立联系。记 $\mu=E(y)$。回归方程为

$$g(\mu)=\hat{\beta}_0+\hat{\beta}_1x_1+\hat{\beta}_2x_2+\cdots+\hat{\beta}_nx_n \tag{5-21}$$

其中，g 为联系函数。广义线性回归模型中的因变量 y 不局限于正态分布，g 可以是各种非线性函数，因此广义线性回归也称为非线性回归。

1．联系函数为对数函数

当联系函数为 $g(\mu)=\ln(\mu)$ 时，广义线性回归模型为

$$\ln(\mu)=\hat{\beta}_0+\hat{\beta}_1x_1+\hat{\beta}_2x_2+\cdots+\hat{\beta}_nx_n \tag{5-22}$$

该模型也称为对数线性模型，适用于计数数据。计数数据是指因变量 y 为累加次数，如一个地区在一个月内发生交通事故的次数。对于计数数据变量 y，通常假设 y 服从泊松分布：

$$P(Y=k)=\frac{\mathrm{e}^{-\lambda}\lambda^k}{k!} \tag{5-23}$$

其中，参数 λ 是单位时间（或单位面积）内随机事件的平均发生率。泊松分布适合描述单位时间内随机事件发生的次数。它的均值和方差均为 λ。

2．联系函数为 Logit 函数

当联系函数为 $g(\mu)=\ln[\mu/(1-\mu)]$ 时，广义线性回归模型为

$$\ln\left(\frac{\mu}{1-\mu}\right)=\hat{\beta}_0+\hat{\beta}_1x_1+\hat{\beta}_2x_2+\cdots+\hat{\beta}_nx_n \tag{5-24}$$

该模型称为逻辑回归模型，在 3.2.4 节中也曾提及。如果因变量 y 只有两个可能结果 1 和 0，取值为 1 的概率为 P，取值为 0 的概率为 $1-P$，则 y 的数学期望为 P。

3．参数估计与假设检验

广义线性回归模型的参数估计采用极大似然方法。例如，在确定逻辑回归模型参数时，先建立似然函数 L，并求对数，得到

$$\ln L=\sum_{i=1}^{m}\ln\frac{\exp(\hat{\beta}_0+\hat{\beta}_1x_1+\hat{\beta}_2x_2+\cdots+\hat{\beta}_nx_n)}{1+\exp(\hat{\beta}_0+\hat{\beta}_1x_1+\hat{\beta}_2x_2+\cdots+\hat{\beta}_nx_n)} \tag{5-25}$$

其中，m 是样本数量。然后，分别对 $\beta_0,\beta_1,\cdots,\beta_n$ 求偏导数，并令

$$\frac{\partial\ln L}{\partial\beta_0}=0,\ \frac{\partial\ln L}{\partial\beta_1}=0,\ \cdots,\ \frac{\partial\ln L}{\partial\beta_n}=0 \tag{5-26}$$

即可解出 $\beta_0,\beta_1,\cdots,\beta_n$ 的估计值。工程中采用牛顿迭代法求解，先猜测一个初始解，然后根据曲率和斜率寻找更好的解，逐步逼近得到最终的解。广义线性回归模型的假设检验有 Wald 检验、似然比检验和得分检验。

5.3　基于 Python 的回归建模实例

【例 5-6】某皮鞋厂需要研究销售额与哪些因素有关，并预测第 19 个月的销售额。数据存储在“皮鞋销售预测.csv”文件中。部分数据如表 5-4 所示。

表 5-4　皮鞋厂资金数据（单位：万元）

月份	库存资金额 x1	广告投入 x2	员工薪酬总额 x3	销售额 y
1	75.2	30.6	21.1	1090.4
2	77.6	31.3	21.4	1133
3	80.7	33.9	22.9	1242.1
4	76	29.6	21.4	1003.2
5	79.5	32.5	21.5	1283.2
6	81.8	27.9	21.7	1012.2
7	98.3	24.8	21.5	1098.8

解：考虑采用线性回归预测，Python 中的线性回归可以采用 sklearn 库，但是更专业的线性回归工具包是 statsmodels，这里采用 statsmodels 来做线性回归。建立回归方程 $\hat{y}=\hat{\beta}_0+\hat{\beta}_1x_1+\hat{\beta}_2x_2+\hat{\beta}_3x_3$，并进行参数估计和假设检验。代码如下：

```
import numpy as np
import pandas as pd
df=pd.read_csv("./皮鞋销售预测.csv")
arr=df.values
X=arr[0:18,1:4];Y=arr[0:18,4]
import statsmodels.api as sm
X1 = sm.add_constant(X)   # 增加一个常数项
regression1 = sm.OLS(Y, X1) # 用最小二乘法建模
model1 = regression1.fit() # 数据拟合
print("----model1----")
print(model1.params)   # 回归方程的参数
print(model1.resid)   # 实际值减预测值的偏差
print(model1.summary())   # 模型说明
# 预测第 19 个月的销售额
X2=arr[18,1:4];beta0=model1.params[0];betai=model1.params[1:4]
Y2=beta0+np.dot(X2,betai.T)
print(Y2)
```

程序输出如下：

```
----model1----
[162.063     7.274    13.957    -4.4   ]
[  47.075    63.768   120.629   -30.666   183.838   -38.807   -29.838   -65.209
  -71.636    16.232 -156.524    89.243   -52.489   -31.22   -176.572    55.394
   45.088    31.694]
OLS Regression Results
==============================================================================
Dep. Variable:                      y   R-squared:                       0.957
Model:                            OLS   Adj. R-squared:                  0.948
Method:                 Least Squares   F-statistic:                     105.1
Date:                Tue, 23 May 2023   Prob (F-statistic):           7.75e-10
Time:                        12:55:53   Log-Likelihood:                -106.24
No. Observations:                  18   AIC:                             220.5
Df Residuals:                      14   BIC:                             224.0
Df Model:                           3
Covariance Type:            nonrobust
==============================================================================
                 coef    std err          t      P>|t|      [0.025      0.975]
------------------------------------------------------------------------------
const        162.0632    346.153      0.468      0.647    -580.360     904.487
x1             7.2739      1.352      5.379      0.000       4.373      10.174
x2            13.9575      3.167      4.407      0.001       7.165      20.750
x3            -4.3996     19.760     -0.223      0.827     -46.780      37.981
==============================================================================
Omnibus:                        0.165   Durbin-Watson:                   2.247
Prob(Omnibus):                  0.921   Jarque-Bera (JB):                0.051
Skew:                          -0.075   Prob(JB):                        0.975
Kurtosis:                       2.787   Cond. No.                     1.80e+03
==============================================================================

Warnings:
[1] Standard Errors assume that the covariance matrix of the errors is correctly specified.
[2] The condition number is large, 1.8e+03. This might indicate that there are
strong multicollinearity or other numerical problems.
销售额预测：1762.439
```

程序输出了模型的参数估计值 $\hat{\beta}_0 = 162.063$、$\hat{\beta}_1 = 7.274$、$\hat{\beta}_2 = 13.957$、$\hat{\beta}_3 = -4.4$。利用模型的 summary 方法输出了回归模型的摘要。摘要的标题是 OLS Regression Results，正文由 3 部分组成，用双横线分隔，有一些需要重点关注的数据。

第一部分记录了模型的整体性数据。R-squared 是 5.2.1 节提到的拟合优度判定系数，其值为 SSR/SST，越接近 1 越好。Adj. R-squared 是修正的判定系数。本例中这两个值都接近 1，说明拟合效果较好。F-statistic 是线性关系显著性检验的统计量 F，Prob (F-statistic)是对应的 P 值，也就是拒绝假设 H_0 的错误概率。本例中，F 值很大，而 P 值非常小，说明拒绝 H_0 几乎没有可能发生错误，所以要拒绝 H_0，认为线性关系显著。

第二部分记录了模型回归参数的值及每个参数的假设检验结果。它的形式是一个二维表格，行名称 const 对应常数项 $\hat{\beta}_0$ ，x1 对应 $\hat{\beta}_1$ ，x2 对应 $\hat{\beta}_2$ ，x3 对应 $\hat{\beta}_3$ 。列名称 coef 下面对应了回归参数的值， $P>|t|$ 下面对应了回归参数的显著性检验的 P 值。本例中的 const 和 x3 的 P 值偏大，也就是拒绝假设 H_0 的错误概率很大，所以不能拒绝 H_0 而选择接受 H_0，认为 $\hat{\beta}_0=0$ ， $\hat{\beta}_3=0$ 。

第三部分是对残差式（5-6）的检验，从峰度和偏度上衡量残差是否服从正态分布。偏度（Skew）是描述数据分布偏斜方向和程度的统计量，标准正态分布是完全对称的（Skew = 0），本例中 Skew = −0.075，表示数据稍向左偏斜了一些，但偏斜度不大。峰度（Kurtosis）是描述数据分布陡峭或平缓的统计量，标准正态分布的 Kurtosis=3，本例中 Kurtosis = 2.787，说明残差分布比标准正态分布稍微平缓一些，但差别不大。Prob (Omnibus)和 Prob(JB)分别是利用偏度和峰度进行正态性检验的 P 值，本例中这两个数值都大于显著性水平 0.05，证明残差数据是服从正态分布的。Cond. No.是多重共线性的检验参数，本例中这个数值较大，高达 10^3 数量级，说明自变量之间存在较强的线性相关关系，它的存在会给模型带来严重的后果，如偏回归系数无效、偏回归系数的方差增大、模型缺乏稳定性等。还有告警 Warnings，表示必须进行改进。

程序的最后将第 19 个月的数据代入回归方程，得到销售量的预测值为 1762.439 万元。

【例 5-7】 请针对例 5-6 的分析结果，对线性回归模型进行改进，并再次对销售量进行预测。

解： 在例 5-6 的 summary 方法输出中，注意到 const 和 x3 的 P 值偏大，而 Cond. No. 和 Warnings 说明自变量之间本身就有线性相关关系，所以将其从回归方程中删除。改进后的代码如下：

```
import numpy as np
import pandas as pd
df=pd.read_csv("./皮鞋销售预测.csv")
arr=df.values
X3=arr[0:18,1:3];Y=arr[0:18,4]
import statsmodels.api as sm
regression3 = sm.OLS(Y, X3) # 用最小二乘法建模
model3 = regression3.fit() # 数据拟合
print("----model3----")
print(model3.params)  # 回归方程的参数
print(model3.resid)  # 实际值减预测值的偏差
print(model3.summary())
X4=arr[18,1:3];betai=model3.params
Y4=np.dot(X4,betai.T)
print("销售额预测：",Y4.round(3))
```

程序输出如下：

```
----model3----
[ 7.559 14.445]
[  79.951    94.298   142.408     1.148   212.802    -9.139    -2.487   -26.344
  -45.745    13.058 -144.595    94.464   -44.517   -55.151 -187.23     13.644
```

```
   14.628    -5.729]
                                 OLS Regression Results
=======================================================================================
Dep. Variable:                  y   R-squared (uncentered):                   0.996
Model:                        OLS   Adj. R-squared (uncentered):              0.995
Method:             Least Squares   F-statistic:                               1992.
Date:            Thu, 25 May 2023   Prob (F-statistic):                     6.56e-20
Time:                    10:24:39   Log-Likelihood:                          -107.04
No. Observations:              18   AIC:                                      218.1
Df Residuals:                  16   BIC:                                      219.9
Df Model:                       2
Covariance Type:        nonrobust
=======================================================================================
                 coef    std err          t      P>|t|      [0.025      0.975]
------------------------------------------------------------------------------
x1             7.5591      1.034      7.308      0.000       5.366       9.752
x2            14.4446      2.776      5.203      0.000       8.559      20.330
=======================================================================================
Omnibus:                        0.884   Durbin-Watson:                   1.819
Prob(Omnibus):                  0.643   Jarque-Bera (JB):                0.070
Skew:                           0.074   Prob(JB):                        0.966
Kurtosis:                       3.267   Cond. No.                         15.4
=======================================================================================

Warnings:
[1] Standard Errors assume that the covariance matrix of the errors is correctly specified.
销售额预测： 1783.873
```

程序输出了模型的参数估计值 $\hat{\beta}_1 = 7.559$ 、 $\hat{\beta}_2 = 14.445$ 。回归方程为 $\hat{y} = 7.559x_1 + 14.445x_2$ 。模型效果改进程度较大，R-squared 和 Adj. R-squared 更加接近 1，拟合程度更好；F-statistic 增大了一个数量级，Prob(F-statistic)更小，方程的总体线性关系显著性更强；自变量的 P>|t|值都很小，几乎为 0，说明这两个回归参数与因变量之间的线性关系都是显著的；Cond. No.降低到 15.4，对应的告警也消失了，说明剩余自变量之间的线性相关性变弱了。

可以认为，皮鞋厂的销售额与库存资金额、广告投入的线性关系较大，与员工薪酬总额的线性关系并不大。最终的销售额预测为 1783.873 万元。

sklearn 包含多种多元回归函数，用来进行回归分析，但是在结果输出方面不如 statsmodels 全面。一般把数据集划分为训练集和测试集，调用回归函数建模，用训练集训练模型，用测试集进行评估。计算预测值 $y_{\text{pred}} = [a_1, a_2, \cdots, a_n]$ 和实际值 $y_{\text{test}} = [b_1, b_2, \cdots, b_n]$ 均方根误差 rmse 来评价回归效果，rmse 越小则预测效果越好。

$$\text{rmse} = \frac{1}{n}\sum_{i=1}^{n}(a_i - b_i)^2 \tag{5-27}$$

sklearn 中的各种回归模型都自带了一个评分函数 score，默认用决定系数评分。决定系数反映预测结果所捕获的输入数据的变动比例。该值一般在 0～1 之间，越接近 1 越好。如果模型特别“糟糕”，也可能出现负值。

sklearn 主要包含 12 种回归模型：LinearRegression，Ridge，Lasso，KNN，SVR，MLP，DecisionTree，ExtraTree，RandomForest，AdaBoost，GradientBoost，Bagging。其中，LinearRegression、Ridge 和 Lasso 都属于线性回归家族。LinearRegression 是最基本的线性回归。Ridge 是加入了 L2 正则化的线性回归，限制所有系数所组成的列向量的 L2 范数不超过常数［见式（5-26）］。Lasso 是加入了 L1 正则化的线性回归，限制所有系数所组成的列向量的 L1 范数不超过常数［见式（5-27）］。L1 和 L2 正则化的目的都是使模型系数尽可能小，从而解决模型的过拟合问题。

$$\sum_{i=0}^{n} \beta_i^2 < c \tag{5-28}$$

$$\sum_{i=0}^{n} |\beta_i| < c \tag{5-29}$$

KNN 是最近邻回归，用距离待预测样本最近的 K 个已有样本的均值作为预测值。SVR 是支持向量回归，其原理是超平面 $f(x)$能使其两侧的数据样本之间相对距离达到最小，并尽量穿过更多样本使得样本回归到 $f(x)$上。MLP 是多层感知神经网络回归，理论上单隐含层的 MLP 可以逼近任何非线性函数，所以它更适合非线性回归，其原理在第 8 章详述。DecisionTree、ExtraTree、RandomForest、AdaBoost、GradientBoost 和 Bagging 属于决策树回归算法家族。决策树曾在第 3 章详细论述，其基本思想是通过划分使得叶子节点的样本越纯净越好。如果将其用于回归，就要使每次分裂后的数据变得更加纯净，也就是每个样本到均值中心的误差平方和的平均值最小。对训练好的决策树，用新样本所归属的叶子节点的平均值作为预测值。

【例 5-8】 利用 sklearn 的各种多元回归函数，对房屋价格数据 usa_housing_price.csv 进行回归分析。数据集中部分数据如表 5-5 所示。其中第 1～5 列为预测变量，第 6 列为目标变量。

表 5-5　房屋价格数据

Avg_Area_Income	Avg_Area_House_Age	Avg_Area_Number_of_Rooms	Area_Population	Size	Price
79545.46	5.317139	7.009188	23086.8	188.2142	1059034
79248.64	4.9971	6.730821	40173.07	160.0425	1505891
61287.07	5.13411	8.512727	36882.16	227.2735	1058988
63345.24	3.811764	5.586729	34310.24	164.8166	1260617
…	…	…	…	…	…

解： 用 sklearn 中各种回归函数进行建模，用测试集的 rmse 和模型评分 score 来进行性能比较，代码如下：

```
import numpy as np
import pandas as pd
from sklearn.model_selection import train_test_split
```

```
df01=pd.read_csv("usa_housing_price.csv",header="infer")
print(df01)
data=df01.values
x=data[:,:5]
y=data[:,5]
x_train,x_test,y_train,y_test = train_test_split(x,y,test_size=0.2,random_state=1234)

from sklearn.linear_model import LinearRegression
clf = LinearRegression()
rf = clf.fit(x_train, y_train.ravel())
y_pred = rf.predict(x_test)
rmse=(np.sum((y_pred-y_test)**2)/y_pred.shape[0])**0.5
score=rf.score(x_test,y_test)
print("LinearRegression rmse=",rmse," , score=",score)

from sklearn.linear_model import Ridge
clf = Ridge()
rf = clf.fit(x_train, y_train.ravel())
y_pred = rf.predict(x_test)
rmse=(np.sum((y_pred-y_test)**2)/y_pred.shape[0])**0.5
score=rf.score(x_test,y_test)
print("Ridge rmse=",rmse," , score=",score)

from sklearn.linear_model import Lasso
clf = Lasso()
rf = clf.fit(x_train, y_train.ravel())
y_pred = rf.predict(x_test)
rmse=(np.sum((y_pred-y_test)**2)/y_pred.shape[0])**0.5
score=rf.score(x_test,y_test)
print("Lasso rmse=",rmse," , score=",score)

from sklearn.neighbors import KNeighborsRegressor
clf = KNeighborsRegressor()
rf = clf.fit(x_train, y_train.ravel())
y_pred = rf.predict(x_test)
rmse=(np.sum((y_pred-y_test)**2)/y_pred.shape[0])**0.5
score=rf.score(x_test,y_test)
print("KNeighborsRegressor rmse=",rmse," , score=",score)

from sklearn.svm import SVR
clf = SVR()
rf = clf.fit(x_train, y_train.ravel())
y_pred = rf.predict(x_test)
rmse=(np.sum((y_pred-y_test)**2)/y_pred.shape[0])**0.5
score=rf.score(x_test,y_test)
```

```
print("SVR rmse=",rmse," , score=",score)

from sklearn.neural_network import MLPRegressor
clf = MLPRegressor(max_iter=500)
rf = clf.fit(x_train, y_train.ravel())
y_pred = rf.predict(x_test)
rmse=(np.sum((y_pred-y_test)**2)/y_pred.shape[0])**0.5
score=rf.score(x_test,y_test)
print("MLPRegressor rmse=",rmse," , score=",score)

from sklearn.tree import DecisionTreeRegressor
clf = DecisionTreeRegressor()
rf = clf.fit(x_train, y_train.ravel())
y_pred = rf.predict(x_test)
rmse=(np.sum((y_pred-y_test)**2)/y_pred.shape[0])**0.5
score=rf.score(x_test,y_test)
print("DecisionTreeRegressor rmse=",rmse," , score=",score)

from sklearn.tree import ExtraTreeRegressor
clf = ExtraTreeRegressor()
rf = clf.fit(x_train, y_train.ravel())
y_pred = rf.predict(x_test)
rmse=(np.sum((y_pred-y_test)**2)/y_pred.shape[0])**0.5
score=rf.score(x_test,y_test)
print("ExtraTreeRegressor rmse=",rmse," , score=",score)

from sklearn.ensemble import RandomForestRegressor
clf = RandomForestRegressor()
rf = clf.fit(x_train, y_train.ravel())
y_pred = rf.predict(x_test)
rmse=(np.sum((y_pred-y_test)**2)/y_pred.shape[0])**0.5
score=rf.score(x_test,y_test)
print("RandomForestRegressor rmse=",rmse," , score=",score)

from sklearn.ensemble import AdaBoostRegressor
clf = AdaBoostRegressor()
rf = clf.fit(x_train, y_train.ravel())
y_pred = rf.predict(x_test)
rmse=(np.sum((y_pred-y_test)**2)/y_pred.shape[0])**0.5
score=rf.score(x_test,y_test)
print("AdaBoostRegressor rmse=",rmse," , score=",score)

from sklearn.ensemble import GradientBoostingRegressor
clf = GradientBoostingRegressor()
rf = clf.fit(x_train, y_train.ravel())
y_pred = rf.predict(x_test)
```

```
rmse=(np.sum((y_pred-y_test)**2)/y_pred.shape[0])**0.5
score=rf.score(x_test,y_test)
print("GradientBoostingRegressor rmse=",rmse," , score=",score)

from sklearn.ensemble import BaggingRegressor
clf = BaggingRegressor()
rf = clf.fit(x_train, y_train.ravel())
y_pred = rf.predict(x_test)
rmse=(np.sum((y_pred-y_test)**2)/y_pred.shape[0])**0.5
score=rf.score(x_test,y_test)
print("BaggingRegressor rmse=",rmse," , score=",score)
```

程序输出如下：

```
LinearRegression rmse= 102329.51513571563    , score= 0.9190757377475279
Ridge rmse= 102327.27042621224    , score= 0.9190792880324663
Lasso rmse= 102329.43013306955    , score= 0.9190758721911155
KNeighborsRegressor rmse= 252525.34076154217    , score= 0.507181675538039
SVR rmse= 359994.260944732    , score= -0.001539473442301098
MLPRegressor rmse= 252003.3925203887    , score= 0.5092167966485739
DecisionTreeRegressor rmse= 173506.1807746717    , score= 0.7673479859445774
ExtraTreeRegressor rmse= 188832.8047008234    , score= 0.7244300841865392
RandomForestRegressor rmse= 117730.89525556988    , score= 0.8928831459604126
AdaBoostRegressor rmse= 147492.73453960416    , score= 0.8318804683945431
GradientBoostingRegressor rmse= 108779.66080926739    , score= 0.9085523990205459
BaggingRegressor rmse= 124979.2250866985    , score= 0.8792874091375363
```

结果表明，Ridge 回归的 rmse 最小，性能最好。

5.4　基于 Spark 的回归建模实例

【例 5-9】将例 5-6 的皮鞋销售数据复制到 Spark 工程目录下，利用 Spark 的 ML 库的线性回归函数 LinearRegression 进行线性回归分析，并预测第 19 个月的销售额。

在 Spark 的 ML 中，用 LinearRegression 建立线性回归模型，代码如下：

```
import org.apache.log4j.{Level, Logger}
import org.apache.spark.ml.feature.VectorAssembler
import org.apache.spark.ml.regression.LinearRegression
import org.apache.spark.sql.{DataFrame, SparkSession}

object shili05_08 {
  def main(args: Array[String]): Unit = {
    //不要让 Spark 输出过多的日志
    Logger.getLogger("org").setLevel(Level.OFF)
    Logger.getLogger("akka").setLevel(Level.OFF)

    //1. 创建 SparkSession 对象
```

```
val spark = SparkSession.builder().appName("aaa").master("local[2]").getOrCreate()

//2. 读取数据
val data = spark.read.option("inferSchema",true).option("header",true).csv("皮鞋销售预测.csv")
println("----皮鞋厂数据----")
data.show()

//3. 数据清洗，形成有用的字段信息
//去除不相干字段
//构建出建模真正需要的字段
val dataDF = data.select("x1","x2","x3","y")
println("----dataDF----")
dataDF.show()
//打印统计信息
println("----description of dataDF----")
dataDF.describe().show()

//4. 数据加载，指定参与预测的字段 features
//目标字段就是 y
val features=Array("x1","x2","x3")
val assembler=new VectorAssembler().setInputCols(features).setOutputCol("features")
val dataDF2=assembler.transform(dataDF)
println("----dataDF2----")
dataDF2.show()

// 5. 建立模型
val lr=new LinearRegression().setFeaturesCol("features").setLabelCol("y")
val lrmodel=lr.fit(dataDF2)
println("回归方程常数项："+lrmodel.intercept",回归方程系数项："+lrmodel.coefficients)

// 6. 评估模型
val lrsummary = lrmodel.summary
println(s"迭代次数:${lrsummary.totalIterations}")
println(s"均方根误差:${lrsummary.rootMeanSquaredError}")
println(s"模型特征列:${lrsummary.featuresCol}")
println(s"解释方差回归得分:${lrsummary.explainedVariance}")
println(s"决定系数 R2:${lrsummary.r2}")
println(s"平均绝对误差:${lrsummary.meanAbsoluteError}")
println(s"均方误差:${lrsummary.meanSquaredError}")

//7. 预测新的样本
import spark.implicits._
val df = Seq(
  (150,45,27,0)
).toDF("x1","x2","x3","y")
val df2=assembler.transform(df)
```

```
        val p3=lrmodel.evaluate(df2)
        p3.predictions.show()
    }
}
```

程序输出如下：

```
(回归方程常数项：162.06315344764047,回归方程系数项：[7.273855029954093,13.957462401383218,-4.399559262338295])
迭代次数:1
均方根误差:88.53493191565522
模型特征列:features
解释方差回归得分:176510.31524427093
决定系数 R2:0.9574804049702315
平均绝对误差:72.55124762212209
均方误差:7838.434169309705
+---+---+---+---+----------------+------------------+
| x1| x2| x3|  y|        features|        prediction|
+---+---+---+---+----------------+------------------+
|150| 45| 27|  0|[150.0,45.0,27.0]|1762.4391159198651|
+---+---+---+---+----------------+------------------+
```

由此可见，程序结果与例 5-6 基本相同。

习题 5

一、简答题

1．在机器学习中，什么是回归？回归用数学表达式如何描述？

2．回归可以分为哪两大类？

3．回归方程组 $\boldsymbol{Y}=\boldsymbol{XB}$，采用最小二乘法进行参数估计，写出 $\boldsymbol{B}$ 的估计表达式。

4．什么是显著性检验？对回归方程的显著性检验包括哪两个方面？

5．在回归方程中，自变量可能会有不同的量纲，如何消除量纲造成的影响？

二、计算题

1．已知回归方程为 $y=0.15+0.20x_1+0.15x_2+0.45x_3$，求样本[0.4，1.1，0.6]的预测值。

2．当 $x=0$ 时，观测到 $y=0.9$；当 $x=1$ 时，观测到 $y=2.1$；当 $x=2$ 时，观测到 $y=3.05$。求 y 和 x 满足的线性回归方程。

三、编程题

1．某地区旅游业的年收入可能与该地区人口数量、每月人均可支配收入、公路与轨道交通里程数有关，相关数据见表 5-3。

（1）设因变量为旅游业年收入，自变量为地区人口数量、每月人均可支配收入、公路与轨道交通里程数。回归方程为 $\hat{y}=\hat{\beta}_0+\hat{\beta}_1x_1+\hat{\beta}_2x_2+\hat{\beta}_3x_3$。确定回归系数。

（2）计算回归方程的拟合优度判断系数、修正的拟合优度判断系数。

（3）进行线性关系显著性检验，取显著性水平 $\alpha = 0.05$。$F_{0.05}(3,3) = 9.28$。

（4）进行回归参数显著性检验，取显著性水平 $\alpha = 0.05$。$t_{0.05/2}(3) = 3.182$。

（5）根据（4）的结果，删除对因变量影响不显著的自变量，重新确定回归方程。

本题要求用 Python 编程求解。

2．除了线性回归，Spark 的 ML 库中也提供了对广义线性回归的支持，利用 ML 的 GeneralizedLinearRegression 函数对房价文件 usa_housing_price.csv 进行多元回归分析，其中第 1～5 列为预测变量，第 6 列为目标变量。文件中的部分数据如表 5-5 所示。

第 6 章　关联模型

6.1　关联模型的概念

数据关联是指两个或多个事物之间存在的某种规律性。比如，人们购买了 A 商品，就有可能购买 B 商品。利用这种购物关联现象，超市可以把 B 商品放在 A 商品的旁边，以便增加购买量。再如，人们在观看 A 电影后，就有可能观看 B 电影和 C 电影。利用这种爱好关联现象，网站可以在推荐栏目向观看 A 电影的观众推送 B、C 电影，以便增加网站访问量。数据关联模型如图 6-1 所示。

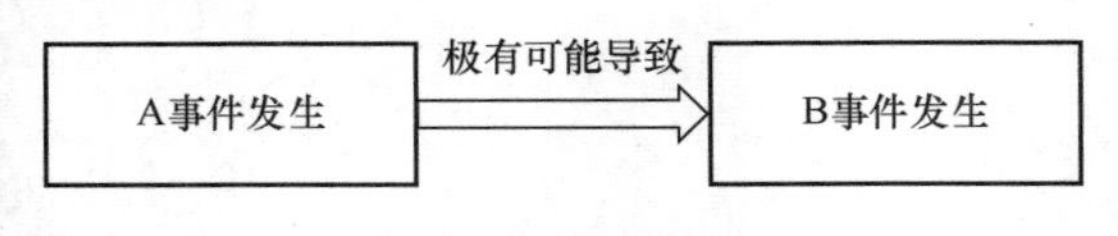

图 6-1　数据关联模型

6.2　关联模型的算法原理

典型的关联模型算法有关联规则算法和协同过滤算法。前者适合传统的实体超市购物场景，超市要调整货架物品摆放位置，使营业额最大；后者则适合新零售和互联网商品推荐场景，针对特定的用户推荐特定的商品。

6.2.1　关联规则算法

关联规则算法适合传统实体线下购物场景，它把所有顾客的消费记录视为一个总体，从概率的角度对占比较大的消费倾向进行识别。表 6-1 所示为一个超市的销售记录。它由若干样本组成，每个样本就是一次购买记录，顾客的每次消费可能购买了一种或几种商品。

表 6-1　超市销售记录

ID	牛奶	糖果	啤酒	面包	果酱
T1	1	1	0	0	1
T2	1	1	0	1	0
T3	0	1	1	0	0
T4	1	1	0	1	0
T5	1	0	1	0	0

续表

ID	牛奶	糖果	啤酒	面包	果酱
T6	0	1	1	0	0
T7	1	0	1	0	0
T8	1	1	1	0	1
T9	1	1	1	0	0

表 6-1 中，每次购买就是一个“事物”，每个“事物”由多个购买“项”组成，多个“项”组成的集合称为“项集”。根据项集包含的项的数量，可以分为 1-项集、2-项集、…、*k*-项集等。例如，{牛奶}、{糖果}是 1-项集，{牛奶，啤酒}是 2-项集，{牛奶，糖果，啤酒}是 3-项集。因此，每个事物就是一个项集。关联规则是形如 $X \rightarrow Y$ 的蕴含式，其中 X 和 Y 是项集，且 $X \subset I$，$Y \subset I$，$X \cap Y = \varnothing$。X 称为规则前项，Y 称为规则后项。关联规则 $X \rightarrow Y$ 的支持度 support 是数据库中包含 $X \cup Y$ 的事物占全部事物的百分比，即概率 $P(X \cup Y)$，记为 $\text{support}(X \rightarrow Y) = P(X \cup Y)$。关联规则 $X \rightarrow Y$ 的置信度 confidence 是指包含 $X \cup Y$ 的事物数与包含 X 的事物数的比值，即条件概率 $P(Y|X)$，记为 $\text{confidence}(X \rightarrow Y) = P(Y|X) = \text{support}(X,Y)/\text{support}(X)$。关联规则 $X \rightarrow Y$ 的提升度 lift 是指置信度与后项概率的比值，即 $\text{lift}(X \rightarrow Y) = \text{confidence}(X \rightarrow Y)/P(Y)$。

基于关联规则的算法是,由用户预先定义最小支持度 min_sup 和最小置信度 min_conf，筛选出支持度大于 min_sup 和置信度大于 min_conf 的规则作为强关联规则，并检验提升度是否大于 1，若大于 1 则为有效的强关联规则。提升度越大，表明 X 对 Y 的提升程度越大，也表明 X 与 Y 的关联性越强。如果{牛奶}→{啤酒}是有效的强关联规则，就向购买牛奶的顾客推荐啤酒，在超市货物摆放时，有意把啤酒放到牛奶的旁边。

【例 6-1】在表 6-1 中，设置 min_sup = 50%，min_conf = 70%，找出所有的强关联规则。

解：（1）找出所有的 1-项集，1-项集包括{牛奶}，{糖果}，{啤酒}，{面包}，{果酱}。

计算所有 1-项集的支持度：Support({牛奶}) = 7/9>50%，support({糖果}) = 7/9>50%，support ({啤酒}) = 6/9>50%，support({面包}) = 2/9 < 50%，support({果酱}) = 2/9 < 50%。

因此，{牛奶}，{糖果}，{啤酒}是有可能产生强关联规则的 1-项集，也称为 1-频繁项集。

（2）将 1-频繁项集两两组合，产生的 2-项集为{牛奶，糖果}，{牛奶，啤酒}，{糖果，啤酒}。

计算所有 2-项集的支持度：Support({牛奶，糖果}) = 5/9>50%，support({牛奶，啤酒}) = 4/9 < 50%，support({糖果、啤酒}) = 4/9 < 50%。

因此，{牛奶，糖果}是 2-频繁项集，没有 3-频繁项集。

（3）从 2-频繁项集{牛奶，糖果}中，产生强关联规则。

{牛奶}→{糖果}：support({牛奶}→{糖果}) = *P*({牛奶，糖果}) = 5/9 > 50%，confidence({牛奶}→{糖果}) = *P*({糖果}|{牛奶}) = support({糖果}，{牛奶})/support({牛奶}) = (5/9)/(7/9) = 5/7 > 70%，lift({牛奶}→{糖果}) = confidence({牛奶}→{糖果})/*P*({糖果}) = (5/7)/(7/9)= 0.91 < 1。

{糖果}→{牛奶}：support({糖果}→{牛奶}) = 5/9 > 50%，confidence({糖果}→{牛奶}) = support({糖果}，{牛奶})/support({糖果}) = (5/9)/(7/9) = 5/7 > 70%，lift({糖果}→{牛奶}) = confidence({糖果}→{牛奶})/*P*({牛奶}) = (5/9)/(7/9) = 0.71 < 1。

因此，{牛奶}→{糖果}，{糖果}→{牛奶}并不是有效的强关联规则。这个案例中未能挖掘出关联规则。

6.2.2 协同过滤算法

协同过滤的基本思想是物以类聚，人以群分，根据相似度构成的集合来推荐。该算法适合互联网场景，对用户进行有针对性的商品推荐，可分为基于用户的协同过滤算法、基于物品的协同过滤算法、基于余弦相似度的协同过滤算法和基于模型的协同过滤算法。

1．基于用户的协同过滤算法

基于用户的协同过滤算法的基本原理：如果用户 A 与用户 B 相似，那么用户 B 所购买的商品，用户 A 可能也喜欢。用户 A、B 的相似度的定义为

$$L(\text{AB})=\frac{\text{AB共同商品}}{\text{A的商品}}\times\frac{\text{AB共同商品}}{\text{B的商品}} \tag{6-1}$$

对于用户 A，找出与 A 相似度最大的 top$N$ 用户集$\{B_1,B_2,\cdots,B_N\}$。这里的 top$N$ 是指数值按照一定规则排列后，位于前列的 N 个值。将这些用户所购买的商品，剔除 A 已经购买的商品，向 A 进行推荐。

【例 6-2】电子商务消费数据集如表 6-2 所示，利用基于用户的协同过滤算法，将与用户 A 类似的 top3 用户集商品，向 A 推荐。

表 6-2 电子商务消费数据集

用户	a	b	c	d	e
A	1	0	1	1	0
B	1	0	0	1	1
C	1	0	1	0	0
D	0	1	0	1	1
E	1	1	1	0	1

解：（1）计算相似度：

$L(\text{AB}) = (2/3)\times(2/3) = 4/9$

$L(\text{AC}) = (2/3)\times(2/2) = 2/3$

$L(\text{AD}) = (1/3)\times(1/3) = 1/9$

$L(\text{AE}) = (2/3)\times(2/4) = 1/3$

与 A 相似的 top3 用户：C、B、E。

（2）C 与 A 不同的商品：空集。B 与 A 不同的商品：e。E 与 A 不同的商品：b、e。

（3）向 A 推荐的商品：b、e。

2．基于物品的协同过滤算法

基于物品的协同过滤算法的基本原理：如果用户 A 喜欢物品 a，而物品 b 与物品 a 相似，则用户 A 也有可能喜欢物品 b。物品 a、b 的相似度定义为

$$L(\mathrm{ab})=\frac{\text{购买ab的用户数}}{\text{购买a的用户数}}\times\frac{\text{购买ab的用户数}}{\text{购买b的用户数}} \tag{6-2}$$

对于用户 A，找出与 A 所有购买物品相似的 top$N$ 物品，并剔除 A 已经购买的物品，向 A 推荐。

【例 6-3】电子商务消费数据集如表 6-2 所示，利用基于物品的协同过滤算法，将与用户 A 所购买的物品类似的 top1 物品，剔除 A 已经购买的物品，向 A 进行推荐。

解：（1）A 已经购买的物品：a、c、d。

（2）计算物品相似度：

$L(\mathrm{ab}) = (1/4)\times(1/2) = 1/8$，$L(\mathrm{ae}) = (2/4)\times(2/3) = 1/3$，因此与 a 类似的 top1 物品是 e。

$L(\mathrm{cb}) = (1/3)\times(1/2) = 1/6$，$L(\mathrm{ce}) = (1/3)\times(1/3) = 1/9$，因此与 c 类似的 top1 物品是 b。

$L(\mathrm{db}) = (1/3)\times(1/2) = 1/6$，$L(\mathrm{de}) = (2/3)\times(2/3) = 4/9$，因此与 d 类似的 top1 物品是 e。

（3）A 购买了 a、c、d，由于 e 与 a、d 类似，b 与 c 类似，所以应该向 A 推荐 e、b。

3．基于余弦相似度的协同过滤算法

有时候用户购买过某种商品，并不能说明用户一定喜欢该商品。电子商务网站在设计时，会支持用户给商品评分并发表意见。基于余弦相似度的协同过滤算法和基于模型的协同过滤算法就适用于这种情况。对于有评分的情况，假设有 m 个用户、n 种商品。用户 A 对商品评分产生的列向量 $\boldsymbol{X}_1=[a_1,a_2,\cdots,a_n]^{\mathrm{T}}$，其中 a_i 表示用户 A 对第 i 种商品的评分。用户 B 对商品评分产生的列向量 $\boldsymbol{X}_2=[b_1,b_2,\cdots,b_n]^{\mathrm{T}}$，其中 b_i 表示用户 B 对第 i 种商品的评分。那么用户 A 与 B 的余弦相似度表示为

$$L(\mathrm{AB})=\frac{\boldsymbol{X}_1\cdot\boldsymbol{X}_2}{\|\boldsymbol{X}_1\|\cdot\|\boldsymbol{X}_2\|}=\frac{\sum_{i=1}^{n}a_ib_i}{\sqrt{\sum_{i=1}^{n}a_i^2}\times\sqrt{\sum_{i=1}^{n}b_i^2}} \tag{6-3}$$

同样，一种商品可能被多个用户购买，并产生评分。对于 a 商品，它被评分产生的列向量为 $\boldsymbol{Y_1}=[u_1,u_2,\cdots,u_m]^{\mathrm{T}}$，其中 u_i 表示 a 商品被第 i 个用户所评的分数。对于 b 商品，它被评分产生的列向量为 $\boldsymbol{Y_2}=[v_1,v_2,\cdots,v_m]^{\mathrm{T}}$，其中 v_i 表示 b 商品被第 i 个用户所评的分数。那么商品 a 与 b 的余弦相似度表示为

$$L(\mathrm{ab})=\frac{\boldsymbol{Y}_1\cdot\boldsymbol{Y}_2}{\|\boldsymbol{Y}_1\|\cdot\|\boldsymbol{Y}_2\|}=\frac{\sum_{i=1}^{m}u_iv_i}{\sqrt{\sum_{i=1}^{m}u_i^2}\times\sqrt{\sum_{i=1}^{m}v_i^2}} \tag{6-4}$$

对用户 A 进行商品推荐，算法具体步骤如下：

（1）利用式（6-3），计算用户 A 与其他用户的余弦相似度，按照从大到小排列，取

top$N$的相似用户。

（2）用户 A 购买的商品集为$\{a_1,a_2,\cdots,a_k\}$。找出所有的 top$N$ 相似用户已经购买的但用户 A 没有购买的商品，组成商品集$\{b_1,b_2,\cdots,b_l\}$。

（3）利用式（6-4），计算b_i与a_i的相似度。

（4）计算b_i与用户 A 的相似度，它是b_i与 A 所购买的所有商品相似度的均值：

$$L(b_i\text{A})=\frac{1}{k}\sum_{j=1}^{k}L(a_jb_i) \tag{6-5}$$

（5）把商品集$\{b_1,b_2,\cdots,b_l\}$与用户 A 的相似度按照从大到小排列，取 top$N$ 的商品进行推荐。

【例 6-4】用户购买数据集如表 6-3 所示。利用基于余弦相似度的协同过滤算法，按照 top2 的原则向用户 A 推荐商品。

表 6-3　用户购买数据集

用户	a	b	c	d	e
A	4	0	3	0	0
B	4	0	0	3	2
C	5	4	4	3	0
D	0	5	0	4	3

解：（1）计算 A 与其他用户的相似度：

$$L(\text{AB})=\frac{4\times4}{\sqrt{4\times4+3\times3}\times\sqrt{4\times4+3\times3+2\times2}}=0.594$$

$$L(\text{AC})=\frac{4\times5+3\times4}{\sqrt{4\times4+3\times3}\times\sqrt{5\times5+4\times4+4\times4+3\times3}}=0.787$$

$L(\text{AD})=0$

与 A 相似的 top2 用户：C、B。

（2）B、C 购买的但 A 没有购买的商品集是{b,d,e}。

（3）计算 b 与 a、c 的相似度：

$$L(\text{ba})=\frac{4\times5}{\sqrt{4\times4+4\times4+5\times5}\times\sqrt{4\times4+5\times5}}=0.414$$

$$L(\text{bc})=\frac{4\times4}{\sqrt{4\times4+5\times5}\times\sqrt{3\times3+4\times4}}=0.500$$

计算 d 与 a、c 的相似度：

$$L(\text{da})=\frac{4\times3+5\times3}{\sqrt{3\times3+3\times3+4\times4}\times\sqrt{4\times4+4\times4+5\times5}}=0.613$$

$$L(\text{dc})=\frac{4\times3}{\sqrt{3\times3+3\times3+4\times4}\times\sqrt{3\times3+4\times4}}=0.411$$

计算 e 与 a、c 的相似度：

$$L(\text{ea})=\frac{4\times 2}{\sqrt{2\times 2+3\times 3}\times\sqrt{4\times 4+4\times 4+5\times 5}}=0.294$$

$L(\text{ec})=0$

（4）计算 b 商品与 A 用户的相似度：

$$L(\text{bA})=\frac{L(\text{ba})+L(\text{bc})}{2}=0.457$$

商品 d 与 A 的相似度：

$$L(\text{dA})=\frac{L(\text{da})+L(\text{dc})}{2}=0.512$$

商品 e 与 A 的相似度：

$$L(\text{eA})=\frac{L(\text{ea})+L(\text{ec})}{2}=0.147$$

（5）向 A 推荐的 top2 商品：d，b。

4．基于模型的协同过滤算法

基于模型的协同过滤算法的基本原理：用户和商品都有自身的内在特征，通过购买记录产生的矩阵，提取这种特征，进行商品推荐。假设有 m 个用户、n 个商品，购买记录或者评分记录形成了 $m\times n$ 的二维矩阵 $\boldsymbol{R}$。如果用户和商品都有 k 个内在特征，用户的内在特征由 m 个 k 维列向量组成的 $k\times m$ 矩阵 $\boldsymbol{P}$ 来描述，商品的内在特征由 n 个 k 维列向量组成 $k\times n$ 的矩阵 $\boldsymbol{Q}$ 描述，就可以将 $\boldsymbol{R}$ 分解为一个 $m\times k$ 的矩阵 $\boldsymbol{P}^{\mathrm{T}}$ 和一个 $k\times n$ 矩阵 $\boldsymbol{Q}$ 的乘积：

$$\boldsymbol{R}_{m\times n}=\boldsymbol{P}_{m\times k}^{\mathrm{T}}\times\boldsymbol{Q}_{k\times n} \tag{6-6}$$

其中，$\boldsymbol{P}^{\mathrm{T}}$ 代表用户内在特征，$\boldsymbol{Q}$ 代表商品的内在特征。内在特征在实际中可以联想到其内在含义，比如一种食品有制作食材、价格、口味等内在特征，而喜欢吃某种食材、经济收入水平、喜欢哪种口味就是这个用户的内在特征。商品数量是很多的，但是一个用户往往只买其中的一种或几种商品，所以 $\boldsymbol{R}$ 是稀疏的，使得式（6-6）严格相等的 $\boldsymbol{P}$ 和 $\boldsymbol{Q}$ 往往无法找出。可以通过交替最小二乘法（ALS）得到它们的估计值，使得 $\boldsymbol{P}^{\mathrm{T}}\times\boldsymbol{Q}$ 与 $\boldsymbol{R}$ 接近。ALS 的实现原理是迭代求解 $\boldsymbol{P}^{\mathrm{T}}$ 和 $\boldsymbol{Q}$，在每次迭代时，固定其中一个矩阵，然后用固定的这个矩阵更新另一个矩阵，直至误差满足要求。每次迭代的误差损失函数为

$$L=\sum_{(u,i)\in R_0}(R_{ui}-\boldsymbol{P}_u^{\mathrm{T}}\boldsymbol{Q}_i)^2+\lambda\sum_u\|\boldsymbol{P}_u\|^2+\lambda\sum_i\|\boldsymbol{Q}_i\|^2 \tag{6-7}$$

其中，u 是每位用户在矩阵中的编号，$1\leqslant u\leqslant m$。i 是每个商品在矩阵中的编号，$1\leqslant i\leqslant n$。R_{ui} 是购买记录矩阵 $\boldsymbol{R}$ 中的第 u 行、第 i 列元素。$\boldsymbol{P}_u$ 是矩阵 $\boldsymbol{P}$ 的第 u 列，对应第 u 个用户的内在特征。$\boldsymbol{Q}_i$ 是矩阵 $\boldsymbol{Q}$ 的第 i 列，对应第 i 个商品的内在特征。$\boldsymbol{R}_0$ 是记录矩阵 $\boldsymbol{R}$ 中不为 0 的项对应的 u 和 i 的集合。$\|\boldsymbol{P}_u\|$ 是范数运算，即 $\boldsymbol{P}_u$ 所有元素的平方和再开方。

每次迭代，$\boldsymbol{P}_u$ 和 $\boldsymbol{Q}_i$ 都面向其负梯度方向更新一步，步长为 α。迭代公式为

$$\boldsymbol{P}_u=\boldsymbol{P}_u-\alpha\frac{\partial L}{\partial P_u}=\boldsymbol{P}_u-\alpha\left[\sum_i 2(\boldsymbol{P}_u^{\mathrm{T}}\boldsymbol{Q}_i-R_{ui})\boldsymbol{Q}_i+2\lambda\boldsymbol{P}_u\right] \tag{6-8}$$

$$\boldsymbol{Q}_i=\boldsymbol{Q}_i-\alpha\frac{\partial L}{\partial Q_i}=\boldsymbol{Q}_i-\alpha\left[\sum_u 2(\boldsymbol{P}_u^{\mathrm{T}}\boldsymbol{Q}_i-R_{ui})\boldsymbol{P}_u+2\lambda\boldsymbol{Q}_i\right] \tag{6-9}$$

求出 $\boldsymbol{P}$ 和 $\boldsymbol{Q}$ 的估计值后，如果需要预测第 u 个用户是否喜欢第 i 个商品，就从 $\boldsymbol{P}$ 中找到列向量 $\boldsymbol{P}_u$，从 $\boldsymbol{Q}$ 中找到列向量 $\boldsymbol{Q}_i$，求它们的点积 $\boldsymbol{P}_u^{\mathrm{T}}\boldsymbol{Q}_i$，如果大于某个阈值就进行商品推荐。

6.3 基于 Python 的关联建模实例

【例 6-5】电子商务消费数据集如表 6-2 所示，利用基于模型的协同过滤算法，编写 Python 代码，向所有用户进行商品推荐。

解：(1) 写出购买记录矩阵 $\boldsymbol{R}$：

$\boldsymbol{R}$ = [[1 0 1 1 0],[1 0 0 1 1],[1 0 1 0 0],[0 1 0 1 1],[1 1 1 0 0]]^{T}

(2) 假设用户和商品有 3 个内在特征，即描述用户为 3 行 5 列的 $\boldsymbol{P}$ 矩阵，描述商品为 3 行 5 列的 $\boldsymbol{Q}$ 矩阵，用 ALS 算法求出 $\boldsymbol{P}$ 和 $\boldsymbol{Q}$ 的估计值，使得 $\boldsymbol{R}$ 近似为 $\boldsymbol{P}^{\mathrm{T}}\boldsymbol{Q}$，且误差较小。代码如下：

```
import pandas as pd
import numpy as np

# 购买矩阵
R = np.array([[1, 0, 1, 1, 0],
              [1, 0, 0, 1, 1],
              [1, 0, 1, 0, 0],
              [0, 1, 0, 1, 1],
              [1, 1, 1, 0, 0],
              ])
# 梯度下降算法
def LFM_grad_desc(R, K=4, max_iter=1000, alpha=0.0001, lamda=0.002):
    """
    @输入参数：
    R: M*N 的评分矩阵
    K:内在特征向量维度
    max_iter: 最大迭代次数
    alpha: 步长
    lambda:正则化系数

    @输出：
    P:初始化用户特征矩阵 M*K
    Q: 初始化商品特征矩阵 N*K
    """
    # 基本维度参数定义
    M = len(R)
```

```
    N = len(R[0])

    # P, Q 初始值，随机生成
    P = np.random.rand(M, K)
    Q = np.random.rand(N, K)
    Q = Q.T

    # 开始迭代
    for step in range(max_iter):
        # 对所有的用户 u、商品 i 做遍历，对应的特征向量 Pu、Qi 做梯度下降
        for u in range(M):
            for i in range(N):
                # 对于每个大于 0 的评分，求出预测误差
                if R[u][i] > 0:
                    eui = np.dot(P[u, :], Q[:, i]) - R[u][i]

                    # 代入公式，按照梯度下降算法更新当前的 Pu, Qi
                    for k in range(K):
                        P[u][k] = P[u][k] - alpha*(2 * eui * Q[k][i] + 2 * lamda * P[u][k])
                        Q[k][i] = Q[k][i] - alpha*(2 * eui * P[u][k] + 2 * lamda * Q[k][i])
        # u, i 遍历完成，所有特征向量更新完成，得到 P, Q，可以预测评分矩阵
        predR = np.dot(P, Q)

        # 计算当前损失函数
        cost = 0
        for u in range(M):
            for i in range(N):
                if R[u][i] > 0:
                    cost += (np.dot(P[u, :], Q[:, i]) - R[u][i]) ** 2
                    # 加上正则化项
                    for k in range(K):
                        cost += lamda * (P[u][k] ** 2 + Q[k][i] ** 2)
        if cost < 0.0001:
            break

    return P, Q.T, cost

if __name__ == '__main__':
    P, Q, cost = LFM_grad_desc(R,3)
    print(P)
    print(Q)
    print(cost)
    print(R)
    predR = P.dot(Q.T)
    print(predR)
```

（3）运行程序，得到 ***P*** 的估计值为

$\boldsymbol{P}$ = [[0.9461115　0.24756893　0.20668503],[0.55896288　0.19796161　0.80471215],[0.60030414　0.21594052　0.2781995　],[0.70349566　0.35652891　0.84554893],[0.39249413　0.14271307　0.6336359]]^{T}

$\boldsymbol{Q}$ 的估计值为

$\boldsymbol{Q}$ = [[0.7678957　0.59253188　0.57039654],[0.28037291　0.21215836　0.95527314],[0.70945201　0.53339554　0.15538414],[0.53726152　0.63007786　0.49116432],[0.10849454　0.44927968　0.83711277]]^{T}

最终的误差损失值为 0.873。

（4）$\boldsymbol{P}^{\mathrm{T}}\boldsymbol{Q}$ = [[0.99109986, 0.51522851, 0.83538844, 0.76581332, 0.38689431]
[1.00552878, 0.96743717, 0.62718868, 0.82028637, 0.82321937]
[0.74760665, 0.47987912, 0.58429648, 0.59522133, 0.39503177]
[1.23376422, 1.0806119,　0.82065223, 1.01790559, 0.94432645]
[0.74738032, 0.74561785, 0.45303523, 0.61201168, 0.63712626]]

取阈值为 0.5，观察原始购买矩阵 $\boldsymbol{R}$ 中值为 0 的位置，这些位置对应于 $\boldsymbol{P}^{\mathrm{T}}\boldsymbol{Q}$ 中各元素大于或等于 0.5 就进行商品推荐，小于 0.5 则不推荐。根据第一行，向 A 推荐商品 b；根据第二行，向 B 推荐 b、c；根据第三行，向 C 推荐 d；根据第四行，向 D 推荐 a、c；根据第五行，向 E 推荐 d、e。对比本例和例 6-2、例 6-3 可见，对于用户 A 的商品推荐，本例更加精准。目前基于模型的推荐算法及其 ALS 求解过程已经作为主流算法，被很多电商平台采纳。

6.4　基于 Spark 的关联建模实例

【例 6-6】电影推荐系统。从 grouplens 网站的 movielens 页面下载用户评分文件 rating.csv。用 Spark 的 ML 自带的 ALS 算法实现向用户推荐电影和向电影推荐用户。

解：（1）下载数据集，将 rating.csv 文件复制到 Spark 项目目录下。

（2）编写 Spark 代码，读取文件。

```
import org.apache.log4j.{Level, Logger}
import org.apache.spark.ml.evaluation.RegressionEvaluator
import org.apache.spark.ml.recommendation.ALS
import org.apache.spark.sql.SparkSession


object shili06_05 {
  def main(args: Array[String]): Unit = {
    Logger.getLogger("org").setLevel(Level.OFF)
    Logger.getLogger("akka").setLevel(Level.OFF)

    val spark=SparkSession.builder().appName("aaa").master("local[*]").getOrCreate()
    import spark.implicits._
```

```
        val df01=spark.read.option("header","true").option("inferSchema","true").csv("ratings.csv")
        df01.show(5)
    }
}
```

程序运行结果如下：

```
+------+-------+------+---------+
|userId|movieId|rating|timestamp|
+------+-------+------+---------+
|     1|      1|   4.0|964982703|
|     1|      3|   4.0|964981247|
|     1|      6|   4.0|964982224|
|     1|     47|   5.0|964983815|
|     1|     50|   5.0|964982931|
+------+-------+------+---------+
```

可见，rating.csv 数据集包含 4 列，userId 是用户编号，movieId 是电影编号，rating 是用户对电影的评分，timestamp 是时间戳。本例用到的数据是前三列，根据用户对电影的评分判断他的喜好，进行电影推荐。

（3）将数据集划分为训练集和测试集。训练集用来训练模型，测试集用来判断模型的准确程度：

```
//将数据集分为训练集和测试集
val Array(trainingData,testData)=df01.randomSplit(Array(0.7,0.3))
```

（4）导入 ALS 算法模型，并设置参数：

```
//导入 ALS 算法模型
val als=new ALS()
        .setMaxIter(15)  //最大迭代次数
        .setRank(5)    //设置潜在特征的数量
        .setSeed(1234)  //设置随机数种子，使得每次运行结果一致
        .setRatingCol("rating")  //设置评分所在列
        .setUserCol("userId")     //设置用户所在列
        .setItemCol("movieId")     //设置电影所在列
        .setColdStartStrategy("drop")  //设置冷启动规则，去掉无法预测的项目
```

因为训练集和测试集是随机划分的，测试集中的一些用户或电影是训练集中没有出现的，这时模式会输出值为空的预测评分，这就是冷启动的情况。设置规则为 drop，即直接去掉这些无法预测的项。

（5）训练模型，测试模型：

```
//训练模型
val model=als.fit(trainingData)

//测试模型
val predictions=model.transform(testData)
predictions.show(5)
```

程序运行结果如下：

```
+------+-------+------+----------+----------+
|userId|movieId|rating| timestamp|prediction|
+------+-------+------+----------+----------+
|   133|    471|   4.0| 843491793|  2.859589|
|   182|    471|   4.5|1054779644| 2.9712143|
|   217|    471|   2.0| 955943727|  3.194752|
|   520|    471|   5.0|1326609921| 3.7899716|
|   469|    471|   5.0| 965425364| 3.4503782|
+------+-------+------+----------+----------+
```

输出前五条记录，可以发现，模型预测评分会在原有的四列之后增加一列 prediction，表示用模型预测此用户对电影的评分。对比 prediction 和 rating 发现，其与用户真实的评分是存在一定误差的。

（6）评估预测误差：

```
//评估预测误差
val evaluator=new RegressionEvaluator()
        .setPredictionCol("prediction")
        .setLabelCol("rating")
        .setMetricName("rmse")

val rmse=evaluator.evaluate(predictions)
println("rmse=",rmse)
```

程序运行结果如下：

```
(rmse=,0.8972973286501165)
```

建立评估器，设置预测列为 prediction，标签列为 rating，评估规则为 rmse。参数 rmse 表示均方根误差，即所有 prediction 减 rating 的值，先平方再求和最后开方。

（7）向用户推荐电影：

```
//向所有用户推荐排名前三的电影，show 的 false 参数可以显示较长字段
model.recommendForAllUsers(3).show(10,false)
//向限定的用户集推荐排名前三的电影
model.recommendForUserSubset(Seq((111),(202),(225),(347),(488)).toDF("userId"),3).show(false)
```

程序运行结果如下：

```
+------+--------------------------------------------------------+
|userId|recommendations                                          |
+------+--------------------------------------------------------+
|471   |[[213, 4.988411], [177593, 4.9644265], [86290, 4.9592395]] |
|463   |[[7842, 5.4773107], [6818, 5.4296403], [7841, 5.2380114]]   |
|496   |[[89118, 5.0673323], [599, 4.8122535], [1683, 4.7424116]]   |
|148   |[[183897, 4.9342394], [3347, 4.8057504], [33649, 4.801954]]|
|540   |[[7842, 5.5992565], [26133, 5.5133038], [7841, 5.4813633]] |
|392   |[[84847, 5.5522265], [213, 5.469452], [58301, 5.4129353]]   |
|243   |[[32892, 6.7203283], [5480, 6.595043], [4256, 6.4938216]]   |
|31    |[[2524, 6.536062], [3925, 6.0417485], [33649, 5.829411]]    |
|516   |[[7842, 5.3711634], [6818, 5.221932], [7841, 5.0661535]]    |
|580   |[[84847, 5.5370655], [4256, 5.2257996], [33090, 5.1404004]]|
```

```
+------+----------------------------------------------------------+
only showing top 10 rows

+------+--------------------------------------------------------+
|userId|recommendations                                          |
+------+--------------------------------------------------------+
|225   |[[26133, 5.6864667], [7841, 5.6170993], [7842, 5.605378]]|
|111   |[[2524, 5.7122507], [3925, 5.507399], [6380, 5.197763]]  |
|347   |[[7842, 5.259914], [33649, 5.131568], [7841, 5.029275]]  |
|202   |[[6818, 5.0547767], [7842, 4.998706], [132333, 4.99576]] |
|488   |[[2524, 5.5655866], [3153, 5.4166613], [32892, 5.326173]]|
+------+--------------------------------------------------------+
```

（8）向电影推荐用户：

```
//向所有的电影推荐排名前三的用户
model.recommendForAllItems(3).show(10,false)
//向限定的电影集推荐排名前三的用户
model.recommendForItemSubset(Seq((111),(100),(110)).toDF("movieId"),3).show(false)
```

程序运行结果如下：

```
+-------+---------------------------------------------------+
|movieId|recommendations                                     |
+-------+---------------------------------------------------+
|1580   |[[53, 5.1774316], [12, 4.7835236], [584, 4.7588215]] |
|4900   |[[53, 4.3774424], [502, 4.3139296], [112, 4.261603]] |
|5300   |[[258, 4.5135927], [51, 4.3545513], [53, 4.340927]]  |
|6620   |[[375, 5.1842074], [518, 5.106735], [266, 5.0749965]]|
|7340   |[[53, 2.7999637], [375, 2.4982703], [360, 2.490296]] |
|32460  |[[53, 6.649816], [452, 5.8926373], [236, 5.8472958]] |
|54190  |[[53, 5.6979575], [12, 5.1096497], [543, 5.0872254]] |
|471    |[[53, 4.800806], [344, 4.7432094], [543, 4.7262707]] |
|1591   |[[549, 4.516041], [53, 4.193156], [243, 4.001231]]   |
|140541 |[[55, 4.996221], [549, 4.9149942], [243, 4.470141]]  |
+-------+---------------------------------------------------+
only showing top 10 rows
+-------+--------------------------------------------------+
|movieId|recommendations                                    |
+-------+--------------------------------------------------+
|111    |[[53, 5.559165], [375, 5.2119184], [171, 4.9147964]]|
|100    |[[543, 4.3096433], [43, 4.2371635], [53, 4.0731993]]|
|110    |[[53, 5.949739], [413, 5.3246236], [236, 5.2607226]]|
+-------+--------------------------------------------------+
```

【例 6-7】关联规则分析。根据某超市的用户消费记录 shopping.csv，利用 Spark 的 FPGrowth 算法生成强关联规则，对货架布置提出建议。

解：（1）导入数据集，进行初步分析。代码如下：

```
import org.apache.log4j.{Level, Logger}
import org.apache.spark.ml.fpm.FPGrowth
```

```
import org.apache.spark.sql.SparkSession

object shili06_06 {
  def main(args: Array[String]): Unit = {
    Logger.getLogger("org").setLevel(Level.OFF)
    Logger.getLogger("akka").setLevel(Level.OFF)

    val spark=SparkSession.builder().master("local[*]").appName("aaa").getOrCreate()
    import spark.implicits._

    //导入数据，初步分析
    val df01=spark.read.option("header","true").option("inferSchema","true").csv("shopping.csv")
    df01.show(5,false)
    df01.cache()
    df01.createOrReplaceTempView("t_df01")
    println(df01.count())   //所有商品的销售次数
    spark.sql("select count(distinct(TransactionID)) from t_df01").show()//消费总次数
    spark.sql("select count(distinct(GoodsID)) from t_df01").show()//商品种类总数
    }
}
```

程序运行结果如下：

```
+------------+------------------+-------+----+-------+--------------------+----------+---------+--------+-----------+-
---------+
|TransactionID|dt                                              |weekday|hour|GoodsID|Name
|Department|Class      |BigClass|MiddleClass|SmallClass|
+------------+------------------+-------+----+-------+--------------------+----------+---------+--------+-----------+-
---------+
|8893          |2010-02-20 17:10:41|1        |17   |138548 |三全小刺猬包              |食品部      |冻品
|冷冻面点|蒸制面点    |甜包子类   |
|8893          |2010-02-20 17:10:50|1        |17   |119872 |思念金牌彩玉八宝汤圆   |食品部      |冻品
|冷冻面点|煮制面点    |汤圆类      |
|8893          |2010-02-20 17:10:53|1        |17   |119869 |思念金牌碧玉巧克力汤圆|食品部      |冻品
|冷冻面点|煮制面点    |汤圆类      |
|8893          |2010-02-20 17:10:56|1        |17   |118681 |雀巢巧克力威化            |食品部      |休闲
食品 |饼干       |饼干              |威化饼类   |
|8893          |2010-02-20 17:11:01|1        |17   |127901 |卷趣缤纷果粒面包         |生鲜部      |糕点
_面包|外购面包|花色面包     |主食面包   |
+------------+------------------+-------+----+-------+--------------------+----------+---------+--------+-----------+-
---------+
only showing top 5 rows

368974
+---------------------------+
|count(DISTINCT TransactionID)|
+---------------------------+
|                              113307|
```

```
+----------------------------+

+----------------------+
|count(DISTINCT GoodsID)|
+----------------------+
|                  8315|
+----------------------+
```

此数据集有以下字段：TransactionID 表示记录编号，dt 表示日期时间，weekday 表示星期属性，hour 表示购物时间，GoodsID 表示商品编号，Name 表示商品名称，Department 表示商品所属部门，Class 表示类别。Class 类别还可以细分为大类、中类和小类，分别用 BigClass、MiddleClass 和 SmallClass 表示。统计所有商品的购买次数为 368 974 次，但很多商品不是单独购买的，而是一次消费同时购买的。对 TransactionID 去重统计，得到消费次数为 113 307 次，需要分析同时所购买的商品规律产生强关联规则。对商品 ID 去重统计，得到商品种类总数为 8 315。

（2）调整数据格式，使其能够适配 FPGrowth 算法模型。增加代码如下：

```
//调整数据格式，使其能够输入模型
val df02=spark.sql("select TransactionID,concat(collect_set(concat(GoodsID,Name))) as items from t_df01 group by TransactionID")
df02.show(5)
df02.cache()

val df03=df02.select("items").as[Array[String]].toDF()
df03.show(5)
df03.cache()
```

程序运行结果如下：

```
+------------+----------------------------+
|TransactionID|                        items|
+------------+----------------------------+
|      100010|    [123951 益达清爽西瓜五片装]|
|      100140|          [101725 冰露矿物质水]|
|      100227|            [123608 绿箭口香糖]|
|      100263|        [150829 稻香村台条麻花]|
|      100320|[124303 好丽友好多鱼脆香烧烤...|
+------------+----------------------------+
only showing top 5 rows

+----------------------------+
|                       items|
+----------------------------+
|    [123951 益达清爽西瓜五片装]|
|          [101725 冰露矿物质水]|
|            [123608 绿箭口香糖]|
|        [150829 稻香村台条麻花]|
|[124303 好丽友好多鱼脆香烧烤...|
```

```
+----------------------------+
only showing top 5 rows
```

FPGrowth 算法模型只需要输入一列数据，表示顾客一次同时购买的商品。整理得到的 df03 就是 DateFrame 格式的，只有一列 items，其中的每项数据就是按照 TransactionID 分组整合起来的购买记录。

（3）设置参数，训练模型。增加代码如下：

```
val fpGrowth=new FPGrowth()
        .setItemsCol("items")
        .setMinSupport(0.002)
        .setMinConfidence(0.3)

val model=fpGrowth.fit(df03)
```

设置需要训练的列为 items，最小支持度 min_sup 为 0.002，最小置信度 min_conf 为 0.3。与例 6-1 不同，一般在商业应用时，最小支持度设置得小一些。

（4）输出频繁项集。增加代码如下：

```
val df_popular=model.freqItemsets
println("--------输出频繁项集---------")
df_popular.cache()
df_popular.createOrReplaceTempView("t_df_popular")

spark.sql("select * from t_df_popular order by freq desc").show(10,false)
spark.sql("select * from t_df_popular where size(items)>=2 order by freq desc").show(10,false)
```

程序运行结果如下：

```
--------输出频繁项集---------
+--------------------------------+----+
|items                           |freq|
+--------------------------------+----+
|[140536 塑料袋 1#]               |8936|
|[140537 塑料袋 2#]               |8008|
|[130545 韩国家居]                |3505|
|[141388 地方特色礼盒]            |3369|
|[101839 康师傅矿物质水]          |2515|
|[101837 康师傅冰红茶 500mL]      |2091|
|[101838 康师傅低糖绿茶]          |2089|
|[129060 水果系列]                |2071|
|[137186 水果礼盒]                |2021|
|[141968 同仁堂银联刷卡-杂一-140030]|1778|
+--------------------------------+----+
only showing top 10 rows

+---------------------------------------------+----+
|items                                        |freq|
+---------------------------------------------+----+
|[129060 水果系列, 140536 塑料袋 1#]            |1008|
```

```
|[130545 韩国家居, 140536 塑料袋 1#]                    |985 |
|[137186 水果礼盒, 140536 塑料袋 1#]                    |614 |
|[140537 塑料袋 2#, 140536 塑料袋 1#]                   |562 |
|[130545 韩国家居, 140537 塑料袋 2#]                    |488 |
|[141420 刷卡费-会员卡, 141416 收费项目-会员卡]         |477 |
|[137186 水果礼盒, 129060 水果系列]                     |362 |
|[129060 水果系列, 140537 塑料袋 2#]                    |322 |
|[141968 同仁堂银联刷卡-杂一-140030, 140536 塑料袋 1#]|321 |
|[141388 地方特色礼盒, 140536 塑料袋 1#]                |316 |
+------------------------------------------------+----+
only showing top 10 rows
```

程序输出了频度最高的 10 项，以及包含项目大于 2 项的频度最高的 10 项，但是根据常识来看，购买塑料袋以及各种刷卡消费记录不能算作正常的商品购买。因此添加额外代码，剔除这一部分记录：

```
def check01(list01:Any):Int={
    if (list01.toString.contains("塑料袋") || list01.toString.contains("会员卡") || list01.toString.contains("
银联刷卡"))
        1
    else
        0
    }
spark.udf.register("check01",check01 _)
spark.sql("select * from t_df_popular where check01(items)=0 order by freq desc").show(false)
spark.sql("select * from t_df_popular where check01(items)=0 and size(items)>=2 order by
freq desc").show(false)
```

程序运行结果如下：

```
+-------------------------+----+
|items                    |freq|
+-------------------------+----+
|[130545 韩国家居]        |3505|
|[141388 地方特色礼盒]    |3369|
|[101839 康师傅矿物质水]  |2515|
|[101837 康师傅冰红茶 500mL] |2091|
|[101838 康师傅低糖绿茶]  |2089|
|[129060 水果系列]        |2071|
|[137186 水果礼盒]        |2021|
|[101995 盖中华]          |1725|
|[122416 农夫天然水]      |1706|
|[102036 长白山（软红)]   |1557|
|[101980 软黄鹤楼]        |1446|
|[101998 软中华]          |1393|
|[102001 软红塔山]        |1386|
|[117155 康师傅桶红烧牛肉面]|1310|
|[102014 盖紫云烟]        |1164|
|[101852 康师傅茉莉蜜茶]  |1135|
|[101977 软玉溪]          |1116|
|[123603 箭牌绿箭单条]    |1108|
```

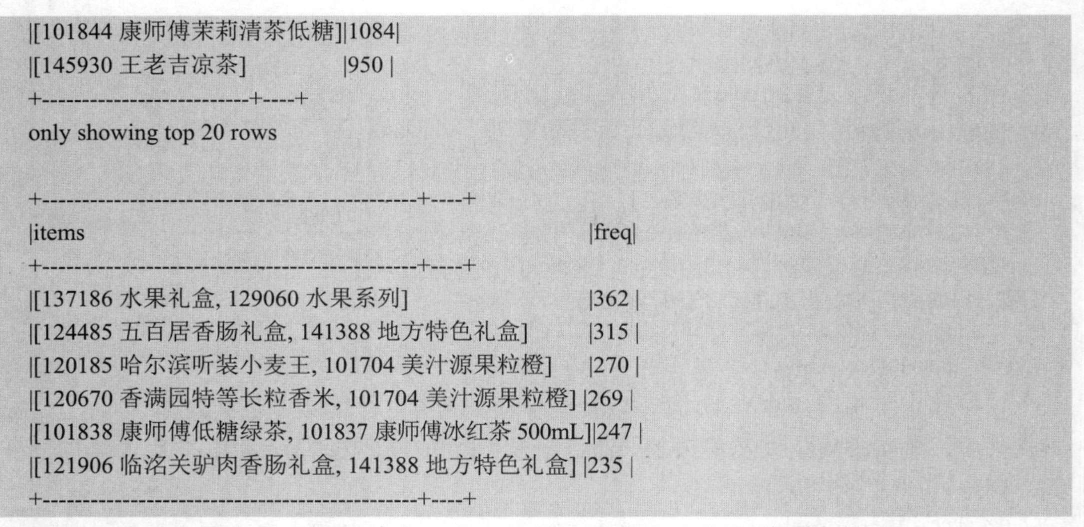

```
|[101844 康师傅茉莉清茶低糖]|1084|
|[145930 王老吉凉茶]           |950 |
+-------------------------+----+
only showing top 20 rows

+---------------------------------------------+----+
|items                                          |freq|
+---------------------------------------------+----+
|[137186 水果礼盒, 129060 水果系列]             |362 |
|[124485 五百居香肠礼盒, 141388 地方特色礼盒]     |315 |
|[120185 哈尔滨听装小麦王, 101704 美汁源果粒橙]   |270 |
|[120670 香满园特等长粒香米, 101704 美汁源果粒橙] |269 |
|[101838 康师傅低糖绿茶, 101837 康师傅冰红茶 500mL]|247 |
|[121906 临洺关驴肉香肠礼盒, 141388 地方特色礼盒] |235 |
+---------------------------------------------+----+
```

可见，购买家居产品、地方特产、水、饮料、香烟和方便面的顾客较多。

（5）生成强关联规则。增加以下代码：

```
//生成强关联规则
println("-------生成强关联规则---------")
val df_rules=model.associationRules
//df_rules.show(5)
df_rules.cache()
df_rules.createOrReplaceTempView("t_df_rules")
spark.sql("select * from t_df_rules where check01(antecedent)=0 and check01(consequent)=0 order by confidence desc").show(10,false)
```

程序运行结果如下：

```
-------生成强关联规则---------
+-------------------------+-------------------------+------------------+------------------+
|antecedent               |consequent               |confidence        |lift              |
+-------------------------+-------------------------+------------------+------------------+
|[120670 香满园特等长粒香米]|[101704 美汁源果粒橙]      |0.9180887372013652 |208.46869848912843|
|[120185 哈尔滨听装小麦王]  |[101704 美汁源果粒橙]      |0.6352941176470588 |144.25505127902863|
|[101704 美汁源果粒橙]      |[120185 哈尔滨听装小麦王]  |0.5410821643286573 |144.25505127902863|
|[101704 美汁源果粒橙]      |[120670 香满园特等长粒香米]|0.5390781563126252 |208.46869848912843|
|[121906 临洺关驴肉香肠礼盒]|[141388 地方特色礼盒]      |0.47764227642276424|16.064177326991437|
|[124485 五百居香肠礼盒]    |[141388 地方特色礼盒]      |0.3723404255319149 |12.522640722987438|
+-------------------------+-------------------------+------------------+------------------+
```

在生成的关联规则表中，antecedent 为前项，consequent 为后项，confidence 为置信度，lift 为提升度。此表格按照置信度的大小排序，置信度越高越好。提升度 lift 的值，是置信度 confidence 除以后项 consequent 的支持度所得的结果，lift 越大越有价值。一共获得了 6 个强关联规则，根据这 6 个规则调整货架部署。将香满园特等长粒香米、美汁源果粒橙、哈尔滨听装小麦王放在一起，在临洺关驴肉香肠礼盒和五百居香肠礼盒附近放置地方特色礼盒。

习题 6

一、简答题

1．什么是数据关联？

2．典型的关联模型算法有关联规则算法和协同过滤算法，哪种适合传统的实体超市购物场景，哪种适合新零售和互联网商品推荐场景？

3．如何定义关联规则 $X \rightarrow Y$ 的支持度和置信度？

4．基于用户的协同过滤算法的基本原理和基于物品的协同过滤算法的基本原理分别是什么？

5．基于模型的协同过滤算法的基本原理是什么？

二、计算题

1．某超市顾客消费记录如表 6-4 所示。设置最小支持度为 50%，最小置信度为 70%，请找出所有的强关联规则。

表 6-4　超市顾客消费记录

ID	A	B	C	D
T1	1	1	0	0
T2	1	1	0	1
T3	0	1	1	0
T4	1	1	0	1
T5	1	0	1	0
T6	0	1	1	0

2．用户购买数据集如表 6-5 所示，利用基于用户的协同过滤算法，将与用户 B 类似的 top2 用户集商品，向 A 推荐。

表 6-5　用户购买数据集

用户	a	B	c	d	e
A	1	0	1	1	0
B	1	0	0	1	1
C	1	0	1	0	0
D	0	1	0	1	1

3．用户购买数据集如表 6-5 所示，利用基于物品的协同过滤算法，将与用户 B 所购买的物品类似的 top1 物品，剔除 B 已经购买的物品，向 B 推荐。

三、编程题

1．带评分的用户购买数据集如表 6-6 所示。利用基于模型的协同过滤算法，编写 Python 代码，设置内部特征为 3，向所有用户进行商品推荐，推荐该用户没有购买的预测评分最高的商品。

表 6-6　带评分的用户购买数据集

用户	a	b	c	d	e
A	4	0	3	5	0
B	4	0	0	3	2
C	5	0	4	0	0
D	0	5	0	4	3

2．带评分的用户购买数据集如表 6-6 所示，对应文件为 xiti06_02.csv。利用基于模型的协同过滤算法，编写 Spark 代码，设置内部特征为 3，向所有的用户进行商品推荐，推荐该用户没有购买的预测评分最高的商品。

3．在例 6-7 中，根据某超市的用户消费记录 shopping.csv，利用 Spark 的 FPGrowth 算法生成强关联规则，主要是对具体的单个商品发掘强关联规则。请根据商品小类 SmallClass 发掘关联规则，对货架布置提出建议。

第 7 章　数据降维

7.1　数据降维的概念

机器学习所面对的数据集大多以结构化二维表格形式呈现，每行称为一条记录，每列称为一种属性。从矩阵的角度来看，所处理的数据集就是二维矩阵。如果这个矩阵中充斥了一些多余的、有缺陷的、彼此线性相关的行或列，那么既不利于存储，也不利于建模和运算。此时需要进行降维处理，把冗余的行或列去掉，这就是数据降维。

数据降维可以分为行降维和列降维。行降维是把矩阵中有缺陷的行去掉，原理和实现相对简单，可以在数据预处理阶段实现。具体而言是基于数据筛选的算法，满足下列任一条件的样本将被删除：（1）目标字段值缺失的样本；（2）所有预测属性字段缺失的样本；（3）由用户自定义比例 $m\%$，大于或等于 $m\%$的字段缺失的样本。

【例 7-1】根据数据筛选的方法，将表 7-1 中的数据进行行降维操作。其中，地区、价格、生产日期、保质期是预测字段，等级是目标字段。取用户自定义比例 $m\% = 50\%$。

表 7-1　商品等级数据

ID	地区	价格	生产日期	保质期	等级
1	甲地区	100	2020-11-11	2 年	二级
2	乙地区	140	2020-08-09	3 年	一级
3	丙地区	120	2020-09-10	2 年	一级
4	Null	Null	Null	Null	二级
5	乙地区	110	2020-09-30	2 年	Null
6	Null	Null	Null	3 年	一级

解：根据数据筛选的原则，ID=4 的行是所有预测属性字段缺失的记录，ID=5 的行是目标字段缺失的记录，ID=6 的行是大于或等于 50%的字段缺失的记录，应将这 3 行数据删除。

列降维是把每一列看成多维空间中的一个坐标轴，在理想情况下，空间维度应该和坐标轴个数相同。例如，3 维空间要以 3 个坐标轴 X、Y、Z 来描述，并且 X、Y、Z 坐标轴应该彼此正交。但实际中这些坐标轴存在相关的情况，具体表现在两个方面：一是坐标轴个数多，如 3 维空间中有 4 个坐标轴；二是坐标轴彼此没有正交，即它们的夹角不是 90°。此时可以通过降维处理产生新的坐标系，使坐标轴数量与空间维度吻合，并且彼此正交。常用的列降维算法有主成分分析、奇异值分解、线性判别分析等，后面的算法分析主要采用列降维算法。

7.2 数据降维算法

7.2.1 主成分分析

主成分分析（PCA）是一种经典的、基于线性变换和数理统计的降维算法。对于一个 n 维的特征变量 $\boldsymbol{x}=(x_1,x_2,\cdots,x_n)$，通过旋转坐标系，把 $\boldsymbol{x}$ 表示在新的坐标系中为 $\boldsymbol{y}=(y_1,y_2,\cdots,y_n)$，如果新的坐标系中某些轴包含的信息太少，则可以将其省略，达到降维的目的。如图 7-1 所示，一个二维特征变量进行了坐标系旋转。实线是保留的新坐标轴，虚线是与新的坐标轴垂直的坐标轴。因为在该坐标轴上数据取值范围很小，意味着包含的信息非常少，所以可以省略。把数据投影到新坐标轴中，就能从二维降低至一维，同时保存了原始数据的大部分信息。

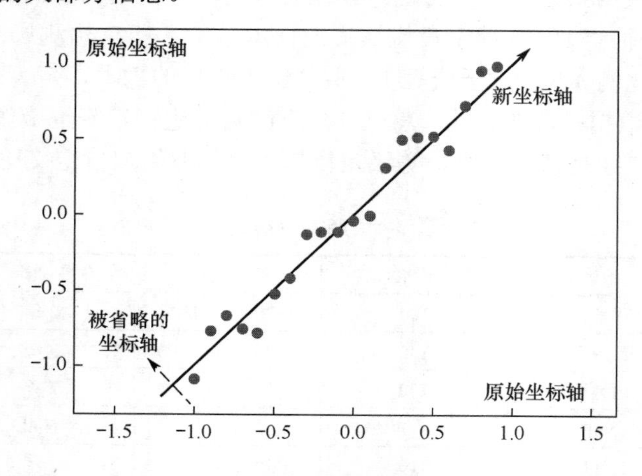

图 7-1　二维变量通过坐标系旋转变成一维变量

对于样本集合 $D=\{\boldsymbol{x}_1,\boldsymbol{x}_2,\cdots,\boldsymbol{x}_m\}$，一共 m 个样本。其中第 i 个样本 $\boldsymbol{x}_i=(x_{i1},x_{i2},\cdots,x_{in})$ 共有 n 个特征，PCA 算法的步骤如下。

（1）对样本集合进行归一化：

$$t_{ij}=\frac{x_{ij}-\mu_j}{\sqrt{\sigma_j^2}}=\frac{x_{ij}-\overline{x}_j}{S_j} \tag{7-1}$$

其中，x_{ij} 表示第 i 个样本的第 j 个特征，$\overline{x}_j$ 表示所有样本的第 j 个特征的均值，S_j 表示所有样本的第 j 个特征的标准差。

$$\overline{x}_j=\frac{1}{m}\sum_{i=1}^{m}x_{ij} \tag{7-2}$$

$$S_j=\sqrt{\frac{1}{m-1}\sum_{i=1}^{m}(x_{ij}-\overline{x}_i)^2} \tag{7-3}$$

（2）归一化以后的样本集合记为$\boldsymbol{T}=\{\boldsymbol{t}_1,\boldsymbol{t}_2,\cdots,\boldsymbol{t}_m\}$，其中第 i 个样本$\boldsymbol{t}_i=(t_{i1},t_{i2},\cdots,t_{in})$，用归一化以后的样本集合 $\boldsymbol{T}$ 估计出特征变量的协方差矩阵$\boldsymbol{\Sigma}$：

$$\boldsymbol{\Sigma}=\{s_{ij}\}_{m\times m} \tag{7-4}$$

其中，s_{ij}是协方差矩阵中第 i 行、第 j 列的元素：

$$s_{ij}=\frac{1}{n-1}\sum_{k=1}^{n}(t_{ik}-\overline{t_i})(t_{jk}-\overline{t_{ij}}) \tag{7-5}$$

（3）对协方差矩阵$\boldsymbol{\Sigma}$进行特征值分解，将特征值按照从大到小的顺序排列，得到 n 个特征值$\lambda_1,\lambda_2,\cdots,\lambda_n$，以及对应的特征向量$\boldsymbol{a}_1,\boldsymbol{a}_2,\cdots,\boldsymbol{a}_n$。

（4）设定阈值 u，一般为 80%左右。计算累计方差贡献率，确定要返回的特征向量数 k^*。

$$k^*=\arg_k\max\sum_{i=1}^{k}\lambda_i/\sum_{j=1}^{n}\lambda_i\geqslant u \tag{7-6}$$

（5）新的数据集合为 $\boldsymbol{Y}$。

$$\boldsymbol{Y}=\boldsymbol{A}^{\mathrm{T}}\boldsymbol{T} \tag{7-7}$$

其中，$\boldsymbol{A}=\{\boldsymbol{a}_1,\boldsymbol{a}_2,\cdots,\boldsymbol{a}_{\mathrm{k}}\}$。

【例 7-2】对表 7-2 中的牛奶容量与价格数据进行 PCA 降维处理，设定阈值为 80%。

表 7-2　牛奶容量与价格

ID	价格/元	容量/升
1	20	2
2	15	1.4
3	17	1.7
4	30	3.2
5	13	1.1
6	25	2.6

解：（1）对数据进行标准化：

$$\boldsymbol{X}=\begin{bmatrix}20 & 2\\15 & 1.4\\17 & 1.7\\30 & 3.2\\13 & 1.1\\25 & 2.6\end{bmatrix}$$

$\overline{x}_1=20$，$\overline{x}_2=2$

$S_1=5.888$，$S_2=0.714$

归一化以后的数据：

$$X_1=\begin{bmatrix}0 & 0\\ -0.84920778 & -0.84016805\\ -0.50952467 & -0.42008403\\ 1.69841555 & 1.6803361\\ -1.18889089 & -1.26025208\\ 0.84920778 & 0.84016805\end{bmatrix}$$

（2）对 X_1 的每一行求均值：

$$m(X_1)=[0\quad -0.84468791\quad -0.46480435\quad 1.68937583\quad -1.22457148\quad 0.84468791]^{\mathrm{T}}$$

$$X_2=X_1-[m(X_1)^{\mathrm{T}}\quad m(X_1)^{\mathrm{T}}]=\begin{bmatrix}0 & 0\\ -0.00451986 & 0.00451986\\ -0.04472032 & 0.04472032\\ 0.00903973 & -0.00903973\\ 0.03568059 & -0.03568059\\ 0.00451986 & -0.00451986\end{bmatrix}$$

$$\Sigma=\frac{1}{2-1}\cdot X_2^{\mathrm{T}}\cdot X_2=\begin{bmatrix}0.00339559 & -0.00339559\\ -0.00339559 & 0.00339559\end{bmatrix}$$

（3）对 Σ 进行特征分解，得到 $\lambda_1=0.00679117$，$\lambda_2=0.000000001$。

对应的特征向量 $a_1=[\ 0.70710678,\quad 0.70710678]^{\mathrm{T}}$，$a_2=[\ -0.70710678,\quad 0.70710678]^{\mathrm{T}}$。

（4）对于阈值 $u=80\%$，显然 $\lambda_1/(\lambda_1+\lambda_2)>80\%$，取特征值向量个数为 1。

（5）坐标变换：

$$Y=X_1\cdot a_1=\begin{bmatrix}0\\ -1.1945691\\ -0.65733261\\ 2.3891382\\ -1.73180559\\ 1.1945691\end{bmatrix}$$

这样就用 Y 的一个维度的数据表示了原来的 X 的 2 个维度数据。

7.2.2 奇异值分解

奇异值分解（SVD）的效果与 PCA 基本相同，但是运算量较小。除此之外，该算法在降维的同时还可以进行数据压缩。奇异值分解是指对任意矩阵 A_{mn}，可以将其分解为

$$A=U\Sigma V^{\mathrm{T}} \tag{7-8}$$

其中，$U=[u_1,u_2,\cdots,u_{\mathrm{m}}]$ 和 $V=[v_1,v_2,\cdots,v_{\mathrm{n}}]$ 分别为 m 阶和 n 阶正交方阵；U 为左奇异矩阵；V 为右奇异矩阵；$\Sigma=\mathrm{diag}(\sigma_1,\sigma_2,\cdots,\sigma_{\min(m,n)})$ 是大小为 $m\times n$ 的对角矩阵，且对角线上的元素从大到小排列。Σ 称为奇异值矩阵。

原始数据集可以视为 $m\times n$ 的矩阵 A，假设需要把原始数据集的维度降到 d 维，用奇异值分解进行降维的算法步骤如下。

（1）利用式（7-8）进行奇异值分解，得到$\boldsymbol{U}$、$\boldsymbol{V}$、$\boldsymbol{\Sigma}$。

（2）将式（7-8）写成分块矩阵的形式。假设$\sigma_1,\sigma_2,\cdots,\sigma_{\min(m,n)}$中有 r 个非 0 元素$\sigma_1,\sigma_2,\cdots,\sigma_r$，那么

$$\boldsymbol{A}=\boldsymbol{U\Sigma V}^{\mathrm{T}}=[\boldsymbol{u}_1,\boldsymbol{u}_2,\cdots,\boldsymbol{u}_r|\boldsymbol{u}_{r+1},\boldsymbol{u}_{r+2},\cdots,\boldsymbol{u}_m]\left[\begin{array}{c|c}\mathrm{diag}(\sigma_1,\sigma_2,\cdots,\sigma_r) & O\\ \hline O & O\end{array}\right]\begin{bmatrix}\boldsymbol{v}_1^{\mathrm{T}}\\ \boldsymbol{v}_2^{\mathrm{T}}\\ \vdots\\ \boldsymbol{v}_r^{\mathrm{T}}\\ -\\ \boldsymbol{v}_{r+1}^{\mathrm{T}}\\ \boldsymbol{v}_{r+2}^{\mathrm{T}}\\ \vdots\\ \boldsymbol{v}_n^{\mathrm{T}}\end{bmatrix}$$

$$=[\boldsymbol{u}_1,\boldsymbol{u}_2,\cdots,\boldsymbol{u}_r]\mathrm{diag}(\sigma_1,\sigma_2,\cdots,\sigma_r)\begin{bmatrix}\boldsymbol{v}_1^{\mathrm{T}}\\ \boldsymbol{v}_2^{\mathrm{T}}\\ \vdots\\ \boldsymbol{v}_r^{\mathrm{T}}\end{bmatrix}+[\boldsymbol{u}_{r+1},\boldsymbol{u}_{r+2},\cdots,\boldsymbol{u}_m][O]\begin{bmatrix}\boldsymbol{v}_{r+1}^{\mathrm{T}}\\ \boldsymbol{v}_{r+2}^{\mathrm{T}}\\ \vdots\\ \boldsymbol{v}_n^{\mathrm{T}}\end{bmatrix}$$

$$=[\boldsymbol{u}_1,\boldsymbol{u}_2,\cdots,\boldsymbol{u}_r]\mathrm{diag}(\sigma_1,\sigma_2,\cdots,\sigma_r)\begin{bmatrix}\boldsymbol{v}_1^{\mathrm{T}}\\ \boldsymbol{v}_2^{\mathrm{T}}\\ \vdots\\ \boldsymbol{v}_r^{\mathrm{T}}\end{bmatrix}=\boldsymbol{U}_1\boldsymbol{S}\boldsymbol{V}_1^{\mathrm{T}} \tag{7-9}$$

（3）将$\boldsymbol{U}_1\boldsymbol{S}\boldsymbol{V}_1^{\mathrm{T}}$继续做矩阵分块：

$$\boldsymbol{A}=\boldsymbol{U}_1\boldsymbol{S}\boldsymbol{V}_1^{\mathrm{T}}=[\boldsymbol{u}_1,\boldsymbol{u}_2,\cdots,\boldsymbol{u}_d|\boldsymbol{u}_{d+1},\boldsymbol{u}_{d+2},\cdots,\boldsymbol{u}_r]\left[\begin{array}{c|c}\mathrm{diag}(\sigma_1,\sigma_2,\cdots,\sigma_d) & O\\ \hline O & \mathrm{diag}(\sigma_{d+1},\sigma_{d+2},\cdots,\sigma_r)\end{array}\right]\begin{bmatrix}\boldsymbol{v}_1^{\mathrm{T}}\\ \boldsymbol{v}_2^{\mathrm{T}}\\ \vdots\\ \boldsymbol{v}_d^{\mathrm{T}}\\ -\\ \boldsymbol{v}_{d+1}^{\mathrm{T}}\\ \boldsymbol{v}_{d+2}^{\mathrm{T}}\\ \vdots\\ \boldsymbol{v}_r^{\mathrm{T}}\end{bmatrix}$$

$$=[\boldsymbol{u}_1,\boldsymbol{u}_2,\cdots,\boldsymbol{u}_d]\mathrm{diag}(\sigma_1,\sigma_2,\cdots,\sigma_d)\begin{bmatrix}\boldsymbol{v}_1^{\mathrm{T}}\\ \boldsymbol{v}_2^{\mathrm{T}}\\ \vdots\\ \boldsymbol{v}_d^{\mathrm{T}}\end{bmatrix}+[\boldsymbol{u}_{d+1},\boldsymbol{u}_{d+2},\cdots,\boldsymbol{u}_r]\mathrm{diag}(\sigma_{d+1},\sigma_{d+2},\cdots,\sigma_r)\begin{bmatrix}\boldsymbol{v}_{d+1}^{\mathrm{T}}\\ \boldsymbol{v}_{d+2}^{\mathrm{T}}\\ \vdots\\ \boldsymbol{v}_r^{\mathrm{T}}\end{bmatrix}$$

$$\approx [\boldsymbol{u}_1, \boldsymbol{u}_2, \cdots, \boldsymbol{u}_d] \mathrm{diag}(\sigma_1, \sigma_2, \cdots, \sigma_d) \begin{bmatrix} \boldsymbol{v}_1^{\mathrm{T}} \\ \boldsymbol{v}_2^{\mathrm{T}} \\ \vdots \\ \boldsymbol{v}_d^{\mathrm{T}} \end{bmatrix} \tag{7-10}$$

（4）一方面，可以用$[\boldsymbol{u}_1, \boldsymbol{u}_2, \cdots, \boldsymbol{u}_d]$代替原始数据集，将原始数据集的维度降低到 d 维。另一方面，用$[\boldsymbol{u}_1, \boldsymbol{u}_2, \cdots, \boldsymbol{u}_d] \mathrm{diag}(\sigma_1, \sigma_2, \cdots, \sigma_d) \begin{bmatrix} \boldsymbol{v}_1^{\mathrm{T}} \\ \boldsymbol{v}_2^{\mathrm{T}} \\ \vdots \\ \boldsymbol{v}_d^{\mathrm{T}} \end{bmatrix}$可以在允许一定失真的前提下，恢复原始数据集$\boldsymbol{A}$，从而进行数据压缩。

矩阵的信息量可以用奇异值的平方和来衡量，原始数据的信息量为

$$F = \sum_{i=1}^{r} \sigma_i^2 \tag{7-11}$$

降维以后的信息量为

$$F_1 = \sum_{i=1}^{d} \sigma_i^2 \tag{7-12}$$

定义信息损失比为$t = F_1 / F$，可以预先设定信息损失比，根据它来确定所要降低到的维数 d。

【例 7-3】原始数据集如表 7-3 所示，设定信息损失比为 99%，用奇异值分解算法进行降维。

表 7-3　原始数据集

ID	属性 A	属性 B	属性 C
1	1.0	1.39	12.88
2	1.5	2.2	12.67
3	2.0	2.72	10.98
4	2.5	3.45	15.29
5	3.0	4.44	12.96
6	3.5	5.22	9.83
7	4.0	5.76	12.34
8	4.5	6.58	14.15
9	5.0	7.31	12.38
10	5.5	8.08	8.77

解：（1）将原始数据集进行奇异值分解，得

$$
\boldsymbol{U}=\begin{bmatrix}
-0.29 & -0.46 & -0.13 & -0.43 & -0.21 & -0.16 & -0.37 & -0.33 & -0.33 & -0.29\\
-0.29 & -0.35 & -0.36 & 0.24 & -0.42 & -0.29 & 0.33 & 0.00 & 0.22 & 0.43\\
-0.26 & -0.19 & 0.53 & -0.48 & 0.03 & 0.27 & -0.01 & 0.11 & 0.24 & 0.49\\
-0.36 & -0.31 & 0.42 & 0.70 & 0.13 & 0.14 & -0.21 & -0.04 & -0.10 & -0.11\\
-0.33 & -0.08 & -0.39 & -0.07 & 0.84 & -0.08 & 0.03 & -0.05 & 0.04 & 0.14\\
-0.27 & 0.18 & -0.40 & 0.03 & -0.19 & 0.83 & 0.01 & -0.11 & -0.05 & -0.01\\
-0.33 & 0.13 & 0.26 & -0.12 & 0.02 & -0.05 & 0.78 & -0.15 & -0.24 & -0.33\\
-0.38 & 0.14 & -0.09 & -0.08 & -0.10 & -0.12 & -0.13 & 0.85 & -0.16 & -0.18\\
-0.35 & 0.32 & 0.04 & -0.03 & -0.08 & -0.16 & -0.19 & -0.20 & 0.73 & -0.36\\
-0.28 & 0.60 & 0.08 & 0.07 & -0.10 & -0.25 & -0.23 & -0.27 & -0.38 & 0.45
\end{bmatrix}
$$

$\boldsymbol{\Sigma}$ =diag(43.01, 8.55, 0.15, 0, ⋯, 0)

$$
\boldsymbol{V}^{\mathrm{T}}=\begin{bmatrix}
-0.24 & -0.35 & -0.91\\
0.50 & 0.75 & -0.43\\
0.83 & -0.56 & -0.01
\end{bmatrix}
$$

（2）原始数据信息量：$F=43.01^2+8.55^2+0.15^2=1922.985$。

保留一维数据的信息量：$F_1=43.01^2=1849.860$。

保留二维数据的信息量：$F_2=43.01^2+8.55^2=1922.963$。

保留一维数据的信息损失比 $F_1/F=96.19\%<99\%$。

保留二维数据的信息损失比 $F_2/F=99.999\%>99\%$，因此需要保留二维信息。

（3）可以用

$$\boldsymbol{u}_1=[-0.29\quad -0.29\quad -0.26\quad -0.36\quad -0.33\quad -0.27\quad -0.33\quad -0.38\quad -0.35\quad -0.28]^{\mathrm{T}}$$

$$\boldsymbol{u}_2=[-0.46\quad -0.35\quad -0.19\quad -0.31\quad -0.08\quad 0.18\quad 0.13\quad 0.14\quad 0.32\quad 0.6]^{\mathrm{T}}$$

代替原始数据集。同时，可以用$[\boldsymbol{u}_1,\boldsymbol{u}_2]\mathrm{diag}(\sigma_1,\sigma_2)\begin{bmatrix}\boldsymbol{v}_1^{\mathrm{T}}\\ \boldsymbol{v}_2^{\mathrm{T}}\end{bmatrix}$来恢复数据。

$$
[\boldsymbol{u}_1,\boldsymbol{u}_2]\mathrm{diag}(\sigma_1,\sigma_2)\begin{bmatrix}\boldsymbol{v}_1^{\mathrm{T}}\\ \boldsymbol{v}_2^{\mathrm{T}}\end{bmatrix}=\begin{bmatrix}
1.01666581 & 1.37881566 & 12.8798818\\
1.54569031 & 2.16933745 & 12.66967594\\
1.93329751 & 2.76476372 & 10.98047308\\
2.4474091 & 3.4852935 & 15.29037299\\
3.04935133 & 4.40688056 & 12.95964998\\
3.55021662 & 5.18629987 & 9.82964384\\
3.96761519 & 5.78173329 & 12.34022969\\
4.51114419 & 6.57252119 & 14.14992096\\
4.99552521 & 7.31300301 & 12.38003174\\
5.48941645 & 8.08710257 & 8.77007506
\end{bmatrix}
$$

对比发现，在信息损失率为 99%以上时，压缩以后恢复的数据和原始数据差别不大，但是存储空间变小了。原始数据需要 3 × 10=30 个数据单元。压缩以后，存储 $\boldsymbol{u}_1$ 和 $\boldsymbol{u}_2$ 需要 2 × 20=20 个，存储 diag 需要 2 个，存储 $\boldsymbol{v}_1$ 和 $\boldsymbol{v}_2$ 需要 2 × 3=6 个，一共需要 $20+2+6=28$ 个数据单元。

7.2.3 线性判别分析

PCA 和 SVD 都是无监督算法，而线性判别分析（LDA）则是典型的有监督算法。LDA 的效果要优于 PCA，但是 LDA 需要额外的分类目标字段，主要面向分类问题，所以适用范围较小。LDA 算法的思想是既然需要解决分类问题，那么降维以后的分类效果一定要好。样本投影到最佳鉴别矢量空间，投影后保证模式样本在新的子空间有最大的类间距离和最小的类内距离，即模式在该空间有最佳的可分离性。

对于数据集合 D，它有 m 个样本、n 个特征，被分成 c 个类，LDA 算法的具体步骤如下。

（1）对数据集进行标准化处理，处理方法参照式（7-1）。

（2）整理后的数据仍然划分为 c 个类。第 i 个类别的数据共有 m_i 个，把类编号写在右上角，记为 $\boldsymbol{X}^i=[\boldsymbol{x}_1^i,\boldsymbol{x}_2^i,\cdots,\boldsymbol{x}_{mi}^i]$，其均值列向量 $\boldsymbol{u}^i$。整体数据集的均值列向量 $\boldsymbol{u}$。

$$\boldsymbol{u}^i=\frac{1}{m_i}\sum_{j=1}^{m_i}\boldsymbol{x}_j^i \tag{7-13}$$

$$\boldsymbol{u}=\sum_{i=1}^{c}\frac{m_i}{m}\boldsymbol{u}^i \tag{7-14}$$

（3）计算类内的散度矩阵 $\boldsymbol{S}_{\mathrm{W}}$ 和类间的散度矩阵 $\boldsymbol{S}_{\mathrm{B}}$。

$$\boldsymbol{S}_{\mathrm{W}}=\sum_{i=1}^{c}\sum_{j=1}^{m_i}(\boldsymbol{u}^i-\boldsymbol{x}_j^i)(\boldsymbol{u}^i-\boldsymbol{x}_j^i)^{\mathrm{T}} \tag{7-15}$$

$$\boldsymbol{S}_{\mathrm{B}}=\sum_{i=1}^{c}m_i(\boldsymbol{u}^i-\boldsymbol{u})(\boldsymbol{u}^i-\boldsymbol{u})^{\mathrm{T}} \tag{7-16}$$

其中，m_i 表示第 i 类样本数，$\boldsymbol{x}_j^{\ i}$ 表示第 i 类的第 j 个数据列向量。

（4）计算矩阵 $\boldsymbol{S}_{\mathrm{W}}^{-1}\boldsymbol{S}_{\mathrm{B}}$ 的特征值和对应的特征向量。将特征值从大到小排列为 $\lambda_1,\lambda_2,\cdots,\lambda_n$，对应的特征向量为 $\boldsymbol{q}_1,\boldsymbol{q}_2,\cdots,\boldsymbol{q}_n$。

（5）选择前 d 个较大的特征值，对应的特征向量为 $\boldsymbol{q}_1,\boldsymbol{q}_2,\cdots,\boldsymbol{q}_d$，组成映射矩阵 $\boldsymbol{Q}=[\boldsymbol{q}_1,\boldsymbol{q}_2,\cdots,\boldsymbol{q}_d]^{\mathrm{T}}$。原始数据集中的第 i 个数据 $\boldsymbol{x}_i$ 映射到新的子空间的坐标为 $\boldsymbol{y}_i$：

$$\boldsymbol{y}_i=\boldsymbol{Q}\boldsymbol{x}_i \tag{7-17}$$

【例 7-4】一个简单分类数据集如表 7-4 所示。使用 LDA 算法将数据降至一维。

表 7-4 一个简单分类数据集

ID	X 坐标	Y 坐标	类别	ID	X 坐标	Y 坐标	类别
1	1.04	2.18	1	6	4.28	4.77	2
2	1.39	0.81	1	7	6.59	5.85	2
3	-0.45	−1.08	1	8	4.49	5.69	2
4	1.00	0.38	1	9	5.76	6.77	2
5	1.75	1.41	1	10	4.97	4.49	2

解：（1）标准化：

原始数据集为

$$X=\begin{bmatrix}1.04 & 1.39 & -0.45 & 1.00 & 1.75 & 4.28 & 6.59 & 4.49 & 5.76 & 4.97\\ 2.18 & 0.81 & -1.08 & 0.38 & 1.41 & 4.77 & 5.85 & 5.69 & 6.77 & 4.49\end{bmatrix}$$

标准化以后为

$$X_1=\begin{bmatrix}-0.89 & -0.74 & -1.55 & -0.91 & -0.58 & 0.52 & 1.54 & 0.62 & 1.17 & 0.83\\ -0.37 & -0.90 & -1.63 & -1.07 & -0.67 & 0.64 & 1.06 & 1.00 & 1.42 & 0.53\end{bmatrix}$$

（2）类标号为 1 的均值列向量：$u_1=\begin{bmatrix}-0.94\\ -0.93\end{bmatrix}$。

类标号为 2 的均值列向量：$u_2=\begin{bmatrix}0.94\\ 0.93\end{bmatrix}$。

整体的均值列向量：$u=\begin{bmatrix}0.00\\ 0.00\end{bmatrix}$。

（3）类内散度矩阵 $S_W=\begin{bmatrix}2.64190605 & 2.64113698\\ 2.64113698 & 2.64190605\end{bmatrix}$。

类间散度矩阵 $S_B=\begin{bmatrix}8.76113169 & 8.67904698\\ 8.67904698 & 8.59773133\end{bmatrix}$。

（4）$S_W^{-1}\cdot S_B=\begin{bmatrix}55.01698447 & -51.71582289\\ 54.50151987 & -51.2312875\end{bmatrix}$。

其特征值为 $\lambda_1=3.785,\ \lambda_2=-7\times10^{-12}$。

对应的特征向量为 $q_1=\begin{bmatrix}0.71042701\\ 0.70377089\end{bmatrix}$，$q_2=\begin{bmatrix}0.68490901\\ 0.72862861\end{bmatrix}$。

（5）取特征值较大的第一个向量，组成映射矩阵 $Q=q_1^{\mathrm{T}}=\begin{bmatrix}0.71042701 & 0.70377089\end{bmatrix}$。

映射后的数据为

$X_2=QX_1=\begin{bmatrix}-0.89 & -1.16 & -2.25 & -1.4 & -0.88 & 0.82 & 1.84 & 1.14 & 1.83 & 0.96\end{bmatrix}$。

7.3　基于 Python 的数据降维实例

sklearn 中的 decomposition 模块含有各种降维算法，可以方便地调用。

【例 7-5】 导入 Python 中自带的鸢尾花数据集，利用 SVD 算法进行降维处理。

解：原始数据有 4 个维度：花萼长度（sepal_length）、花萼宽度（sepal_width）、花瓣长度（petal_length）、花瓣宽度（petal_width）。其实，这 4 个维度有很大的相关性，可以用更少的维度来描述。降维以后，用 SVC 算法进行分类测试，代码如下：

```
import matplotlib.pyplot as plt
from sklearn.datasets import load_iris
from sklearn.decomposition import TruncatedSVD
```

```
# 引入鸢尾花数据集
iris = load_iris()
y = iris.target
X = iris.data

#调用 SVD,实例化
model = TruncatedSVD(n_components=2)
#拟合模型
model = model.fit(X)
#获取新矩阵
X_dr = model.transform(X)
print('原始数据集的第一条数据:',X[0])
print('降维以后数据集的第一条数据:',X_dr[0])
print('原始数据集的维度:'+str(X.shape[1]))
print('降维以后数据集的维度:'+str(X_dr.shape[1]))

# 降维后的数据可视化
colors = ['red', 'black', 'orange']
marker=['.','+','*']
plt.figure()
for i in [0, 1, 2]:
    plt.scatter(X_dr[y == i, 0]
                ,X_dr[y == i, 1]
                ,alpha=.7 #设置点的透明度
                ,c=colors[i]
                ,label=iris.target_names[i]
                ,marker=marker[i])
plt.legend()
plt.xlabel('LD 1')
plt.ylabel('LD 2')
plt.title('SVD of IRIS dataset')
plt.show()

from sklearn.model_selection import train_test_split
X_train,X_test,y_train,y_test = train_test_split(X_dr,iris['target'],random_state=0)

# 引入支持向量机模型，并用训练集训练
from sklearn.svm import SVC
cls = SVC()
cls.fit(X_train,y_train)

## 评估模型
y_pred = cls.predict(X_test)
from sklearn.metrics import classification_report
def evaluation(y_test, y_predict):
```

```
        accuracy = classification_report(y_test, y_predict, output_dict=True)['accuracy']
        s = classification_report(y_test, y_predict, output_dict=True)['weighted avg']
        precision = s['precision']
        recall = s['recall']
        f1_score = s['f1-score']
        return accuracy, precision, recall, f1_score
list_evalucation=evaluation(y_test,y_pred)
print("accuracy:{:.3f}".format(list_evalucation[0]))
print("weighted precision:{:.3f}".format(list_evalucation[1]))
print("weighted recall:{:.3f}".format(list_evalucation[2]))
print("F1 score:{:.3f}".format(list_evalucation[3]))
```

程序输出如下：

```
原始数据集的第一条数据: [5.1 3.5 1.4 0.2]
降维以后数据集的第一条数据: [5.91274714 2.30203322]
原始数据集的维度:4
降维以后数据集的维度:2
accuracy:0.947
weighted precision:0.957
weighted recall:0.947
F1 score:0.948
```

程序进行了降维处理。降维以后，只需要 2 个维度来描述一朵鸢尾花的性质。用降维以后的数据进行分类测试，与例 3-7 对比，分类模型的性能指标略有下降。程序同时输出了降维以后的数据分布，如图 7-2 所示。直观上看，即使去除了 2 个维度，鸢尾花的分类特征边界仍然十分明显。

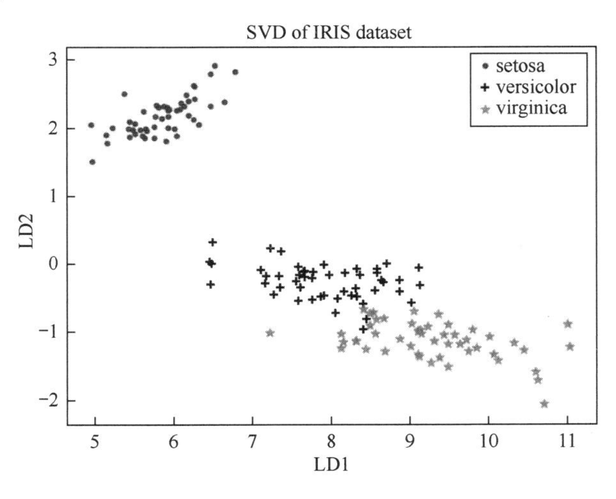

图 7-2　降维以后的数据分布

【例 7-6】 wine.data 文件中记录了葡萄酒的性能参数和分类。其中第一列说明分类情况，又分成 3 类。后续各列说明性能参数，参数共 13 项。利用 LDA 算法进行降维，降成 2 维数据，并利用 logistics 算法分类。

解： 首先读入数据集，划分为训练集和测试集；然后用训练集建立 LDA 模型，用该模型对测试集降维；最后利用 logistics 算法分类。代码如下：

```
##########定义一个画图函数##############
import numpy as np
import matplotlib.pyplot as plt
from matplotlib.colors import ListedColormap


def plot_decision_regions(X, y, classifier, resolution=0.02):
    # setup marker generator and color map
    markers = ('s', 'x', 'o', '^', 'v')
    colors = ('red', 'blue', 'lightgreen', 'gray', 'cyan')
    cmap = ListedColormap(colors[:len(np.unique(y))])

    # plot the decision surface
    x1_min, x1_max = X[:, 0].min() - 1, X[:, 0].max() + 1
    x2_min, x2_max = X[:, 1].min() - 1, X[:, 1].max() + 1
    xx1, xx2 = np.meshgrid(np.arange(x1_min, x1_max, resolution),
                           np.arange(x2_min, x2_max, resolution))
    Z = classifier.predict(np.array([xx1.ravel(), xx2.ravel()]).T)
    Z = Z.reshape(xx1.shape)
    plt.contourf(xx1, xx2, Z, alpha=0.4, cmap=cmap)
    plt.xlim(xx1.min(), xx1.max())
    plt.ylim(xx2.min(), xx2.max())

    # plot class samples
    for idx, cl in enumerate(np.unique(y)):
        plt.scatter(x=X[y == cl, 0],
                    y=X[y == cl, 1],
                    alpha=0.6,
                    edgecolor='black',
                    marker=markers[idx],
                    label=cl)


#########数据的读入、划分、标准化############
import pandas as pd

# Python Data Analysis Library 或 Pandas 是基于 NumPy 的一种工具，该工具是为了解决数据分析任务而创建的
# Pandas 纳入了大量库和一些标准的数据模型，提供了高效的操作大型数据集所需的工具
df_wine = pd.read_csv('wine.data', header=None)
# 读入 csv 文件，形成一个数据框
# 使用葡萄酒数据集
```

```
from sklearn.model_selection import train_test_split

x, y = df_wine.iloc[:, 1:].values, df_wine.iloc[:, 0].values
x_train, x_test, y_train, y_test = train_test_split(x, y, test_size=0.3, stratify=y, random_state=0)
# 葡萄酒数据集划分为训练集和测试集，分别占据数据集的 70%和 30%

# 使用单位方差对数据集进行标准化
from sklearn.preprocessing import StandardScaler

sc = StandardScaler()
x_train_std = sc.fit_transform(x_train)
x_test_std = sc.fit_transform(x_test)

##############使用 sklearn 中的 LDA 类######################
from sklearn.linear_model import LogisticRegression
from sklearn.discriminant_analysis import LinearDiscriminantAnalysis as LDA

lda = LDA(n_components=2)  # 选取两个主成分
# 降维处理
x_train_lda = lda.fit_transform(x_train_std, y_train)
x_test_lda = lda.transform(x_test_std)

# 用 logic 回归进行分类(对训练数据进行处理)
lr = LogisticRegression()
lr.fit(x_train_lda, y_train)
plot_decision_regions(x_train_lda, y_train, classifier=lr)
plt.xlabel('LD 1')
plt.ylabel('LD 2')
plt.legend(loc='lower left')
plt.title("logistics of train_LDA")
plt.tight_layout()
plt.show()

# 用 logic 回归进行分类(对测试数据进行处理)
lr = LogisticRegression()
lr.fit(x_train_lda, y_train)
plot_decision_regions(x_test_lda, y_test, classifier=lr)
plt.xlabel('LD 1')
plt.ylabel('LD 2')
plt.legend(loc='lower left')
plt.title("logistics of test_LDA")
plt.tight_layout()
plt.show()
```

效果图如图 7-3 和图 7-4 所示。

从图 7-3 和图 7-4 可以看出，从原来的 13 维数据降至 2 维数据以后，分类效果依然良好，分类边界十分明显。

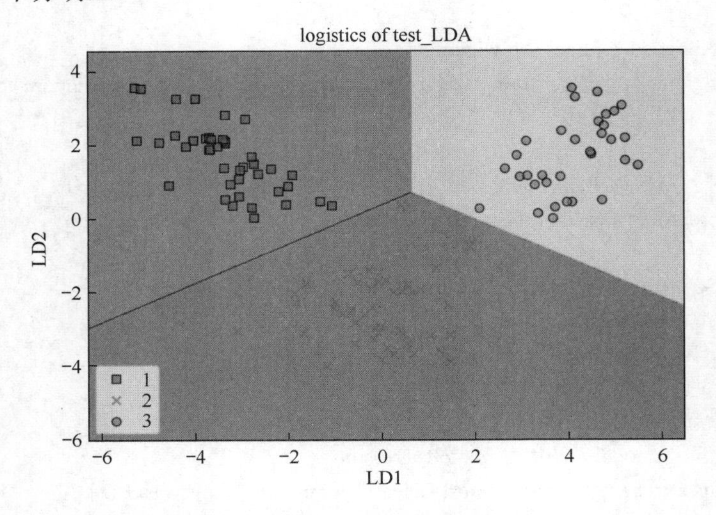

图 7-3　对降维以后的训练集进行分类的效果图

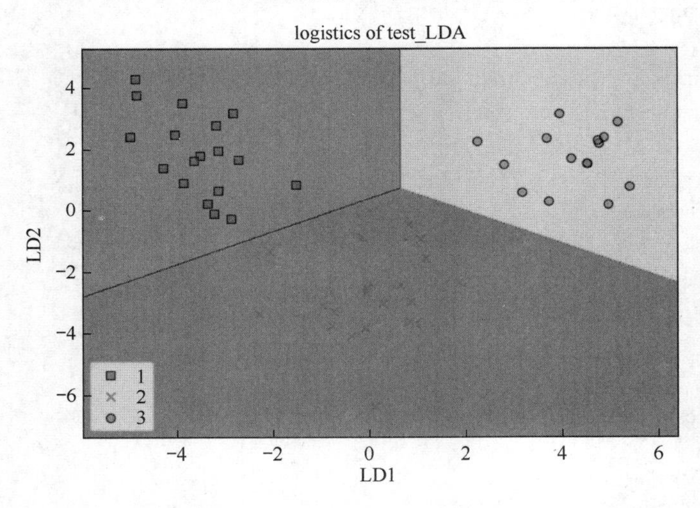

图 7-4　对降维以后的测试集进行分类的效果图

7.4　基于 Spark 的数据降维实例

【例 7-7】 利用 org.apache.spark.ml.feature 中包含的 PCA 算法，对鸢尾花数据集进行降维处理，使原始的 4 维数据降为 2 维。

解：（1）导入数据集。

```
import org.apache.log4j.{Level, Logger}
import org.apache.spark.ml.feature.{PCA, StandardScaler, StringIndexer, VectorAssembler}
import org.apache.spark.sql.SparkSession
```

```
import org.apache.spark.sql.types.{DoubleType, StringType, StructField, StructType}

object shili07_07 {
  def main(args: Array[String]): Unit = {
    Logger.getLogger("akka").setLevel(Level.OFF)
    Logger.getLogger("org").setLevel(Level.OFF)

    val spark =SparkSession.builder().appName("aaa").master("local[*]").getOrCreate()

    val schma01=StructType(Array(
      StructField("sepal_length",DoubleType,true),
      StructField("sepal_width",DoubleType,true),
      StructField("petal_length",DoubleType,true),
      StructField("petal_width",DoubleType,true),
      StructField("class",StringType,true)
    ))
    val df01=spark.read.format("csv").schema(schma01).csv("Iris.csv")
    df01.show(5）
}
}
```

程序输出如下：

```
+------------+-----------+------------+-----------+-----------+
|sepal_length|sepal_width|petal_length|petal_width|      class|
+------------+-----------+------------+-----------+-----------+
|         5.1|        3.5|         1.4|        0.2|Iris-setosa|
|         4.9|        3.0|         1.4|        0.2|Iris-setosa|
|         4.7|        3.2|         1.3|        0.2|Iris-setosa|
|         4.6|        3.1|         1.5|        0.2|Iris-setosa|
|         5.0|        3.6|         1.4|        0.2|Iris-setosa|
+------------+-----------+------------+-----------+-----------+
only showing top 5 rows
```

（2）将数据集的 class 类型由 string 变为 double。增加以下代码：

```
val labelIndex=new StringIndexer().setInputCol("class").setOutputCol("label")
val df02=labelIndex.fit(df01).transform(df01)
df02.show(5)
```

程序输出如下：

```
+------------+-----------+------------+-----------+-----------+-----+
|sepal_length|sepal_width|petal_length|petal_width|      class|label|
+------------+-----------+------------+-----------+-----------+-----+
|         5.1|        3.5|         1.4|        0.2|Iris-setosa|  0.0|
|         4.9|        3.0|         1.4|        0.2|Iris-setosa|  0.0|
|         4.7|        3.2|         1.3|        0.2|Iris-setosa|  0.0|
|         4.6|        3.1|         1.5|        0.2|Iris-setosa|  0.0|
|         5.0|        3.6|         1.4|        0.2|Iris-setosa|  0.0|
+------------+-----------+------------+-----------+-----------+-----+
only showing top 5 rows
```

（3）整合鸢尾花的 4 个特征量，变为 1 个特征向量。增加以下代码：

```
val features=Array("sepal_length","sepal_width","petal_length","petal_width")
val assembler=new VectorAssembler().setInputCols(features).setOutputCol("features")
val df03=assembler.transform(df02)
df03.show(5)
```

程序输出如下：

```
+------------+-----------+------------+-----------+-----------+-----+-----------------+
|sepal_length|sepal_width|petal_length|petal_width| class|label|         features|
+------------+-----------+------------+-----------+-----------+-----+-----------------+
|         5.1|        3.5|         1.4|        0.2|Iris-setosa|  0.0|[5.1,3.5,1.4,0.2]|
|         4.9|        3.0|         1.4|        0.2|Iris-setosa|  0.0|[4.9,3.0,1.4,0.2]|
|         4.7|        3.2|         1.3|        0.2|Iris-setosa|  0.0|[4.7,3.2,1.3,0.2]|
|         4.6|        3.1|         1.5|        0.2|Iris-setosa|  0.0|[4.6,3.1,1.5,0.2]|
|         5.0|        3.6|         1.4|        0.2|Iris-setosa|  0.0|[5.0,3.6,1.4,0.2]|
+------------+-----------+------------+-----------+-----------+-----+-----------------+
only showing top 5 rows
```

（4）将特征向量 features 进行规范化，变为 scaledFeatures。增加以下代码：

```
val scaler=new StandardScaler().setInputCol("features")
.setOutputCol("scaledFeatures").setWithStd(true).setWithMean(true)
val df04=scaler.fit(df03).transform(df03)
df04.select("scaledFeatures").show(5,false)
```

程序输出如下：

```
+-----------------------------------------------------------------------------+
|scaledFeatures                                                               |
+-----------------------------------------------------------------------------+
|[-0.8976738791967643,1.0286112808972372,-1.3367940202882502,-1.308592819437957]  |
|[-1.1392004834649512,-0.12454037930145648,-1.3367940202882502,-1.308592819437957]|
|[-1.3807270877331392,0.33672028477802146,-1.393469854952817,-1.308592819437957]  |
|[-1.5014903898672336,0.10608995273828248,-1.2801181856236834,-1.308592819437957] |
|[-1.0184371813308577,1.2592416129369763,-1.3367940202882502,-1.308592819437957]  |
+-----------------------------------------------------------------------------+
only showing top 5 rows
```

（5）建立 PCA 模型。设置输入列为 scaledFeatures，输出列为 pcaFeatures，降至 2 维。增加如下代码：

```
val pca=new PCA().setInputCol("scaledFeatures")
     .setOutputCol("pcaFeatures").setK(2).fit(df04)
val df05=pca.transform(df04)
df05.select("scaledFeatures","pcaFeatures").show(5,false)
println(pca.explainedVariance)
```

程序输出如下：

```
+-------------------------------------------------------------+--------------------------------------+
|scaledFeatures                  |pcaFeatures                  |
+-------------------------------------------------------------+--------------------------------------+
|[-0.8976738791967643,1.0286112808972372,-1.3367940202882502,-1.308592819437957]
```

```
|[2.256980633068026,-0.5040154042276572] |
        |[-1.1392004834649512,-0.12454037930145648,-1.3367940202882502,-
1.308592819437957]|[2.0794591188954024,0.6532163936125843] |
        |[-1.3807270877331392,0.33672028477802146,-1.393469854952817,-1.308592819437957]
|[2.3600440815842076,0.31741394457027783]|
        |[-1.5014903898672336,0.10608995273828248,-1.2801181856236834,-1.308592819437957]
|[2.296503660003884,0.5734466129712279]   |
        |[-1.0184371813308577,1.2592416129369763,-1.3367940202882502,-1.308592819437957]
|[2.3808015864527436,-0.6725144107910812]|
        +-------------------------------------------------------------+--------------------------------------+
        only showing top 5 rows

        [0.7277045209380135,0.23030523267680628]
```

pca.explainedVariance 是主成分的解释方差，第一个维度主成分解释了 72.77%的方差，第二个维度主成分解释了 23.03%的方差，共解释了 95.8%的方差。可见的确损失了一些信息，但是数据存储量大幅度减少了。

习题 7

一、简答题

1．什么是数据降维？

2．数据降维可以分为行降维和列降维。基于数据筛选的算法应用于哪类。

3．列降维的算法有 PCA、SVD、LDA。其中哪些算法是有监督的？哪些算法是无监督的？

4．列降维的算法有 PCA、SVD、LDA。其中哪种算法常用来做数据压缩？

二、计算题

1．根据数据筛选的方法，将表 7-5 的数据进行行降维操作。其中属性 A～D 是预测字段，Class 是目标字段。取用户自定义比例 $m\% = 40\%$。行降维以后的数据空缺，采用列均值进行填充。

表 7-5　原始数据表

属性 A	属性 B	属性 C	属性 D	Class
1.01	3.22	2.54	1.34	1
2.34	Null	3.22	4.20	2
3.22	4.23	2.11	2.13	Null
1.34	2.33	Null	Null	2
2.11	2.34	Null	4.23	2

2．对表 7-2 的牛奶容量与价格数据进行 SVD 降维处理，设定信息损失比为 90%。利

用 SVD 算法实现数据压缩，并对比压缩前后的存储空间需求量。

三、编程题

1．编写 Python 程序，对表 7-3 中的数据进行 PCA 降维处理。设定降为 2 维数据。

2．编写 Python 程序，对鸢尾花数据集进行 LDA 降维处理。设定降为 2 维数据。降维之后，利用支持向量机（SVC）算法进行分类测试，输出精确率、召回率、F1 分数等性能参数。

3．编写 Spark 程序，对葡萄酒数据进行 PCA 降维处理。输出每个主成分维度的解释方差，并以此作为参考指标，调整保留的维度数量，使得每个主成分维度的解释方差之和大于或等于 70%。

第 8 章　神经网络

8.1　神经网络的概念

神经网络是一种模拟人脑的生物神经元网络以期能够实现类人工智能的机器学习技术。人脑中的神经网络是一个非常复杂的组织。成人的大脑中估计有 1000 亿个神经元，这些神经元彼此连接形成复杂网络结构。神经元示意图如图 8-1 所示。

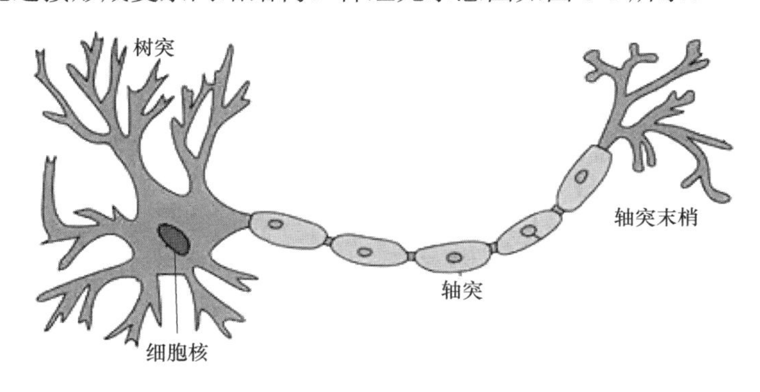

图 8-1　神经元示意图

一个神经元通常具有多个树突，主要用来接收传入信息；而轴突只有一条，轴突尾部有许多轴突末梢，可以给其他多个神经元传递信息。轴突末梢跟其他神经元的树突产生连接，从而传递信号。所以神经元可抽象为一个多输入、单输出系统，它接收多个信号后进行处理，再向外输出。其抽象化模型如图 8-2 所示。

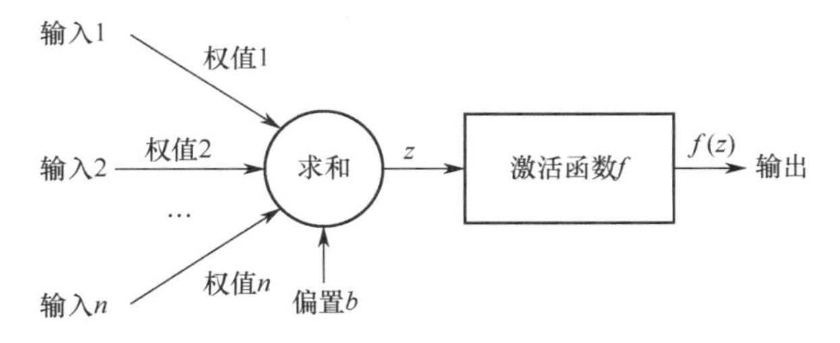

图 8-2　神经元的抽象化模型

图 8-2 中的神经元的输入可以用列向量表示为 $\boldsymbol{x}=[x_1,x_2,\cdots,x_n]^{\mathrm{T}}$，权值也可以用列向量表示为 $\boldsymbol{w}=[w_1,w_2,\cdots,w_n]^{\mathrm{T}}$，偏置用 b 表示，求和以后的输出 z 为

$$z=b+\boldsymbol{w}^{\mathrm{T}}\boldsymbol{x}=b+\sum_{i=1}^{n}w_i x_i \tag{8-1}$$

图 8-2 中常见的激活函数有 Sigmoid 函数［式（8-2）］、双正切函数 tanh［式（8-3）］、

修正线性单元函数 ReLU［式（8-4）］、LeakyReLU 函数［式（8-5）］等。

$$\sigma(z)=\frac{1}{1+\mathrm{e}^{-z}} \tag{8-2}$$

$$\tanh(z)=\frac{\mathrm{e}^{z}-\mathrm{e}^{-z}}{\mathrm{e}^{z}+\mathrm{e}^{-z}} \tag{8-3}$$

$$\mathrm{ReLU}(z)=\max(0,z)=\begin{cases}0, & z<0\\ z, & z\geqslant 0\end{cases} \tag{8-4}$$

$$\mathrm{LeakyReLU}(z)=\max(0,z)+\mathrm{leak}\times\min(0,z)=\begin{cases}\mathrm{leak}\times z, & z<0\\ z, & z\geqslant 0\end{cases} \tag{8-5}$$

式（8-5）中，leak 是很小的正数。绘制神经网络中主要的激活函数曲线，如图 8-3 所示。

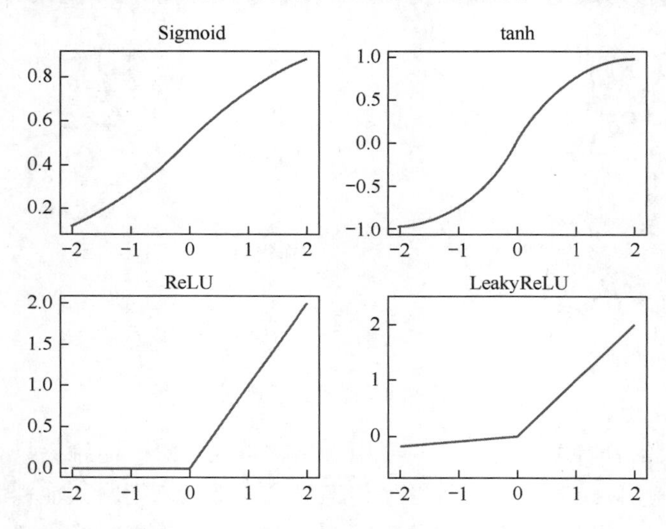

图 8-3　神经网络中主要的激活函数曲线

现代神经网络是由多个神经元组成分层网状结构的，分为输入层、隐含层和输出层，如图 8-4 所示，每一个圆圈代表一个神经元。通过复杂网络结构，神经网络可以很容易地处理非线性分类问题。与线性分类问题不同，非线性分类问题的分类边界是非线性函数。面对非线性分类问题，如语言分析、图像识别、视频分析、目标检测、文本语义等领域问题，神经网络有天然的优势。

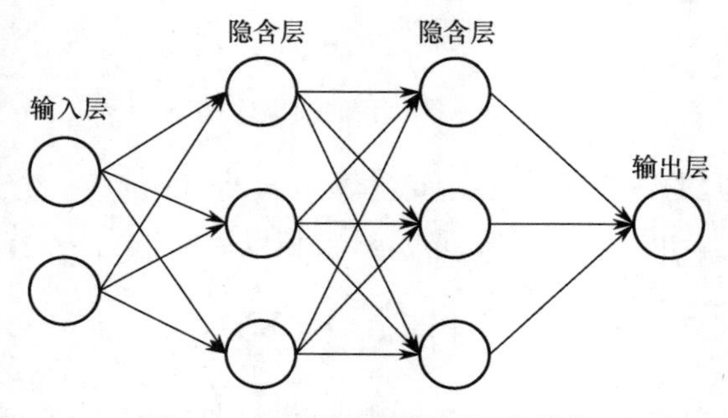

图 8-4　神经网络的分层网状结构

8.2　神经网络的算法原理

8.2.1　多层感知机

多层感知机（MLP），有时候也称为后向传播神经网络（BPNN），以便突出它蕴含的误差反向传播（BP）算法。BP 算法自从 1986 年被提出以来，不断优化发展，在现代的各种神经网络训练中被广泛采用。MLP 中的分层设计思想和误差反向传播调整权重的思想在当前热门的卷积神经网络（CNN）中得到了继承和发扬。MLP 由输入层、隐含层和输出层构成。相邻层节点之间由权值连接，但各层内的节点之间相互独立。理论上已经证明，具有单隐含层的 MLP 就能以任意精度逼近任意的非线性函数，其结构示意图如 8-5 所示。

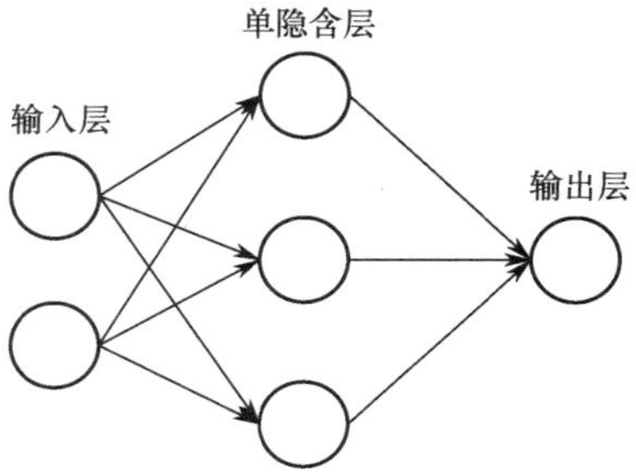

图 8-5　单隐含层 MLP 结构示意图

BP 算法的精髓是误差梯度下降法。其核心思想是，首先将学习样本的输入信号（一般会进行归一化操作）送到输入层，而后经隐含层传递到输出层，经输出层的计算后，输出对应的预测值。当预测值和真实值（期望值）之间的误差达不到预设的目标精度要求时，网络会从输出层逐层向输入层反馈该误差信息，并调整各层间的权值、神经元的偏置，通过反复循环迭代逐步降低网络的输出值与样本的期望输出值之间的误差，直至满足设定的循环次数或精度要求，此时网络的学习过程结束，并获取到优化后的权值、偏置，以此为基础提取未知样本的信息进行输入，即可获得对未知样本的映射（预测）。

梯度下降法的原理如图 8-6 所示。

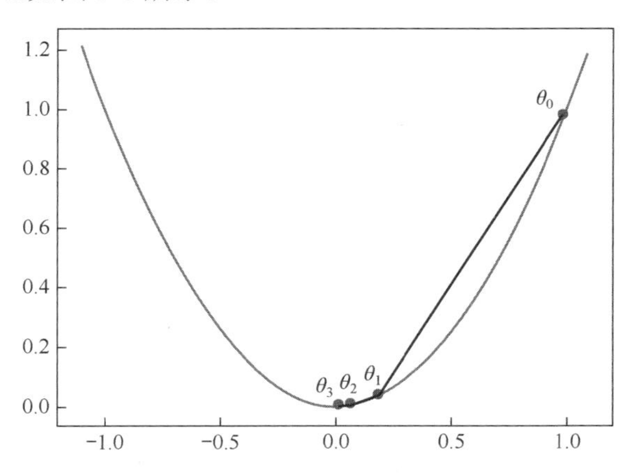

图 8-6　梯度下降法的原理

图 8-6 以 $y=x^2$ 函数寻找极小值点为例，η 设置为 0.4，初始点为 $\theta_0(1,1)$。从初始位置 θ_0 出发，寻找极小值点 θ，每一步尝试都会沿着负梯度方向前进一步，步长为 η。计算过

程如下：

$$\theta_0 = 1$$
$$\theta_1 = \theta_0 - \eta y'(\theta_0) = 1 - 0.4 \times 2 \times 1 = 0.2$$
$$\theta_2 = \theta_1 - \eta y'(\theta_1) = 0.2 - 0.4 \times 2 \times 0.2 = 0.04$$
$$\theta_3 = \theta_2 - \eta y'(\theta_2) = 0.04 - 0.4 \times 2 \times 0.04 = 0.008$$
$$\theta_4 = \theta_3 - \eta y'(\theta_3) = 0.008 - 0.4 \times 2 \times 0.008 = 0.0016$$

经过 4 步运算，基本接近了极小值点。

MLP 设计、训练和测试的步骤如下。

（1）网络拓扑结构的确定及相关参数的初始化。输入层的节点个数 i 取决于输出预测变量的维度。输出层的节点个数 k 取决于目标变量的维度，通常回归问题输出层设置 1 个神经元，分类问题有几类就设置几个神经元。隐含层节点个数 j 可以根据经验公式（8-6）确定，其中 a 是 0～10 中的整数。

$$j = \sqrt{i + k} + a \tag{8-6}$$

步长 η 是一个小于 1 的正数，常常设置为 0.05 左右。步长 η 过小，网络的收敛速度会非常缓慢，造成学习过程用时很长；而当 η 过大时，网络对权值、阈值的调整量也会变大，虽然能使网络迅速收敛，但网络的稳定性变差，运行极易产生振荡。在一些改进的 BP 算法中，η 还可以自适应变化，误差变大时 η 就变大，误差变小时 η 就变小。

（2）将原始数据集归一化，输入神经网络的输入层。信息由输入层经隐含层传递到输出层，经输出层计算后输出该过程网络的实际输出。

（3）计算网络数据实际输出与样本数据期望输出之间的误差，并依据得到的误差信息反向传播到输入层，同时调整各层之间的权值、偏置。

（4）循环迭代（2）、（3）两个过程，逐步降低计算误差，直至误差达到设定的目标误差或循环迭代次数达到设定的最大次数。

（5）获取最优的权值、偏置。

（6）提取检测样本的输入信息，借助第（5）步获取到的最优权值、阈值，便可计算出测试样本的预测输出。

【例 8-1】一个数据集中的部分数据如表 8-1 所示。其中 ID 是实体的记录编号，每一个实体有 3 种属性，所有的实体被区分为 3 个类别。设计一个 MLP 拓扑结构，使它能够解决此分类问题，画出拓扑图，并写出拓扑图的矩阵表示形式。

表 8-1 一个数据集的部分数据

ID	属性 1	属性 2	属性 3	类别编号
001	12.98	0.95	1.34	1
002	13.45	1.23	2.89	2
003	10.23	0.45	3.78	3

解：这是一个典型的设计神经网络，解决分类问题的应用。数据集中 ID 是自增加主键，用来标识数据的唯一性，不能作为输入。实体有 3 个属性，需要输入层有 3 个神经元

对应。BP 网络需要输出实体所属类别，因为类别有 3 个，所以需要输出层有 3 个神经元对应，哪个神经元输出的值最大，就判断为哪个类别。隐含层的神经元数量为

$$j = \sqrt{3+3} + a$$

如果 $a = 2$，那么 j 近似 5，网络拓扑如图 8-7 所示。

写成矩阵形式如下。

输入层 $\boldsymbol{x} = [x_1, x_2, x_3]^{\mathrm{T}}$，其中 x_1, x_2, x_3 对应原始数据集归一化以后的 3 个属性。

隐含层的输入 $\boldsymbol{y} = [y_1, y_2, y_3, y_4, y_5]^{\mathrm{T}} = \boldsymbol{b}_1 + \boldsymbol{w}_1 \times \boldsymbol{x}$，其中偏置矩阵 $\boldsymbol{b}_1$ 是 5 维列向量，$\boldsymbol{w}_1$ 是一个 5 行 3 列的权值矩阵。隐含层的输出 $\boldsymbol{y}_1 = f_1(\boldsymbol{y}) = [f_1(y_1), f_1(y_2), f_1(y_3), f_1(y_4), f_1(y_5)]^{\mathrm{T}}$，这是一个 5 维列向量，其中 f_1 是隐含层神经元的激活函数。

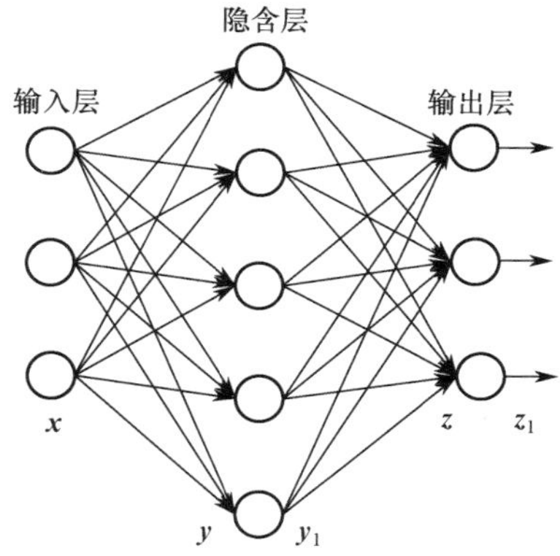

图 8-7　例 8-1 的 MLP 网络拓扑

输出层的输入 $\boldsymbol{z} = [z_1, z_2, z_3]^{\mathrm{T}} = \boldsymbol{b}_2 + \boldsymbol{w}_2 \times \boldsymbol{y}_1$，其中偏置矩阵 $\boldsymbol{b}_2$ 是 3 维列向量，$\boldsymbol{w}_2$ 是一个 3 行 5 列的权值矩阵。输出层的输出 $\boldsymbol{z}_1 = f_2(\boldsymbol{z}) = [f_2(z_1), f_2(z_2), f_2(z_3)]^{\mathrm{T}}$，这是一个 3 维列向量，其中 f_2 是输出层神经元的激活函数。

8.2.2　卷积神经网络

MLP 虽然得到了广泛研究和应用，但也存在结构上的缺点：一是参数数量爆炸，二是缺乏空间推理。对于输入信息较少的问题，如例 8-1，每次训练只有 3 个数字输入，这两个缺陷体现并不明显；但对于输入信息量较大的问题，这往往是致命的。

图像是信息量庞大的复杂结构。图像拥有 $H \times W \times D$ 个数值，H 是图像高度，W 是图像宽度，D 是图像深度或通道数量。即使对于一幅简单的 1024×768 像素的 RGB 图像，其数据量也高达 768×024×3=2359296。假设需要训练一个 BPNN，把一组图像分为 3 类，输入层就需要 2359296 个神经元，输出层需要 3 个神经元，隐含层需要$(2359296+3)^{0.5}+2=$ 1538 个神经元。这就意味着单单是从输入层到隐含层的权重矩阵的维度，就高达 1538×2359296。每次训练，这个维度矩阵就有 3628597248（36 亿多）个参数需要调整，这就是参数爆炸问题。

事物是有联系的，这种联系体现在就近相关性上。比如，人们在说话时，前一句话和后一句话具有很强的相关性，而昨天说的话和今天说的话一般相关性较弱。再如，图像中的某一个像素与其周围的像素相关性很强，与距离它很远的像素相关性较弱。而在 MLP 中，每一层的神经元与下一层的神经元是全连接的，这些神经元没有距离或空间的概念，数据中的就近相关性丢失了，所以 MLP 缺乏空间推理。

卷积神经网络（CNN）是目前最热门的神经网络模型之一，因其良好的特征提取能力和分类预测效果，被广泛应用于图像识别、人脸识别和自然语言处理等领域。CNN 的局部连接、权值共享和下采样是区别于其他网络模型的显著特征。局部连接是指网络的两层

神经元之间是部分连接的，权值共享是指对样本实施卷积运算时卷积核是相同的，下采样是指对特征进行局部总结。CNN 借助这三个特征，减少了模型训练过程中的参数数量，兼顾了数据的就近相关性。

CNN 主要由输入层、卷积层、池化层、全连接层和输出层构成，CNN 模型结构如图 8-8 所示。卷积层的主要功能是提取样本特征，池化层的主要功能是对特征进行降维，全连接层对经过卷积和池化操作后的特征图进行分类预测。

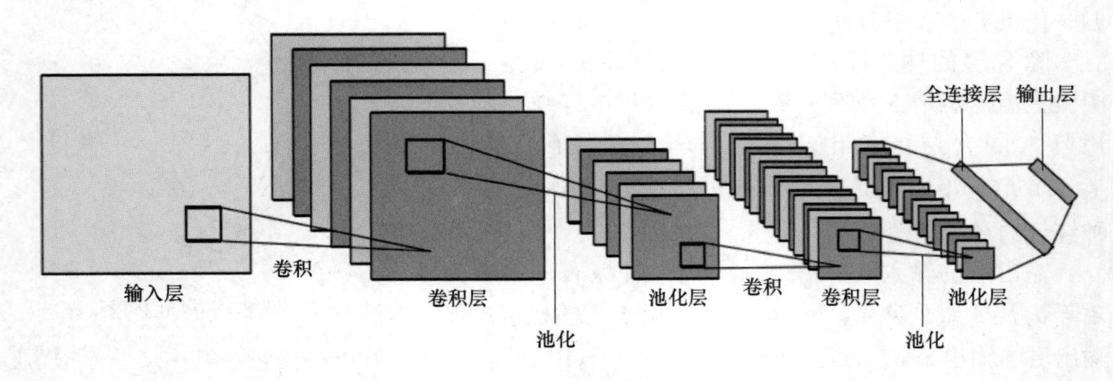

图 8-8　CNN 模型结构

1. 卷积层

卷积层是卷积神经网络名称的由来，也是该算法的核心。卷积层在输入数据上滑动卷积核执行卷积运算，原理如图 8-9 所示。

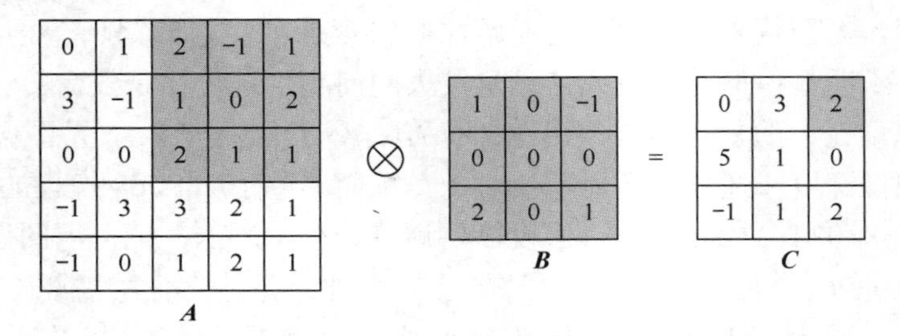

图 8-9　卷积运算原理

原始数据为 5 行 5 列矩阵 $\boldsymbol{A}$，卷积核为一个 3 行 3 列矩阵 $\boldsymbol{B}$，卷积运算的结果为一个 3 行 3 列矩阵 $\boldsymbol{C}$。卷积过程如下。

（1）$\boldsymbol{B}$ 重叠于 $\boldsymbol{A}$ 的左上角，此时 $\boldsymbol{A}$ 中与 $\boldsymbol{B}$ 重合的子矩阵为 $\boldsymbol{A}_1$：

$$\boldsymbol{A}_1=\begin{bmatrix}0 & 1 & 2\\3 & -1 & 1\\0 & 0 & 2\end{bmatrix},\boldsymbol{B}=\begin{bmatrix}1 & 0 & -1\\0 & 0 & 0\\0 & 0 & 1\end{bmatrix} \tag{8-7}$$

$\boldsymbol{A}_1$ 与 $\boldsymbol{B}$ 的卷积是 2 个矩阵对应元素乘积再求和：

$$\boldsymbol{A}_1\otimes\boldsymbol{B}=\sum_{i=1}^{3}\sum_{j=1}^{3}a_{ij}^{1}b_{ij}=0\times1+(-1)\times2+1\times2=0 \tag{8-8}$$

其中，a_{ij}^{1} 表示矩阵 $\boldsymbol{A}_1$ 的第 i 行第 j 列元素，b_{ij} 表示矩阵 $\boldsymbol{B}$ 的第 i 行第 j 列元素。所得的结果就是矩阵 $\boldsymbol{C}$ 中的第 1 行第 1 列元素 0。

（2）$\boldsymbol{B}$ 从 $\boldsymbol{A}$ 的左上角出发，向右移一格，此时 $\boldsymbol{A}$ 中与 $\boldsymbol{B}$ 重合的子矩阵为 $\boldsymbol{A}_2$：

$$\boldsymbol{A}_2=\begin{bmatrix}1 & 2 & -1\\ -1 & 1 & 0\\ 0 & 2 & 1\end{bmatrix},\ \boldsymbol{B}=\begin{bmatrix}1 & 0 & -1\\ 0 & 0 & 0\\ 0 & 0 & 1\end{bmatrix} \tag{8-9}$$

$\boldsymbol{A}_2$ 与 $\boldsymbol{B}$ 的卷积：

$$\boldsymbol{A}_2\otimes\boldsymbol{B}=\sum_{i=1}^{3}\sum_{j=1}^{3}a_{ij}^{2}b_{ij}=1\times1+(-1)\times(-1)+1\times1=3 \tag{8-10}$$

所得的结果就是矩阵 $\boldsymbol{C}$ 中的第 1 行第 2 列元素 3。

（3）按照上面步骤，$\boldsymbol{B}$ 不断移动，每次移动步长都为 1。一边移动，一边卷积，最终得到了结果矩阵 $\boldsymbol{C}$。因为卷积核 $\boldsymbol{B}$ 是 3 行 3 列的，最初的中心点位于 $A(2,2)$，最终的中心点位于 $A(4,4)$，所以结果矩阵 $\boldsymbol{C}$ 的大小与 $A(2,2)$ 到 $A(4,4)$ 的范围重合，是 3 行 3 列。

在卷积过程中，步长（stride）和填充（padding）是影响卷积结果的两个重要参数。步长表示卷积核每次滑动的距离大小，填充描述的是在输入数据的基础上向外围扩充的大小。填充能够保证卷积前后数据维度大小保持一致，若不填充，每次卷积操作后输出特征图的维度都会缩小，经过多次卷积操作后输出特征图的维度将小到难以进行卷积操作。填充的作用就是避免在深层卷积神经网络的卷积过程中出现数据维度太小而无法卷积的问题。值得注意的是，一个卷积层并不只有一个卷积核，往往有多个，卷积层输出的特征图数量与卷积核数量相同。

【例 8-2】原始数据 $\boldsymbol{A}$，卷积核为 $\boldsymbol{B}_1$ 和 $\boldsymbol{B}_2$，求卷积结果特征图 $\boldsymbol{C}_1$ 和 $\boldsymbol{C}_2$。要求步长为 1，并将 $\boldsymbol{A}$ 填充，使得 $\boldsymbol{C}_1$ 和 $\boldsymbol{C}_2$ 与 $\boldsymbol{A}$ 的大小相同。

$$\boldsymbol{A}=\begin{bmatrix}0 & 1 & 2 & 1\\ 3 & -1 & 1 & 0\\ 0 & 0 & 2 & 1\end{bmatrix},\ \boldsymbol{B}_1=\begin{bmatrix}1 & 0 & -1\\ 0 & 0 & 0\\ 0 & 0 & 1\end{bmatrix},\ \boldsymbol{B}_2=\begin{bmatrix}1 & 0 & 0\\ 0 & 0 & 0\\ -1 & 0 & 1\end{bmatrix}$$

解：（1）将 $\boldsymbol{A}$ 填充，在 $\boldsymbol{A}$ 的外圈填充一圈 0，得到一个 5 行 6 列的 $\boldsymbol{A}_1$：

$$\boldsymbol{A}_1=\begin{bmatrix}0 & 0 & 0 & 0 & 0 & 0\\ 0 & 0 & 1 & 2 & 1 & 0\\ 0 & 3 & -1 & 1 & 0 & 0\\ 0 & 0 & 0 & 2 & 1 & 0\\ 0 & 0 & 0 & 0 & 0 & 0\end{bmatrix}$$

（2）卷积核 $\boldsymbol{B}_1$ 和 $\boldsymbol{B}_2$ 首先重叠于 $\boldsymbol{A}_1$ 的左上角，进行卷积，得到

$$C_1(1,1)=0\times1+0\times(-1)+(-1)\times1=-1,\ C_2(1,1)=1\times0+0\times(-1)+1\times(-1)=-1$$

（3）卷积核 $\boldsymbol{B}_1$ 和 $\boldsymbol{B}_2$ 从 $\boldsymbol{A}_1$ 的左上角出发，向右移一格，再次与 $\boldsymbol{A}_1$ 的重叠区域进行卷积，得到 $C_1(1,2)=1$，$C_2(1,2)=-2$。

（4）以此类推，得到特征图 $\boldsymbol{C}_1$ 和 $\boldsymbol{C}_2$：

$$C_1=\begin{bmatrix}-1 & 1 & 0 & 0\\ -1 & 0 & 1 & 2\\ 1 & 2 & -1 & 1\end{bmatrix},\ C_2=\begin{bmatrix}-1 & -2 & 1 & -1\\ 0 & 2 & 2 & 0\\ 0 & 3 & -1 & 1\end{bmatrix}$$

$\boldsymbol{C}_1$和$\boldsymbol{C}_2$都是 3 行 4 列矩阵，与$\boldsymbol{A}$的大小相同。

为了增加网络的非线性表达能力，一般在卷积层之后会接一个激活函数。CNN 中的卷积运算属于线性运算，不论经过多少个卷积层，结果都是线性的，所以当输入非线性数据时，网络无法很好地进行处理。因此需要加入激活函数，对卷积层输出的特征图做一次非线性映射，从而解决线性模型无法很好处理非线性数据的问题。这一点与 BP 神经网络相同。常接在卷积层之后的激活函数包括：ReLU 函数、Sigmoid 函数和 LeakyReLU 函数等。

总结卷积层的两个主要思想：一是局部连接，通过卷积核逐块对输入数据的分块相乘再求和，考虑了事物的就近相关性，克服了 BPNN 缺乏空间推理能力的问题；二是权值共享，通过使用相同的权重矩阵对输入数据的每个数据块进行卷积，减小了存储权值的空间，降低了计算过程的复杂度，初步克服了 BPNN 参数爆炸的问题。

2. 池化层

池化层的主要作用是在卷积层的基础上对局部特征信息进行总结，达到特征降维的目的，从而减少参数和计算量，进一步解决参数爆炸问题。池化操作是在特征图上通过滑动一个大小为 $s\times s$ 的矩阵窗口来实现的，但是区别于卷积层的对应位置相乘再相加。常见的两种池化方法为最大池化（Max Pooling）和平均池化（Average Pooling），最大池化是将 $s\times s$ 矩阵窗口中的最大值作为输出，平均池化是将 $s\times s$ 矩阵窗口中的平均值作为输出。最大池化和平均池化的计算过程分别如图 8-10、图 8-11 所示。

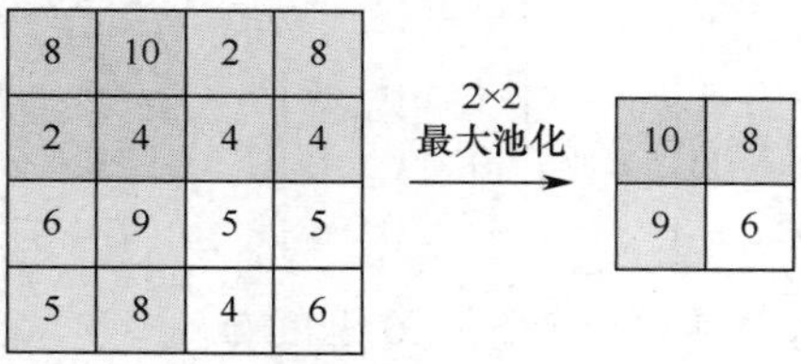

8	10	2	8
2	4	4	4
6	9	5	5
5	8	4	6

2×2 最大池化 →

10	8
9	6

图 8-10　最大池化的计算过程

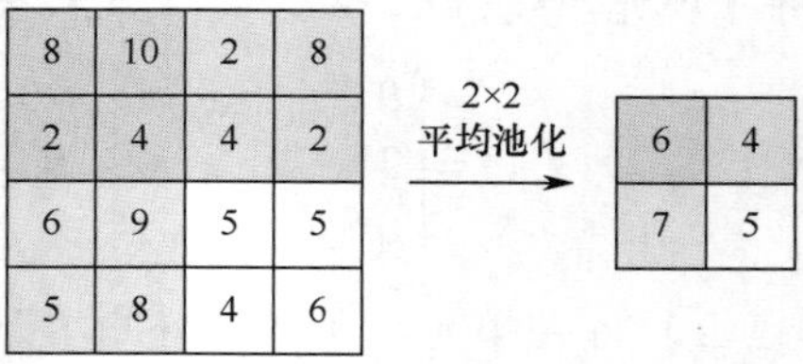

8	10	2	8
2	4	4	2
6	9	5	5
5	8	4	6

2×2 平均池化 →

6	4
7	5

图 8-11　平均池化的计算过程

可见，经过池化以后数据的维度减小了。在图 8-10 中，4×4 矩阵$\boldsymbol{A}$经过 2×2 的最大池化，首先要对$\boldsymbol{A}$进行分块操作，每块都是 2×2 的分块，然后对每块取最大值，最后整合起来就组成了 2×2 矩阵$\boldsymbol{B}$。图 8-11 的平均池化与最大池化的区别是，对分块求取平均值而不是最大值。

3. 全连接层

CNN 的卷积层和池化层只是完成了输入数据的特征提取功能，却无法得出最终的分类预测结果，因此引入了全连接层（Fully Connected Layer）来解决分类决策问题。全连接层一般位于 CNN 模型的最后，紧挨着池化层，负责将池化层输出的特征图压平，转化成一维特征向量进行训练，然后通过 Softmax 等分类器得到每个类别的概率值。全连接层采用全局连接方式，即每个神经元都与前一层的所有神经元互相连接，因此会产生大量参数，容易发生过拟合现象。所以，通常会在全连接层中加入 dropout 模块，随机抛弃部分神经元来避免过拟合的发生。实际上全连接层就相当于 MLP 的隐含层。

8.3　基于 Python 的神经网络实例

在 Python 中引入神经网络算法，可以利用 sklearn 中的神经网络算法函数。而更专业、更灵活的工具是 TensorFlow，它是 Python 中搭建和训练神经网络的良好工具，TensorFlow2 是目前的主流版本。

【例 8-3】 用 sklearn 中集成的 MLP 神经网络分类器 MLPClassifier，处理例 3-7 的鸢尾花分类问题。

解： 修改例 3-7 的代码，将引入决策树的代码更改为引入神经网络的代码。

```
# 引入多层感知神经网络，并用训练集训练
from sklearn.neural_network import MLPClassifier
cls = MLPClassifier(hidden_layer_sizes=(5,), activation='logistic', solver='lbfgs', max_iter=500)
cls.fit(X_train,y_train)
```

关于 MLPClassifier 的参数说明如下。参数 hidden_layer_size 需要传入一个整型元素的元组，用来设置隐含层数和每层的神经元数。这里设置为(5,)，表示只有一个隐含层，其神经元数量为 5 个。输入层和输出层神经元，函数会根据传入数据自行设置。鸢尾花有 4 个属性，所以输入层神经元数为 4。输出类别为 3 个，所以输出层神经元数为 3。隐含层数需要根据式（8-5）计算，$j=\sqrt{4+3}+a$，若 $a=2$，则 j 近似为 5，所以设置 hidden_layer_sizes=(5,)。参数 activation 表示激活函数，对应于图 8-2 的激活函数 $f(z)$，可以设置为 identity（线性函数）、logistic（即 Sigmoid 函数）、tanh（双正切函数）、relu（修正线性单元函数），默认是 relu，这里设置为 logistic。参数 solver 表示每次训练神经元之间连接权重的调整方法，可以设置为 lbfgs（拟牛顿法）、sgd（随机梯度下降）、adam（机遇随机梯度优化器），默认为 adam，适合大样本数据集。本例中的样本数量只有 150 个，在小样本时设置为 lbfgs 比较好。参数 max_iter 为最大迭代次数，把训练集的所有数据输入训练一遍称为一次迭代。max_iter 默认为 200，因为样本较少，所以增加到 500。

程序输出如下：

```
accuracy:0.974
weighted precision:0.976
weighted recall:0.974
F1 score:0.974
Prediction :[0]
Predicted target name:['setosa']
```

【例 8-4】 用 sklearn 中集成的 MLP 神经网络回归器，预测例 5-6 的皮鞋厂第 19 个月销售额。

解： 引入 MLP 神经网络回归器 MLPRegressor，代码如下。

```
import pandas as pd
from sklearn.neural_network import MLPRegressor

df=pd.read_csv("./皮鞋销售预测.csv")
print(df)
arr=df.values
print(arr)
X3=arr[0:18,1:4];Y=arr[0:18,4]
print(X3,Y)

cls=MLPRegressor(hidden_layer_sizes=(5,),solver="lbfgs", max_iter=1000,random_state=1000)
cls.fit(X3,Y)

X4=arr[18,1:4][:,None]
print("第 19 个月的销售额预测：",cls.predict(X4.T))
```

其中，MLPRegressor 是 MLP 回归函数，参数 hidden_layer_sizes=(5,)表示建立单隐含层，神经元数量为 5 个；solver="lbfgs"表示神经元权重调整方法为拟牛顿法；max_iter=1000 表示迭代次数为 1000 次；random_state=1000 表示设置 1000 个随机数种子，使得每次运算的结果一致。程序输出如下：

```
第 19 个月的销售额预测：[1762.43913791]
```

结果与例 5-6 基本相同。

【例 8-5】利用 TensorFlow2 搭建 MLP，对手写体数据集 MNIST 进行分类识别。MNIST 数据集来自美国国家标准与技术研究所，如图 8-12 所示。训练集共有 60 000 个样本，由来自 250 个不同人手写的数字构成，其中 50% 是高中学生，50% 来自人口普查局（the Census Bureau）的工作人员。测试集共有 10 000 个样本，也是同样比例的手写数字数据。通过搭建神经网络，使计算机能够正确识别这些数字。

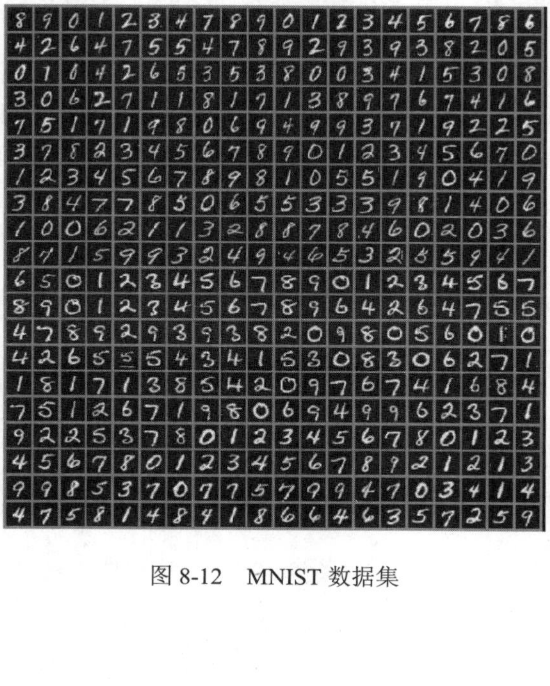

图 8-12　MNIST 数据集

解：

（1）TensorFlow2 中集成了 MNIST 数据集，首先要能够读入数据，包括训练集和测试集。代码如下：

```
import tensorflow as tf
import cv2
import numpy as np

# 导入手写数据集
num_class=10   # 0-9，一共 10 个类别
img_rows,img_cols=28,28   # 每个数据都是 28*28 像素的图像，即 28 行 28 列的矩阵
num_channel=1   # 因为是灰度图像，所以只有 1 个通道
input_shape=(img_rows,img_cols,num_channel)   # 输入矩阵的大小
# x_train 训练集，y_train 训练集标签，x_test 测试集，y_test 测试集标签
(x_train,y_train),(x_test,y_test)=tf.keras.datasets.mnist.load_data()

print(y_train[0])   # 训练集第一个图像对应的标签
img=x_train[0,:,:]   # 导入训练集的第一个图像
cv2.imshow('image',img)   # 显示图像
cv2.waitKey(0)   # 让图像等待一下

x_train,x_test=x_train/255.0,x_test/255.0   # 把 0-255 的灰度值转换为 0-1 的小数
```

对 MNIST 数据集可以这样理解：训练集和测试集都是 3 维矩阵，而标签是 1 维矩阵。例如，x_train 是一个 60 000×28×28 矩阵。x_train 在第一个维度上有 60 000 个数据，每一个数据都是 28×28 的 2 维矩阵，每个 2 维矩阵中都保存了一幅灰度图像。运行代码，可以看到 x_train 的第一幅图像数字 5。x_train 对应的标签 y_train 是长度为 60 000 的数组，每个元素值与手写体数值对应，比如第一个位置存放了 5。

（2）利用 TensorFlow2 建立 MLP 的拓扑结构。每次需要输入 28×28 矩阵，输入神经元 784 个。输出需要 10 个神经元，对应 0～9 的 10 个类别。按照式（8-6），中间的隐含层需要 30 个神经元。代码如下：

```
# 建立 MLP 神经网络模型
# Sequential()方法是一个容器，描述了神经网络的网络结构，在 Sequential()的输入参数中描述从输入层到输出层的网络结构
model=tf.keras.models.Sequential()
# Flatten()拉直层可以变换张量的尺寸，把输入特征拉直为一维数组 28*28---784
model.add(tf.keras.layers.Flatten())
# Dense()全连接层，隐含层 30 个神经元，每个神经元的激活函数是 ReLU
model.add(tf.keras.layers.Dense(30,activation='relu'))
# 输出层 10 个神经元，激活函数是 softmax
model.add(tf.keras.layers.Dense(num_class,activation='softmax'))
```

输出层的神经元使用了 softmax 激活函数，可以将多分类输出值转换为 0～1 之间的概率分布，并利用指数函数特性拉开差距。

（3）训练神经网络并测试。代码如下：

```
# 设置模型参数，并训练模型
```

```
model.compile(optimizer='sgd',loss='sparse_categorical_crossentropy',metrics=['accuracy'])
callbacks=[tf.keras.callbacks.TensorBoard('.\\logs')]
model.fit(x_train,y_train,epochs=20,verbose=1,validation_data=(x_test,y_test),callbacks=callbacks)

## 评估模型
y_pred = model.predict(x_test)
y_pred=np.argmax(y_pred,axis=1)

from sklearn.metrics import classification_report
def evaluation(y_test, y_predict):
    accuracy = classification_report(y_test, y_predict, output_dict=True)['accuracy']
    s = classification_report(y_test, y_predict, output_dict=True)['weighted avg']
    precision = s['precision']
    recall = s['recall']
    f1_score = s['f1-score']
    return accuracy, precision, recall, f1_score
list_evalucation=evaluation(y_test,y_pred)
print("accuracy:{:.3f}".format(list_evalucation[0]))
print("weighted precision:{:.3f}".format(list_evalucation[1]))
print("weighted recall:{:.3f}".format(list_evalucation[2]))
print("F1 score:{:.3f}".format(list_evalucation[3]))

# 在 Terminal 端口中输入
#(base) E:\imageProcessing>cd ch08

#(base) E:\imageProcessing\ch08>tensorboard --logdir ./logs
#TensorBoard 1.14.0 at http://DESKTOP-7JPTRSM:6006/ (Press CTRL+C to quit)

# 在浏览器地址栏中输入
# http://localhost:6006/
```

运行代码，经过 20 次训练，输出如下：

```
Epoch 20/20

   32/60000 [..............................] - ETA: 5s - loss: 0.3357 - acc: 0.9062
 1248/60000 [..............................] - ETA: 2s - loss: 0.1545 - acc: 0.9551
 2464/60000 [>.............................] - ETA: 2s - loss: 0.1490 - acc: 0.9574
 3712/60000 [>.............................] - ETA: 2s - loss: 0.1449 - acc: 0.9585
 4896/60000 [=>............................] - ETA: 2s - loss: 0.1406 - acc: 0.9594
 6080/60000 [==>...........................] - ETA: 2s - loss: 0.1431 - acc: 0.9579
 7264/60000 [==>...........................] - ETA: 2s - loss: 0.1408 - acc: 0.9590
 8544/60000 [===>..........................] - ETA: 2s - loss: 0.1448 - acc: 0.9579
 9728/60000 [===>..........................] - ETA: 2s - loss: 0.1451 - acc: 0.9574
……
58144/60000 [============================>.] - ETA: 0s - loss: 0.1428 - acc: 0.9594
59328/60000 [============================>.] - ETA: 0s - loss: 0.1425 - acc: 0.9595
60000/60000 [==============================] - 3s 48us/sample - loss: 0.1427 - acc: 0.9595 -
```

```
val_loss: 0.1482 - val_acc: 0.9558
        accuracy:0.956
        weighted precision:0.956
        weighted recall:0.956
        F1 score:0.956
```

TensorFlow2 的训练集中所有数据训练一次称为一个 epoch，本例中设置神经网络训练 20 个 epoch。每个 epoch 被分成多个 batch，每个 batch 结束都会输出针对训练集的 loss 值（分类错误的比例）和 acc 值（分类正确的比例）。每训练一次 epoch，会做一次检测，用测试集来检验训练的效果。val_loss 是针对测试集的分类错误比例，val_acc 是针对测试集的分类正确的比例。随着训练的进行，loss 和 val_loss 不断下降，acc 和 val_acc 不断上升。20 个 epoch 后分类准确率达到 95.6%。

TensorFlow2 提供了一个可视化面板来观察神经网络性能。单击 PyCharm 界面的 Terminal 按钮，进入终端窗口。在窗口中输入 cd ch08，再输入 tensorboard --logdir ./logs，启动可视化服务器。然后打开浏览器，在地址栏输入 http://localhost:6006/，就可以观察到 loss、val_loss、acc、val_acc 等性能曲线，如图 8-13 所示。

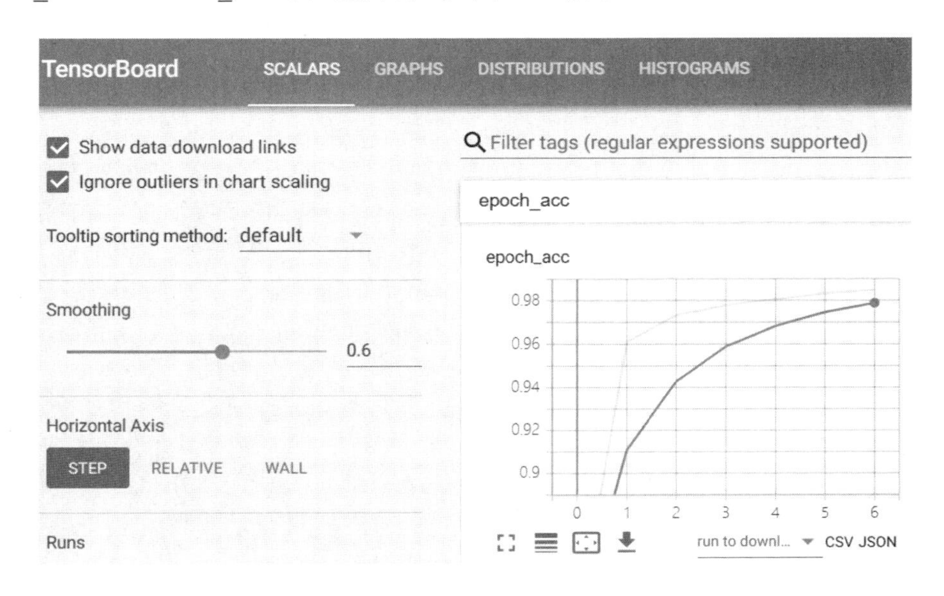

图 8-13 TensorFlow2 的可视化面板

在正常情况下，loss 和 val_loss 曲线不断下降，最终趋于平稳。loss 不断下降，val_loss 趋于不变，说明网络过拟合；loss 趋于不变，val_loss 不断下降，说明数据集有问题；loss 趋于不变，val_loss 趋于不变，说明学习遇到瓶颈，需要减小学习率或批量数目；loss 不断上升，val_loss 不断上升，说明网络结构设计不当，或者训练参数设置不当。

【例 8-6】利用 TensorFlow2 搭建 CNN，对 MNIST 进行识别。CNN 采用 LeNet-5 架构，同样设置 epoch=20，与例 8-5 的 MLP 进行性能对比。

解：LeNet-5 是 1995 年提出的一种比较简单的 CNN，其网络结构如图 8-14 所示。

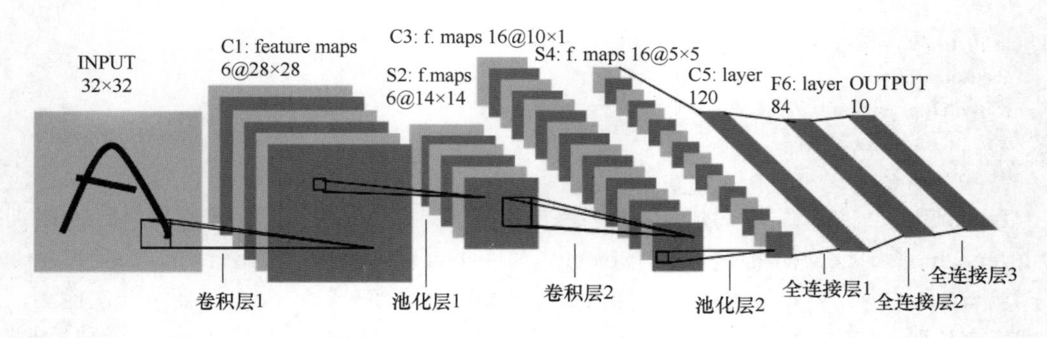

图 8-14　LeNet-5 网络结构

LeNet-5 共有 7 层：卷积层 1、池化层 1、卷积层 2、池化层 2 和 3 个全连接层。代码如下：

```
import tensorflow as tf
from tensorflow.keras.models import Model,Sequential
from tensorflow.keras.layers import Conv2D,MaxPool2D,Flatten,Dense
import numpy as np

# 导入手写数据集
num_classes=10
img_rows,img_cols=28,28
num_channel=1
input_shape=(img_rows,img_cols,num_channel)
(x_train,y_train),(x_test,y_test)=tf.keras.datasets.mnist.load_data()
x_train,x_test=x_train/255.0,x_test/255.0
x_train = np.array(x_train).reshape(-1,img_rows,img_cols,num_channel)
x_test = np.array(x_test).reshape(-1,img_rows,img_cols,num_channel)


# 建立 LeNet-5 卷积神经网络
model=Sequential()

# 1 block
model.add(Conv2D(6,kernel_size=(5,5),padding="same",activation='relu',
              input_shape=input_shape))  # 卷积层 1
model.add(MaxPool2D(pool_size=(2,2)))  # 池化层 1

# 2 block
model.add(Conv2D(16,kernel_size=(5,5),activation='relu'))  # 卷积层 2
model.add(MaxPool2D(2,2))  # 池化层 2

# fc layer
model.add(Flatten())
model.add(Dense(120,activation='relu'))  # 全连接层 1
model.add(Dense(84,activation="relu"))  # 全连接层 2
```

```
model.add(Dense(num_classes,activation='softmax'))   # 全连接层 3

# 设置模型参数，并训练模型
model.compile(optimizer='sgd',loss='sparse_categorical_crossentropy',metrics=['accuracy'])
callbacks=[tf.keras.callbacks.EarlyStopping(patience=3,monitor='val_loss'),
           tf.keras.callbacks.TensorBoard(log_dir='.\\logs',histogram_freq=1)]
model.fit(x_train,y_train,batch_size=32,epochs=20,
          verbose=1,validation_data=(x_test,y_test),
          callbacks=callbacks)

## 评估模型
y_pred = model.predict(x_test)
y_pred=np.argmax(y_pred,axis=1)

from sklearn.metrics import classification_report
def evaluation(y_test, y_predict):
    accuracy = classification_report(y_test, y_predict, output_dict=True)['accuracy']
    s = classification_report(y_test, y_predict, output_dict=True)['weighted avg']
    precision = s['precision']
    recall = s['recall']
    f1_score = s['f1-score']
    return accuracy, precision, recall, f1_score
list_evalucation=evaluation(y_test,y_pred)
print("accuracy:{:.3f}".format(list_evalucation[0]))
print("weighted precision:{:.3f}".format(list_evalucation[1]))
print("weighted recall:{:.3f}".format(list_evalucation[2]))
print("F1 score:{:.3f}".format(list_evalucation[3]))

# 在 Terminal 端口中输入
#(base) E:\imageProcessing>cd ch08

#(base) E:\imageProcessing\ch08>tensorboard --logdir ./logs

# 在浏览器地址栏中输入
# http://localhost:6006/
```

程序输出如下：

```
Epoch 14/20

   32/60000 [..............................] - ETA: 0s - loss: 0.0097 - acc: 1.0000
  608/60000 [..............................] - ETA: 6s - loss: 0.0297 - acc: 0.9918
 1408/60000 [..............................] - ETA: 5s - loss: 0.0247 - acc: 0.9915
 2176/60000 [>.............................] - ETA: 4s - loss: 0.0274 - acc: 0.9913
 2912/60000 [>.............................] - ETA: 4s - loss: 0.0238 - acc: 0.9924
……
59104/60000 [============================>.] - ETA: 0s - loss: 0.0282 - acc: 0.9915
59872/60000 [============================>.] - ETA: 0s - loss: 0.0283 - acc: 0.9915
```

```
60000/60000 [==============================] - 9s 158us/sample - loss: 0.0283 - acc: 0.9915 - val_loss: 0.0352 - val_acc: 0.9889
accuracy:0.989
weighted precision:0.989
weighted recall:0.989
F1 score:0.989
```

可见，程序在第 14 次 epoch 时达到了优化的极限，自动终止训练，识别准确率达到了 98.9%，不但精确率比例 8-5 的 MLP 高，而且训练 epoch 次数更少。

8.4 基于 Spark 的神经网络实例

【例 8-7】 利用 Spark ML 建立 MLP，解决例 3-12 的鸢尾花分类问题。

解：在 Spark 中，目前被 ML 集成的神经网络是 MLPC（Multilayer Perceptron Classifier，多层感知分类器）。它与 Python 中 sklearn 的 MLPClassifier 的主要区别是，除了要指定隐含层神经元的个数，还要指定输入层和输出层神经元的个数。代码如下：

```
import org.apache.log4j.{Level, Logger}
import org.apache.spark.ml.classification.MultilayerPerceptronClassifier
import org.apache.spark.ml.evaluation.MulticlassClassificationEvaluator
import org.apache.spark.ml.feature.{StandardScaler, StringIndexer, VectorAssembler}
import org.apache.spark.sql.SparkSession

object shili08_07 {
  def main(args: Array[String]): Unit = {
    Logger.getLogger("akka").setLevel(Level.OFF)
    Logger.getLogger("org").setLevel(Level.OFF)

    //1 读取文件
    val spark=SparkSession.builder().master("local[*]").appName("aaa").getOrCreate()
    val df01=spark.read.option("inferSchema",true).csv("Iris.csv")
    df01.show(5)

    //2 产生分类标签字段
    val labelIndexer=new StringIndexer().setInputCol("_c4").setOutputCol("label").fit(df01)
    val df02=labelIndexer.transform(df01)
    df02.show(5)
    df02.createOrReplaceTempView("t_df02")

    //3 产生特征字段
    val featureArray=Array("_c0","_c1","_c2","_c3")
    val assembler=new VectorAssembler().setInputCols(featureArray).setOutputCol("features")
    val df03=assembler.transform(df02)
    df03.show(5)
```

```
//4 特征字段标准化
val scaler=new StandardScaler().setInputCol("features").setOutputCol("scale_features")
  .setWithMean(true).setWithStd(true).fit(df03)
val df04=scaler.transform(df03)
df04.show(5,false)

//5 划分训练集和测试集
val seed=1234
val split=df04.randomSplit(Array(0.75,0.25),seed)
val df_train=split(0)
val df_test=split(1)
df_train.show(1)
df_test.show(1)

//6 建立并训练神经网络
val layer=Array(4,5,3) //输入层 4 个神经元，隐含层 5 个，输出层 3 个
val cls=new MultilayerPerceptronClassifier()
  .setFeaturesCol("scale_features")
  .setLabelCol("label")
  .setLayers(layer)
  .setMaxIter(500)
  .setSeed(seed)
val model=cls.fit(df_train)

//7 测试神经网络
val predictions=model.transform(df_test)
println("-----predictions------")
predictions.show(5)
val evaluator=new MulticlassClassificationEvaluator()
val f1=evaluator.setMetricName("f1").evaluate(predictions)
val wp=evaluator.setMetricName("weightedPrecision").evaluate(predictions)
val wr=evaluator.setMetricName("weightedRecall").evaluate(predictions)
val accuracy=evaluator.setMetricName("accuracy").evaluate(predictions)
println("accuracy="+accuracy.formatted("%.3f"))  //准确率（accuracy)
println("weightedPrecision="+wp.formatted("%.3f")) //精确率（precision)
println("weightedRecall="+wr.formatted("%.3f"))  //召回率（recall)
println("F1="+f1.formatted("%.3f")) //F1 分数


//8 预测新的样本
import spark.implicits._
val df = Seq(
  (5,2.9,1,0.2,"new")
).toDF("_c0","_c1","_c2","_c3","_c4")
//df.show()
```

```
        val df3=scaler.transform(assembler.transform(df))
        val p3=model.transform(df3)
        //p3.select("prediction").show()
        println(p3.select("prediction").rdd.collect()(0)(0))

        def checkResult(a:Float):String={
          if(a==0.0)   "Setosa"
          else if(a==1.0)   "Versicolour"
          else   "Virginica"
        }
println("result:"+checkResult(p3.select("prediction").rdd.collect()(0)(0).toString.toFloat))
    }
}
```

程序输出如下：

```
accuracy=0.968
weightedPrecision=0.971
weightedRecall=0.968
F1=0.968
0.0
result:Setosa
```

习题 8

一、简答题

1．在机器学习中，神经网络的概念是什么？

2．一个神经元有多少个输入、多少个输出？

3．多层感知机（MLP）由哪几层构成？

4．误差梯度下降法的思想是什么？

5．MLP 相对于 CNN 的主要缺点是什么？

6．卷积神经网络（CNN）由哪几层构成？

7．CNN 的卷积层、池化层、全连接层各自的作用是什么？

二、计算题

1．有一个分类数据集，属性字段有 10 个，需要划分为 6 类，如果用单隐含层的 MLP 进行分类，那么输入层需要几个神经元，输出层需要几个神经元，隐含层至少需要几个神经元？

2．一个训练好的 MLP 拓扑图如图 8-15 所示。隐含层和输出层的每个神经元的激活函数均是 ReLU 函数，从输入层到隐含层的权值矩阵为 $\boldsymbol{w}_1 = \begin{bmatrix} 0.1 & 0.2 \\ 0.2 & -0.3 \\ 0.3 & 0.1 \end{bmatrix}$，从隐含层到输出

层的权值矩阵 $\boldsymbol{w}_2 = \begin{bmatrix} 0.1 & 0.2 & 0.2 \\ 0.2 & -0.3 & 0.1 \end{bmatrix}$，且它们的偏置矩阵均为零矩阵。现在输入的数据样本为$[0.1,-0.2]^{\mathrm{T}}$，问样本会被判定为什么类别？

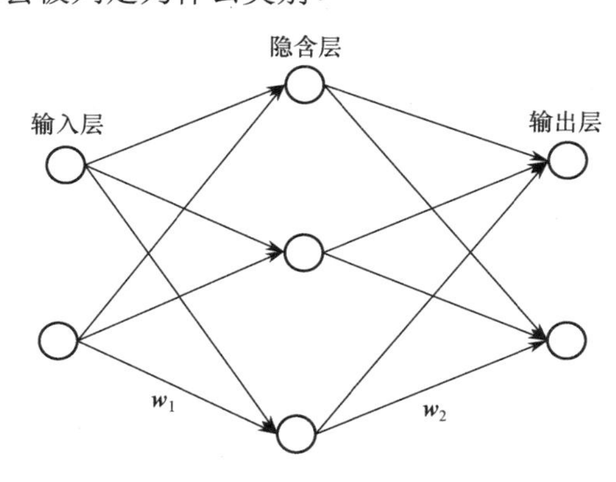

图 8-15　一个训练好的 MLP 拓扑图

3．已知卷积层输出的数据为 9×9 矩阵 $\boldsymbol{A}$，求 $\boldsymbol{A}$ 经过 3×3 的平均池化层以后的结果 $\boldsymbol{B}$。

$$\boldsymbol{A} = \begin{bmatrix} 0.5 & 1.0 & 0.2 & 0.4 & 0.4 & 0.2 & 0.3 & 0.3 & 0.8 \\ 0.4 & 0.9 & 0.1 & 0.9 & 0.2 & 0.3 & 0.3 & 1.0 & 0.6 \\ 0.3 & 1.0 & 0.5 & 0.5 & 0.4 & 0.8 & 0.3 & 0.7 & 0.8 \\ 0.5 & 0.1 & 1.0 & 0.5 & 0.8 & 0.3 & 0.3 & 0.5 & 0.2 \\ 0.4 & 0.3 & 0.8 & 0.8 & 0.9 & 0.1 & 0.8 & 0.5 & 0.1 \\ 0.4 & 0.7 & 0.3 & 0.8 & 0.1 & 0.3 & 0.6 & 0.5 & 0.4 \\ 0.8 & 0.1 & 0.8 & 0.6 & 0.9 & 0.1 & 0.7 & 1.0 & 0.3 \\ 0.6 & 0.9 & 0.1 & 0.2 & 0.7 & 0.4 & 0.8 & 0.4 & 0.9 \\ 0.5 & 0.7 & 0.4 & 0.4 & 0.2 & 0.2 & 0.6 & 0.7 & 0.5 \end{bmatrix}$$

三、编程题

1．编写 Python 程序，针对葡萄酒数据集，首先用 PDA 算法进行降维，降为 2 维数据；然后利用 sklearn 中的 MLP 神经网络分类器对其进行分类识别。

2．编写 Spark 程序，针对葡萄酒数据集，首先用 PCA 算法进行降维，降为 3 维数据；然后利用 Spark 中的 MLP 神经网络分类函数对其进行分类识别。

第9章　项目实战1：食品安全信息处理与识别

9.1　项目背景

“民以食为天，食以安为先”，食品安全就是民生。在一个城市的日常运行中，监管部门的信息平台会收到各种信息。本项目致力于在信息集合中识别与食品安全相关的信息，以助力相关部门监管高效精准。对信息数据进行分类，通过模型建立、语义分析等方法筛选出食品安全相关信息，输出属于食品安全相关的信息编号及信息名称。对食品安全信息的自动识别，有助于市场监管部门及时获取食品安全相关信息，以便迅速做出反应，杜绝各种食品安全隐患，有效地维护人民的健康。

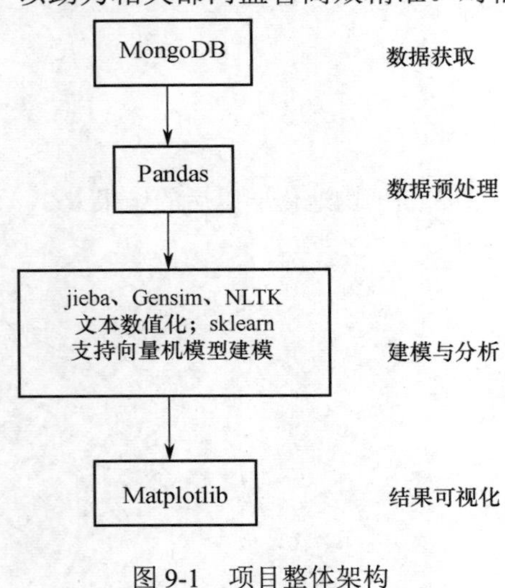

图9-1　项目整体架构

项目整体架构如图9-1所示。首先，从文档数据库MongoDB上获取文本信息记录。接着，用Pandas进行数据预处理，提取有效字段。将预处理完毕的数据进行建模与分析。计算机是没有办法直接分析文本的，所以在分析阶段，先用jieba、Gensim、NLTK将文本转换为数值，再用sklearn支持向量机模型建模。模型的分类效果用matplotlib的三维散点图呈现。最后，对项目进行总结和实际应用。

9.2　数据获取

9.2.1　用SecureCRT连接MongoDB查看数据

监管部门的信息平台以MongoDB作为支撑，这里用名为DATA01的Linux虚拟机镜像来模拟。在计算机上安装VMware虚拟机软件，版本14.0以上。打开VMware虚拟机，导入DATA01虚拟机镜像，设置虚拟网络编辑器的VMnet8网卡的子网IP为192.168.152.0，如图9-2所示。

启动虚拟机，用SecureCRT联机。参数设置如图9-3所示，主机名为“192.168.152.210”，端口为“22”，用户名为“root”，密码为“123456”。

联机完成后，调整字符编码为UTF-8格式，如图9-4所示。

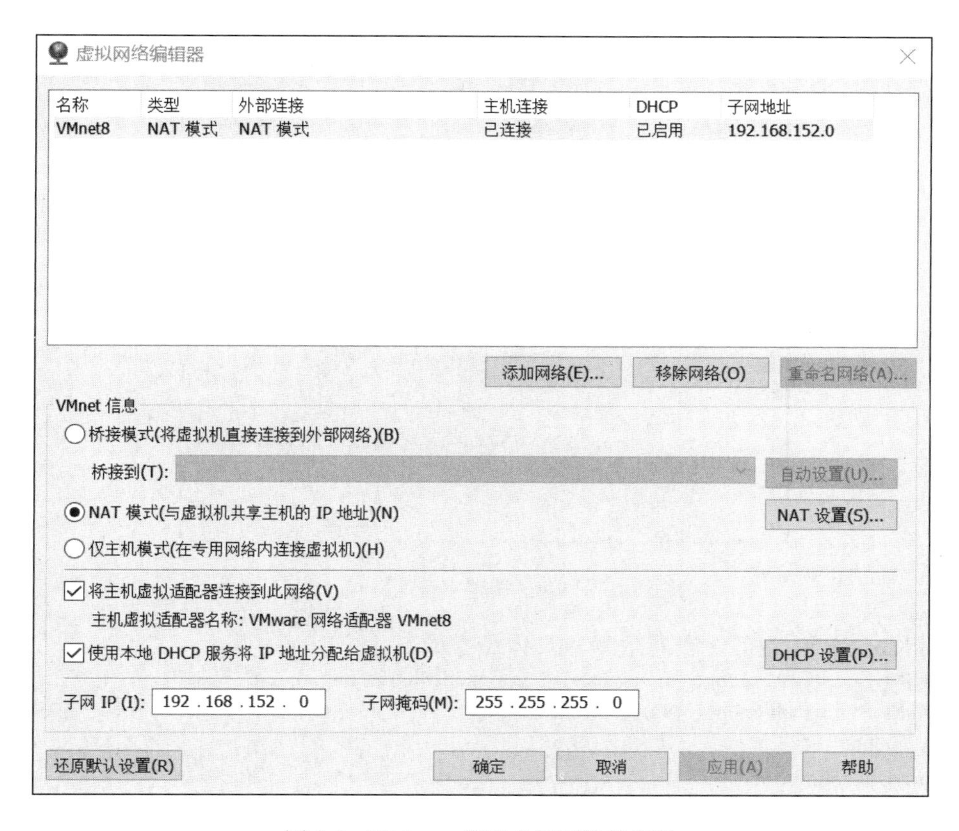

图 9-2　VMware 设置虚拟网络编辑器

图 9-3　SecureCRT 联机设置

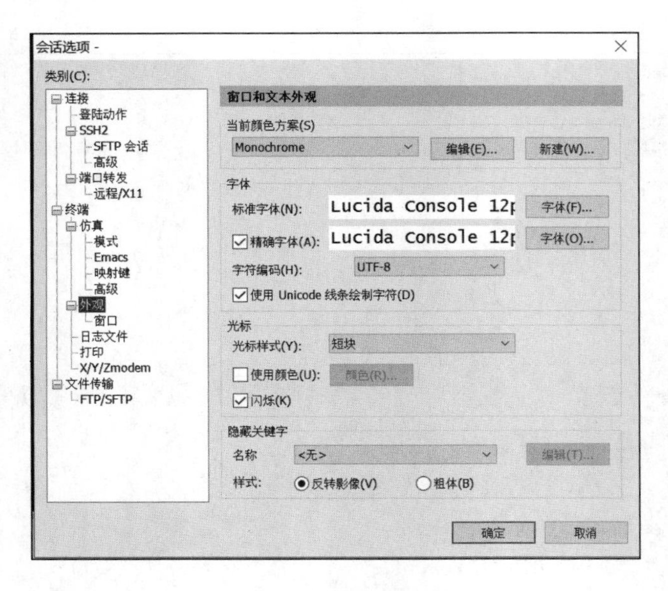

图 9-4　调整字符编码

启动 MongoDB 服务，查看数据。具体命令如下：

```
[root@MySQL01 ~]# mongod -f /usr/local/src/mongodb/conf/mongod.conf
[root@MySQL01 ~]# mongo 192.168.152.210:27017
> use mydb
> db.myCollection.find()
```

数据存储在 mydb 库中的 myCollection 集合中，通过 db.myCollection.find()命令查询，得到的结果如下：

```
> db.myCollection.find()
{ "_id" : ObjectId("635cd24b6629e481fda21753"), "EVENT_TYPE" : 0, "EVENT_ID" : "Y000885", "EVENT_NAME" : "报警人报称衣服被施工的泥土搞脏了，现**工单位因赔偿问题有争执。", "CONTENT" : "报警人报称衣服被施工的泥土搞脏了，现**工单位因赔偿问题有争执。" }
{ "_id" : ObjectId("635cd24b6629e481fda21754"), "EVENT_TYPE" : 0, "EVENT_ID" : "Y001a0a", "EVENT_NAME" : "事主和合作伙伴起争执，需要调解。", "CONTENT" : "事主和合作伙伴起争执，需要调解。" }
...
```

myCollection 中保存了 7000 条记录，其中有约 1500 条涉及食品安全。文档记录服从 JSON 数据格式，每条记录的首尾以花括号界定。记录内部以 key:value 的形式描述信息。其中，"_id"为记录内部自定义编号；"EVENT_TYPE"为信息类型，1 表示食品安全，0 表示非食品安全；"EVENT_ID"为事件的 ID；"EVENT_NAME"为事件名称；"CONTENT"为文档内容。有部分记录事件名称和文档内容重合。

9.2.2　用 Python 连接 MongoDB 读取数据

利用 pymongo 包连接 MongoDB，读取 mydb 库的 myCollection 集合中的数据，主要代码如下：

```
from pymongo import MongoClient
host = '192.168.152.210'    # IP 地址
client = MongoClient(host, 27017)  #  建立客户端对象
db = client.mydb   #  连接 mydb 数据库，没有则自动创建
collection = db.myCollection    #  使用 myCollection 集合，没有则自动创建
#  读取数据保存在列表中
list01=[i for i in collection.find()]
print(list01)
```

程序运行结果如下：

```
D:\Anaconda3\python.exe E:/pythonBook/ch15/food_security_check.py
d': ObjectId('635cd24b6629e481fda21fb7'), 'EVENT_TYPE': 0, 'EVENT_ID': 'Y64fb7c', 'EVENT_NAME':
'转:**医院 5 号楼
```

9.3　数据预处理

9.3.1　数据转换

将列表中的数据转换为 Pandas 的 DataFrame，以便进一步处理，主要代码如下：

```
import pandas as pd
# pd 的 DataFrame 中显示所有列
pd.set_option('display.max_columns', None)
df01=pd.DataFrame(list01)
print(df01)
```

程序运行结果如下：

```
                              _id  EVENT_TYPE EVENT_ID  \
0     635cd24b6629e481fda21753          0     Y000885
1     635cd24b6629e481fda21754          0     Y001a0a
2     635cd24b6629e481fda21755          0     Y001a9f
3     635cd24b6629e481fda21756          0     Y002f22
4     635cd24b6629e481fda21757          1     Y003481
...                        ...        ...         ...
```

9.3.2　数据清洗

在 df01 中，_id 和 EVENT_ID 都是记录的唯一标识符，可以只保留 1 个，这里保留 EVENT_ID。EVENT_NAME 和 CONTENT 都表示信息的内容，可以整合为一个字段。考虑到 CONTENT 字段有空值、与 EVENT_NAME 完全相同、与 EVENT_NAME 不相同 3 种情况，整合时要以用户自定义函数的形式进行处理。

主要代码如下：

```
#  去掉_id 字段
df01.pop('_id')
#  定义 EVENT_NAME 和 CONTENT 的整合处理函数
```

```
def str_compare(str01,str02):
    if str(str01).strip()==str(str02).strip() or str(str02) == "nan":
        return str(str01).strip()
    else:
        return str(str01).strip()+"。"+str(str02).strip()
# 将 EVENT_NAME 和 CONTENT 整合为 NAME_AND_CONTENT 字段
df01["NAME_AND_CONTENT"]=df01.apply(lambda x:
    str_compare(x["EVENT_NAME"],x["CONTENT"]),axis=1)
print(df01)
```

程序运行结果如下：

```
                                      NAME_AND_CONTENT
0                  报警人报称衣服被施工的泥土搞脏了，现**工单位因赔偿问
1                                  事主和合作伙伴起争执，需要调解。
2                             现场报因店面转让问题起争执。 告知已派警
3            事主现场报：其宠物狗被咬伤，对方主人拒绝赔偿，双方引发争执，需要
4      请**官方展开卫生调查。如**市场监管局，**市场监管局开展公众号，视频号，
...                                          ...
```

9.4 机器学习建模与分析

9.4.1 将信息集合划分为训练集和测试集

构建分类模型，从信息集合中识别与食品安全相关的信息。对于分类问题，一般的思路是将数据集划分为训练集和测试集，训练集用来训练模型，测试集用来检验模型的分类有效性。划分时要保证涉及食品安全信息的记录在训练集和测试集中的比重是一致的。划分数据集的主要代码如下：

```
# 将数据集划分为训练集和测试集
num_E1=df01["EVENT_TYPE"].sum()  #涉及食品安全的记录数
num_E0=7000-num_E1    #非食品安全的记录数
rate=0.7  #70%的数据作为训练集，30%的数据作为测试集
num_E0_train=int(num_E0*rate)    #计算训练集中非食品安全的记录数量
mum_E0_test=int(num_E0*(1-rate))  #计算测试集中非食品安全的记录数量
num_E1_train=int(num_E1*rate)   #计算训练集中涉及食品安全的记录数量
num_E1_test=int(num_E1*(1-rate))   #计算测试集中涉及食品安全的记录数量
df_E1=df01[df01["EVENT_TYPE"]==1]   # df_E1 是所有的涉及食品安全的记录集合
df_E0=df01[df01["EVENT_TYPE"]==0]   # df_E0 是所有的非食品安全的记录集合
df_E0_train=df_E0.sample(n=num_E0_train,random_state=0) #通过随机抽样，获得训练集中非食品安全的集合
df_E0_test=pd.concat([df_E0,df_E0_train,df_E0_train]).drop_duplicates(keep=False) #通过求集合的差，df_E0 减去 df_E0_train，获得测试集中非食品安全的集合
df_E1_train=df_E1.sample(n=num_E1_train,random_state=0) #通过随机抽样，获得训练集中涉及食品安全的集合
```

```
df_E1_test=pd.concat([df_E1,df_E1_train,df_E1_train]).drop_duplicates(keep=False) #通过求集合的差，df_E1 减去 df_E1_train，获得测试集中涉及食品安全的集合
df_train=df_E0_train.append(df_E1_train) #将 df_E0_train 和 df_E1_train 组合，得到训练集
df_train_sort = df_train.reset_index(drop=True)   #训练集重新排序
print("after sorting df_train:\n",df_train_sort)
df_test=df_E0_test.append(df_E1_test)   #将 df_E0_test 和 df_E1_test 组合，得到测试集
df_test_sort = df_test.reset_index(drop=True)   #测试集重新排序
print("after sorting df_test:\n",df_test_sort)
```

程序的运行结果如下：

```
after sorting df_train:
     EVENT_TYPE EVENT_ID                          EVENT_NAME   \
0            0  Y50481d              电动车抵押在该处，现在发现损坏了
1            0  Y662803            转：**医院呼吸科 9B38 床—无名氏
2            0  Y9a0390            报警人拨打我所值班室电话报警称与他人
3            0  Yf11ff6  报警女子报租了一辆小车，后因债务纠纷，车辆被债务人开
4            0  Y3a7cba                   转：第**医院急诊—无名氏—
...        ...      ...                                 ...
after sorting df_test:
     EVENT_TYPE EVENT_ID                          EVENT_NAME   \
0            0  Y000885            报警人报称衣服被施工的泥土搞脏了，现
1            0  Y007805                  报与他人有经济纠纷，对方不让
2            0  Y010f19               转：*医院分院***，手续没好—无名
3            0  Y01184b                        转：****医院大厅—无
4            0  Y013a8d  报警人在现场报：在该处做活动，因少退 100 元押金引发
...        ...      ...
```

9.4.2　将 NAME_AND_CONTENT 字段数值化

文本信息处理的主要思想是数值化，即先把一段文字内容拆分为一个个单词，再按照某种规则（如单词出现的频率）数值化为向量矩阵。数值化以后就可以按照常规的机器学习算法进行分类、聚类分析了。在本项目中，分类模型要识别 NAME_AND_CONTENT 字段中包含食品安全信息的记录。但是，NAME_AND_CONTENT 字段是用文字描述的，计算机在处理文字时，要将其转换为数值化的 n 维向量。具体实现分为以下 2 个步骤。

1. 语句拆分

将汉语的整句话拆分为一个个单词的集合。

饭要一口一口地吃，掌握某种技能要一点一点地练习。语言的数字化也采用这种循序渐进的思想。计算机是无法识别整段整句的内容的，首先就要把它们拆分成一个个单词，化整为零，才能进一步处理。采用 jieba 库的切分功能，将信息字符串切成一个个单词，并去除无意义的停用词（停用词主要由虚词和一些符号组成），得到主要由实词组成的词汇列表。

为什么要去掉虚词，保留实词呢？从语法角度而言，认为能够单独充当句法成分且有词汇意义和语法意义的是实词，名词、动词、形容词、数词、量词、代词、区别词共 7 小

类是实词；不能充当句法成分且没有词汇意义只有语法意义的就是虚词，副词、介词、连词、助词、叹词、语气词、拟声词等 7 小类是虚词。实词是语句含义特征的主要标志，为了突出这种特征和减少后续计算量，要保留实词，去掉虚词。

主要代码如下：

```
import jieba
# 定义停用词函数 tingci，去掉信息记录中无意义的虚词，该函数返回一个 list 列表，说明后续需要去掉的虚词有哪些
def tingci():
    f=open("123.txt","r",encoding="utf-8")
    r1=f.readlines()
    list1=[]
    for t in r1:
        data1=t.strip("\n")
        list1.append(data1)
    return list1

# 定义 list01_not_in_list02 函数完成以下功能：
# 1  在 list01 中删除所有在 list02 中出现的元素
# 2  去掉 list01 中所有 ASCII 码字符，生成新数组返回
def list01_not_in_list02(list01,list02):
    list_01=[i for i in list01 if i not in list02]
    list_02=[i for i in list_01 if i.isascii()==False]
    return list_02

# 将训练集的文档进行处理：切分、删除停用词、格式调整，
# 得到 list_train_words_str，这是由一个个单词组成的列表结构
list_tingci = tingci()
# 先把 NAME_AND_CONTENT 中的空格去掉，
# 然后调用 jieba.lcut 函数，把整句话拆分为一个个单词，
# 再用 list01_not_in_list02 去掉无意义的虚词
df_train_sort["words01"] = df_train_sort["NAME_AND_CONTENT"] \
    .apply(lambda x:list01_not_in_list02(jieba.lcut(x.replace(" ", "")), list_tingci))
# words01 是列表型结构，每个元素是拆分的单词
# words_str01 是将 words01 的每个单词用逗号组合起来，重新形成字符串
df_train_sort["words_str01"] = df_train_sort["words01"].apply(lambda x:','.join(x))
# list_train_words_str 是用 words_str01 字段组合成的 list 列表结构
list_train_words_str= df_train_sort['words_str01'].tolist()
print("list_train_words_str:\n",list_train_words_str)

# 将测试集的文档进行预处理：切分、删除停用词、格式调整
# 得到 list_test_words_str，这是由一个个单词组成的列表结构
df_test["words01"] = df_test["NAME_AND_CONTENT"] \
    .apply(lambda x:list01_not_in_list02(jieba.lcut(x.replace(" ", "")), list_tingci))
df_test["words_str01"] = df_test["words01"].apply(lambda x:','.join(x))
list_test_words_str= df_test['words_str01'].tolist()
```

```
print("list_test_words_str:\n",list_test_words_str)
```

2. 将词汇列表转换为数值化的向量

先用 get_corpus_vectors 函数，转换训练集为 n 维数值化向量集合 A，再用 get_new_doc_vector 函数，计算测试集在 A 中的数值化投影向量集合，作为向量集合 B。这里用到了语言的两个处理工具：Gensim、NLTK。

Gensim（generate similarity）是一个简单高效的自然语言处理 Python 库，用于抽取文档的语义主题（semantic topics）。Gensim 的输入是原始的、无结构的数字文本（纯文本），内置的算法包括 Word2Vec、FastText、潜在语义分析（Latent Semantic Analysis，LSA）、潜在狄利克雷分布（Latent Dirichlet Allocation，LDA）等，通过计算训练语料中的统计共现模式自动发现文档的语义结构。这些算法都是非监督的，这意味着不需要人工输入——仅仅需要一组纯文本语料。一旦发现这些统计模式后，任何纯文本（句子、短语、单词）都能采用语义表示简洁地表达。

NLTK 是一个高效的 Python 构建的平台，用来处理人类自然语言数据。它提供了易于使用的接口，通过这些接口可以访问超过 50 个语料库和词汇资源（如 WordNet），还有一套用于分类、标记化、词干标记、解析和语义推理的文本处理库。

主要代码如下：

```
import numpy as np
import gensim
import nltk

# 定义 get_corpus_vectors 函数：
# 实现文档集合转换为向量集合
def get_corpus_vectors(corpus,size,window):
    TOKENIZED_CORPUS = [nltk.word_tokenize(sentence) for sentence in corpus]
    model = gensim.models.Word2Vec(TOKENIZED_CORPUS, size=size, window=window,
                                   min_count=1, sample=1e-3)
    # 求文档集合 corpus 的平均词向量
    def average_word_vectors(words, model, vocabulary, num_features):
        feature_vector = np.zeros((num_features), dtype='float64')
        nwords = 0.
        for word in words:
            if word in vocabulary:
                nwords = nwords + 1.
                feature_vector = np.add(feature_vector, model[word])
        if nwords:
            feature_vector = np.divide(feature_vector, nwords)
        return feature_vector

    def averaged_word_vectorizer(corpus, model, num_features):
        vocabulary = set(model.wv.index2word)
        features = [average_word_vectors(tokenized_sentence, model, vocabulary,num_features) for
tokenized_sentence in corpus]
```

```
            return np.array(features)

        avg_word_vec_features = averaged_word_vectorizer(corpus=TOKENIZED_CORPUS,model=model,
num_features=size)
        return model,np.array(avg_word_vec_features)

    # 定义 get_new_doc_vector 函数：
    # 实现求一个文档集合在另一个文档集合向量空间中的投影向量集合
    def get_new_doc_vector(model,size,new_doc):
        tokenized_new_doc = [nltk.word_tokenize(sentence) for sentence in new_doc]
        def average_word_vectors(words, model, vocabulary, num_features):
            feature_vector = np.zeros((num_features), dtype='float64')
            nwords = 0.

            for word in words:
                if word in vocabulary:
                    nwords = nwords + 1.
                    feature_vector = np.add(feature_vector, model[word])

            if nwords:
                feature_vector = np.divide(feature_vector, nwords)

            return feature_vector

        def averaged_word_vectorizer(corpus, model, num_features):
            vocabulary = set(model.wv.index2word)
            features = [average_word_vectors(tokenized_sentence, model, vocabulary, num_features)
                           for tokenized_sentence in corpus]
            return np.array(features)

        nd_avg_word_vec_features = averaged_word_vectorizer(corpus=tokenized_new_doc,model=model,
num_features=size)
        return nd_avg_word_vec_features

    # 训练集文档向量化：利用 get_corpus_vectors 函数对训练集进行向量化
    n=3
    window=30
    model_train_words_str,corpus_vectors_train_words_str\
        =get_corpus_vectors(list_train_words_str,n,window)
    print("model_train_words_str:\n",model_train_words_str)
    print("corpus_vectors_train_words_str:\n",corpus_vectors_train_words_str)

    # 将 corpus_vectors_train_words_str 变成 df_A
    df_A=pd.DataFrame(corpus_vectors_train_words_str)
    df_A["EVENT_TYPE"]=df_train_sort["EVENT_TYPE"]
    print("df_A\n",df_A)
```

```
# 测试集文档向量化：利用 get_new_doc_vector 求测试集在训练集中的投影向量集合
new_doc_vector=get_new_doc_vector(model_train_words_str,n,list_test_words_str)
print("new_doc_vector\n",new_doc_vector)

# 将 new_doc_vector 变成 df_B
df_B=pd.DataFrame(new_doc_vector)
df_B["EVENT_TYPE"]=df_test_sort["EVENT_TYPE"]
print("df_B\n",df_B)
```

程序运行结果如下：

```
...
df_A
              0          1          2   EVENT_TYPE
0      1.618338   0.407957  -5.695363            0
1     -1.550691  -0.670635  -6.104425            0
2      2.840342   0.103112  -5.554968            0
3      1.894121   0.020736  -4.652683            0
4     -2.527013  -0.535787  -7.509683            0
...         ...        ...        ...          ...
...
df_B
              0          1          2   EVENT_TYPE
0      2.313603   0.352120  -5.447875            0
1      3.259553   1.401744  -6.092095            0
2     -1.243403  -0.749081  -6.339322            0
3     -2.285179  -0.486269  -7.219266            0
4      2.600912   1.016208  -5.787066            0
...         ...        ...        ...          ...
```

9.4.3　针对训练集建立分类模型进行训练

采用 sklearn 库的 SVM 模型进行分类，用数值向量化的训练集 df_A 进行训练。主要代码如下：

```
from sklearn import svm
# 整理数据格式，准备训练样本
x=df_A.iloc[:,:n].values.tolist()
y=df_A.iloc[:,n].values.tolist()
print("x:\n",x)
print("y:\n",y)
# 开始训练
clf = svm.SVC()
clf.fit(x, y)
```

9.4.4 用测试集检验分类模型的性能

用测试集 df_B 检验分类模型的性能，通过预测值与实际值的对比，计算精确率、召回率和 F1 分数。主要代码如下：

```
# 用测试集检验，计算精确率、召回率和 F1 分数
x_test=df_B.iloc[:,:n].values.tolist()
y_actual=df_B.iloc[:,n].values.tolist()
y_predict = clf.predict(x_test)
# 精确率
from sklearn.metrics import precision_score
print('精确率:',round(precision_score(y_actual, y_predict),3))
# 召回率
from sklearn.metrics import recall_score
print('召回率:',round(recall_score(y_actual, y_predict),3))
# F1 分数
from sklearn.metrics import f1_score
print('F1 分数:',round(f1_score(y_actual, y_predict),3))
```

程序运行结果如下：

```
精确率: 0.913
召回率: 0.989
F1 分数: 0.95
```

从性能参数上看，F1 分数达到了 95%，说明分类效果较好。其中，召回率非常高，接近 99%，说明实际中发生的食品安全事件基本上一个不落地找了出来；精确率稍低，为 91.3%，说明存在虚警现象，即模型找出的食品安全事件中，有些不是真正的食品安全事件。

9.4.5 结果可视化

编写代码调用 matplotlib 的绘图包，用散点图表示分类情况。每条信息对应三维空间中的一个点。其中，正确分类的数据用灰色点表示；漏警数据，即预测不是食品安全问题但实际是食品安全问题的信息，用蓝色加号“+”表示；虚警数据，即预测是食品安全问题但实际不是的，用红色三角“▲”表示。主要代码如下：

```
import matplotlib.pyplot as plt
from mpl_toolkits.mplot3d import Axes3D
import numpy as np
fig = plt.figure()
ax = fig.add_subplot(111, projection='3d')
test_num=df_B.shape[0]
for i in range(test_num):
    if y_predict[i]==0 and y_actual[i]==1:
        ax.scatter(x_test[i][0], x_test[i][1], x_test[i][2], marker='+',color='blue', s=30)
    elif y_predict[i]==1 and y_actual[i]==0:
```

```
            ax.scatter(x_test[i][0], x_test[i][1], x_test[i][2], marker='^', color='red', s=20)
        else:
            ax.scatter(x_test[i][0], x_test[i][1], x_test[i][2], marker='.',color="gray",s=3)
    # X、Y、Z 的标签
    ax.set_xlabel('X Label')
    ax.set_ylabel('Y Label')
    ax.set_zlabel('Z Label')
    plt.show()
```

可视化结果如图 9-5 所示。可以看出，大部分数据得到了正确的划分，分类效果较好。虚警数据要大于漏警数据。在工程实践中，因为漏警代表着食品安全问题没有被发现，会导致人民的生命健康受到威胁，比虚警引起的危害要大，所以在模型选择上要有意选择漏警率较低的模型。

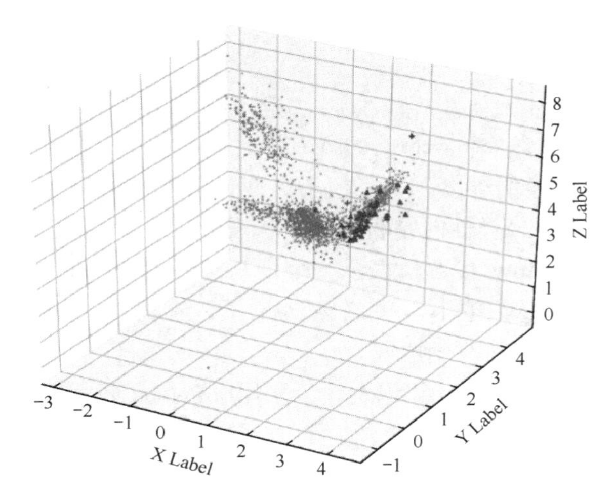

图 9-5　信息分类效果的可视化结果

9.5　项目总结

本项目实践了 Python 连接 MongoDB 的操作，用 jieba、Gensim、NLTK 将文字信息数字化，用 sklearn 库的 SVM 算法模型实现信息数据的识别，准确地筛选出食品安全的信息。通过项目实践，得到下面的结论。

（1）对于信息的识别问题，首要的是定位出关键字段。

（2）非数值的文本信息，若要调用 sklearn 库的强大功能，需要先进行数值化转换。

（3）在实践中，关系到国计民生的重大问题，在模型选择上要有意选择漏警率较低的模型。

（4）本项目可以从以下角度探索改进：①尝试 sklearn 库的其他分类算法，比较性能优劣；②文本转换为数值时，可以增加转换维度，以增大计算量为代价，换取分类性能的提升。

习题 9

操作题

1．根据本章的说明和代码，调试环境，实践项目实施流程，最后输出图 9-5 的结果，验证书中的结论。

2．项目总结中提出此工程改进的角度。文本转换为数值时，可以增加转换维度，以增大计算量为代价，换取分类性能的提升。请修改 food_security_check.py，定位到以下代码：

```
# 训练集文档向量化：利用 get_corpus_vectors 函数对训练集进行向量化
n=3
window=30
model_train_words_str,corpus_vectors_train_words_str\
    =get_corpus_vectors(list_train_words_str,n,window)
```

其中 n 参数就表示转换的维度。为了便于可视化，本书采用了 3 维视角的变换。请修改 n 分别为 5, 10, 20，观察分类性能是否得到了提升。

3．上述代码中的 window 参数，表示一个词与前后多少个词存在相关性。window 越大，关联窗口越大；window 越小，关联窗口越小。在维持 n=3 不变的情况下，改变 window 的值，分析算法性能的改变情况。

4．本章采用 SVM 算法进行分类识别。请采用 logistics 回归算法分类，并比较这两种算法的性能差异。

第 10 章 项目实战 2：基于 Hive 数据仓库的商品推荐

10.1 项目背景

数据仓库是一种用于存储和管理企业数据的解决方案。它是一种容器，可以存储大量结构化数据，借助于 ETL（抽取、转换、加载）工具，将数据从多个来源抽取到数据仓库中，并对这些数据进行转换和清洗处理，以便企业用户使用。数据仓库常用于报告、查询和分析等决策支持应用程序。Hive 是 Hadoop 生态圈中的一个数据仓库工具，其底层直接对接 HDFS（分布式文件系统），可以将结构化数据映射到 HDFS 上，并提供类似 SQL 的查询语言 HiveQL，用于数据分析和报表生成。

本项目利用 Hive 进行顾客消费记录的转存，并做线下商品推荐和线上商品推荐；采用 Spark 进行建模与分析，获得商品推荐表，向顾客推荐商品，达到促销的目的。

本项目整体架构如图 10-1 所示。首先是数据获取，用 Spark 连接 MySQL 获取商品消费记录，存入 Hive 数据仓库的 ODS 层。接着用 Spark SQL 进行数据预处理，提取必要的消费信息，存入数据仓库的 DW 层。在建模与分析阶段，用 Spark ML 工具进行数据挖掘，得出商品推荐规则，保存到 MySQL 的商品推荐表中。值得注意的是，在新零售模式下，线下超市购物和线上电商消费并存。这里有两条数据流向，一条是超市线下购物的，另一条是电商线上交易的。因为购物的模式不一样，所以分别应用了不同的算法模型。

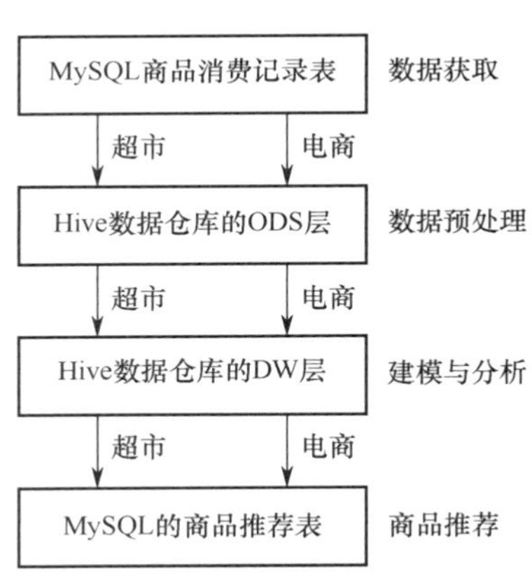

图 10-1 本项目整体架构

10.2 数据获取

10.2.1 用 Navicat 连接数据库查看数据

本项目需要动用 Hadoop 大数据平台，建议 DATA01 虚拟机资源分配得大一些，推荐 CPU 核心数为 4，内存为 8GB。商业数据存储在 MySQL 的 test 数据库的相关表中。其中线下的消费信息保存在表 shopping 中，用 Navicat 连接数据库查看数据，如图 10-2 所示。线上的消费信息保存在表 product_browse 中，如图 10-3 所示。

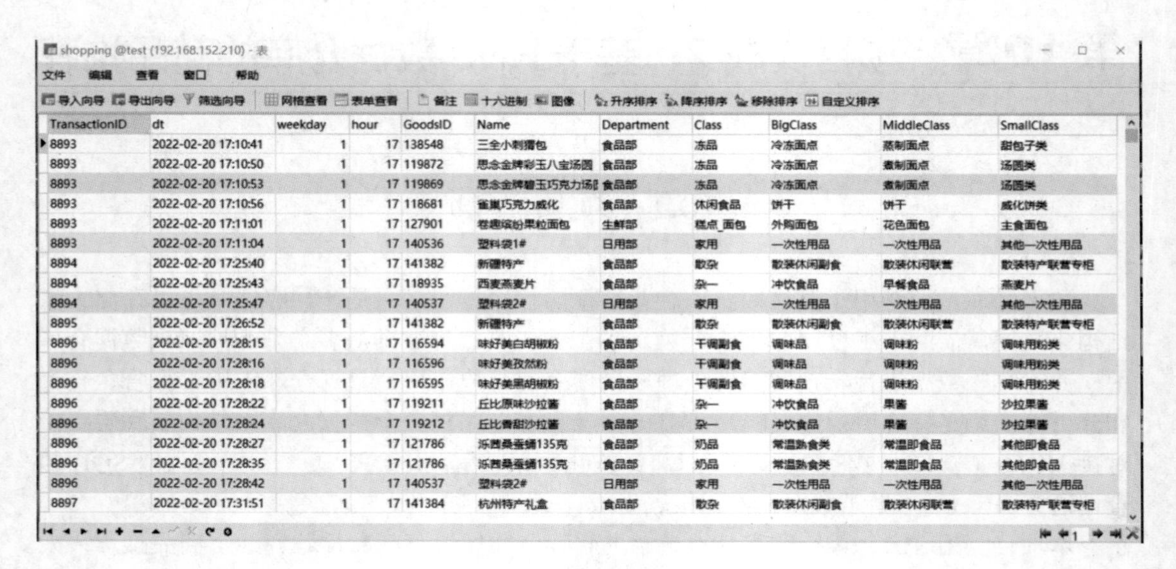

shopping @test (192.168.152.210) - 表

TransactionID	dt	weekday	hour	GoodsID	Name	Department	Class	BigClass	MiddleClass	SmallClass
8893	2022-02-20 17:10:41	1	17	138548	三全小刺猬包	食品部	冻品	冷冻面点	蒸制面点	甜包子类
8893	2022-02-20 17:10:50	1	17	119872	思念金牌彩玉八宝汤圆	食品部	冻品	冷冻面点	煮制面点	汤圆类
8893	2022-02-20 17:10:53	1	17	119869	思念金牌碧玉巧克力汤	食品部	冻品	冷冻面点	煮制面点	汤圆类
8893	2022-02-20 17:10:56	1	17	118681	雀巢巧克力威化	食品部	休闲食品	饼干	饼干	威化饼类
8893	2022-02-20 17:11:01	1	17	127901	卷趣缤纷果粒面包	生鲜部	糕点_面包	外购面包	花色面包	主食面包
8893	2022-02-20 17:11:04	1	17	140536	塑料袋1#	日用部	家用	一次性用品	一次性用品	其他一次性用品
8894	2022-02-20 17:25:40	1	17	141382	新疆特产	食品部	散杂	散装休闲副食	散装休闲联营	散装特产联营专柜
8894	2022-02-20 17:25:43	1	17	118935	西麦燕麦片	食品部	杂一	冲饮食品	早餐食品	燕麦片
8894	2022-02-20 17:25:47	1	17	140537	塑料袋2#	日用部	家用	一次性用品	一次性用品	其他一次性用品
8895	2022-02-20 17:26:52	1	17	141382	新疆特产	食品部	散杂	散装休闲副食	散装休闲联营	散装特产联营专柜
8896	2022-02-20 17:28:15	1	17	116594	味好美白胡椒粉	食品部	干调副食	调味品	调味粉	调味用粉类
8896	2022-02-20 17:28:16	1	17	116596	味好美孜然粉	食品部	干调副食	调味品	调味粉	调味用粉类
8896	2022-02-20 17:28:18	1	17	116595	味好美黑胡椒粉	食品部	干调副食	调味品	调味粉	调味用粉类
8896	2022-02-20 17:28:22	1	17	119211	丘比原味沙拉酱	食品部	杂一	冲饮食品	果酱	沙拉果酱
8896	2022-02-20 17:28:24	1	17	119212	丘比香甜沙拉酱	食品部	杂一	冲饮食品	果酱	沙拉果酱
8896	2022-02-20 17:28:27	1	17	121786	浙西桑蚕蛹135克	食品部	奶品	常温熟食类	常温即食品	其他即食品
8896	2022-02-20 17:28:35	1	17	121786	浙西桑蚕蛹135克	食品部	奶品	常温熟食类	常温即食品	其他即食品
8896	2022-02-20 17:28:42	1	17	140537	塑料袋2#	日用部	家用	一次性用品	一次性用品	其他一次性用品
8897	2022-02-20 17:31:51	1	17	141384	杭州特产礼盒	食品部	散杂	散装休闲副食	散装休闲联营	散装特产联营专柜

图 10-2　线下消费信息数据

product_browse @test (192.168.152.210) - 表

log_id	product_id	customer_id	gen_order	order_sn	modified_time	score
1	752	9097	0	0	2022-03-15T00:54:50.	0
2	12218	9097	0	0	2022-03-15T00:24:53.	0
3	10756	9097	0	0	2022-03-15T14:26:55.	0
4	14307	18577	1	2022031625520775	2022-03-15T04:59:50.	5
5	8047	18577	0	0	2022-03-15T16:38:53.	0
6	5775	18577	0	0	2022-03-15T00:16:56.	0
7	6882	14486	1	2022031650972261	2022-03-15T00:10:09.	4
8	11237	14486	1	2022031650972261	2022-03-15T02:16:10.	4
9	5594	14486	1	2022031650972261	2022-03-15T11:28:12.	4
10	11553	14486	1	2022031650972261	2022-03-15T15:54:12.	5
11	12443	2469	1	2022031641541386	2022-03-15T01:22:08.	5
12	10423	2469	0	0	2022-03-15T11:10:10.	0
13	2921	2469	0	0	2022-03-15T10:29:11.	0
14	5248	2469	1	2022031641541386	2022-03-15T10:43:12.	4
15	14396	2469	1	2022031641541386	2022-03-15T06:19:14.	4
16	12502	2469	0	0	2022-03-15T10:24:15.	0
17	1246	2469	0	0	2022-03-15T12:14:16.	0

图 10-3　线上消费信息数据

10.2.2　用 Spark 获取数据到 Hive 的 ODS 数据仓库

1. Hive 数据仓库的结构

因为无论是线下的超市还是线上的电商平台，每时每刻都产生大量的数据，需要每隔一段时间就把数据存入 Hive 数据仓库中，这样才能充分利用 Hadoop 平台海量的数据存储能力和高性能的分析能力。

现代的 Hive 数据仓库往往采用分层架构模型，有 ODS、DW、DM 层之分。ODS（Operational Data Store，操作数据存储）层是最接近数据源中数据的一层，数据源中的数据经过 ETL——抽取（extract）、转换（transform）、加载（load），装入本层。DW（Data Warehouse，数据仓库）层是数据仓库的主体。在这里，从 ODS 层中获得的数据按照主题建立各种数据模型。这一层和维度建模会有比较深的联系。DM（Data Mart，数据汇总）层中的数据通常是按照分析需求进行汇总的数据，如按照地区、时间等维度进行汇总。

本项目仅研究商品推荐问题，故不涉及 DM 层，仅仅涉及 ODS 和 DW 层。先利用 SecureCRT 联机，输入下面的命令，启动 Hadoop 平台：

```
[root@MySQL01 ~]# start-dfs.sh
[root@MySQL01 ~]# start-yarn.sh
[root@MySQL01 ~]# hive --service metastore &
```

其中，start-dfs.sh 启动分布式文件系统，start-yarn.sh 启动资源管理平台，hive --service metastore &启动 hive 的元数据服务，可以使 Spark 连接 Hive。再输入 hive 命令，进入 hive 的客户端，查看数据仓库分层架构和目前现有的数据：

```
[root@MySQL01 ~]# hive
hive> show databases;
hive> use ods;
hive> show tables;
hive> use dw;
hive> show tables;
#以其中一个表为例
hive> desc ods.shopping;
OK
transactionid           string
dt                      string
weekday                 int
hour                    int
goodsid                 string
name                    string
department              string
class                   string
bigclass                string
middleclass             string
smallclass              string
```

```
etl_date                    string

# Partition Information
# col_name                  data_type                   comment

etl_date                    string
Time taken: 0.1 seconds, Fetched: 17 row(s)
```

2．编写 Spark 程序实现线下（超市购物）消费数据从 MySQL 保存到 Hive

Spark 程序在 IDEA 工具中开发，在 IDEA 中建立 Maven 工程项目 test，建立 scala 单例类 aaa04_01，实现把 MySQL 中的 test.shopping 线下消费数据保存到 Hive 的 ods.shopping 表中。代码如下：

```
//取线下数据，装入 ODS 层
import java.util.Properties

import org.apache.log4j.{Level, Logger}
import org.apache.spark.sql.SparkSession

object aaa04_01{
  def main(args: Array[String]): Unit = {
    //避免输出过多日志
    Logger.getLogger("akka").setLevel(Level.OFF)
    Logger.getLogger("org").setLevel(Level.OFF)

    //设置 Spark 参数
    val spark=SparkSession.builder().appName("aaa")
      .enableHiveSupport()
      .config("hive.metastore.uris","thrift://192.168.152.210:9083")
      .getOrCreate()

    //implicits 是一个隐式转换的工具类，提供了一些隐式转换函数和隐式参数
    // 用于方便地进行数据类型的自动转换和上下文环境的隐式传递
    import spark.implicits._

    //设置 MySQL 连接的用户名和密码
    val properties=new Properties()
    properties.setProperty("user","root")
    properties.setProperty("password","Passwd123!")

    println("----df01----")
    val df01=spark.read.jdbc("jdbc:mysql://192.168.152.210:3306/test","shopping",properties)
    df01.cache()
    df01.show(5,false)
    df01.createOrReplaceTempView("t_df01")
    //这两个信息很有用，先获取总行数
```

```
        //再观察统计信息，看 count 与总行数对比，判断是否有空值
        //观察 mean 和 stddev，看看数值型数据的大致范围，没有这个信息的数据一定不是数值型的
        //非数值型的数据，可以通过 min、max 推测大概范围
        println(df01.count())
        df01.describe().show()

        //假设在 2023-12-31 的 24:00 抽取 2023 年全年的数据，etl_date=2023-12-31
        println("----df02----")
        val df02=spark.sql("select *,'2023-12-31' as etl_date from t_df01 where substring(dt,0,4)='2023'")
        df02.cache()
        df02.show(5)
        println(df02.count())
        df02.describe().show()

        //调整好的数据写入 Hive 的 ods.shopping
        spark.sql("set hive.exec.dynamic.partition.mode=nonstrict")
        df02.write.insertInto("ods.shopping")

    }

}
```

代码并不是一气呵成编写的，而是一边写一边调试，最后没问题了再写入 ods.shopping。每写一部分，就可以打包发送到服务器中，通过 spark-submit 命令运行：

```
[root@MySQL01 ~]# spark-submit --master yarn --class aaa04_01 ./myspark01-1.0-SNAPSHOT.jar
```

3．编写 Spark 程序实现线上（电商平台）消费数据从 MySQL 保存到 Hive

建立 scala 单例类 aaa04_02，实现把 MySQL 中的 test.product_browse 线上消费数据保存到 Hive 的 ods. product_browse 表中。代码如下：

```
//取线上(电商平台)消费数据，装入 ODS 层
import java.util.Properties

import org.apache.log4j.{Level, Logger}
import org.apache.spark.sql.SparkSession

object aaa04_02 {
  def main(args: Array[String]): Unit = {
    Logger.getLogger("akka").setLevel(Level.OFF)
    Logger.getLogger("org").setLevel(Level.OFF)

    val spark=SparkSession.builder().appName("aaa")
      .enableHiveSupport()
      .config("hive.metastore.uris","thrift://192.168.152.210:9083")
      .getOrCreate()

    val properties=new Properties()
```

```
        properties.setProperty("user","root")
        properties.setProperty("password","Passwd123!")

        //从 MySQL 的 test.product_browse 表中读取数据
        //核对数据有没有空值
        println("----df01----")
        val df01=spark.read.jdbc("jdbc:mysql://192.168.152.210:3306/test","product_browse",properties)
        df01.cache()
        df01.show(5,false)
        println(df01.count())
        df01.describe().show()
        df01.createOrReplaceTempView("t_df01")

        //观察到在 ods.product_browse 表中，2022 年 3、4、5 月的数据已经保存
        //现在需要保存 6、7 月的数据
        println("----df02----")
        spark.sql("show partitions ods.product_browse").show()
        val df02=spark.sql("select * from ods.product_browse")
        df02.cache()
        df02.show(5)
        df02.createOrReplaceTempView("t_df02")
        println(df02.count())
        df02.describe().show()

        //从 df01 中提取 2022 年 6 月的数据
        println("----df03----")
        val df03=spark.sql("select *,'2022-06-30' as etl_date from t_df01 where substring(modified_
time,0,7)='2022-06'")
        df03.show(5)
        df03.cache()

        //从 df01 中提取 2022 年 7 月的数据
        println("----df04----")
        val df04=spark.sql("select *,'2022-07-31' as etl_date from t_df01 where substring(modified_
time,0,7)='2022-07'")
        df04.show(5)
        df04.cache()

        //将 2022 年 6、7 月数据写入 Hive 的 ods.product_browse
        spark.sql("set hive.exec.dynamic.partition.mode=nonstrict")
        df03.write.insertInto("ods.product_browse")
        df04.write.insertInto("ods.product_browse")


    }

}
```

10.3　数据预处理

10.3.1　对线下购物数据进行预处理，并存入 Hive 数据仓库的 DW 层

通过查询 DW 层的 dw.dim_shopping 表，可知包含的字段为 TransactionID、GoodsID、Name、etl_date，其中 etl_date 是分区字段。所以数据从 ods.shopping 存入 dw.dim_shopping，需要去除多余的列，使格式上保持一致。另外，由于很多人在购物时都会购买塑料袋，并通过会员卡、银联方式付款，这些信息对商品推荐没有帮助，可以顺便过滤。建立 scala 单例类 aaa04_03，实现把 ODS 层的 ods.shopping 线下消费数据进行预处理，并保存到 DW 层的 dw.dim_shopping 表中。代码如下：

```
//从 ODS 层读取线下（超市购物）消费数据
// 经过预处理后，导入 DW 层

import org.apache.log4j.{Level, Logger}
import org.apache.spark.sql.SparkSession

object aaa04_03 {
  def main(args: Array[String]): Unit = {
    Logger.getLogger("akka").setLevel(Level.OFF)
    Logger.getLogger("org").setLevel(Level.OFF)

    val spark=SparkSession.builder().appName("aaa")
      .enableHiveSupport()
      .config("hive.metastore.uris","thrift://192.168.152.210:9083")
      .getOrCreate()

    //读取 ods.shopping 中的数据
    println("----df01----")
    val df01=spark.sql("select transactionid,goodsid,name,etl_date from ods.shopping ")
    df01.cache()
    df01.show(5)
    println(df01.count())
    df01.describe().show()
    df01.createOrReplaceTempView("t_df01")

    //查看 dw.dim_shopping 的表结构和目前数据情况
    println("----df02----")
    spark.sql("desc dw.dim_shopping").show()
    val df02=spark.sql("select * from dw.dim_shopping")
    df02.show()
```

```
        //通过 df03 和 df04 初步分析销量位于前列的商品
        //发现塑料袋记录较多，塑料袋不应该被认为是一种商品
        println("----df03----")
        val df03=spark.sql("select concat(goodsid,name) as goodsid_name,1 as num from t_df01")
        df03.cache()
        df03.show(5)
        df03.createOrReplaceTempView("t_df03")

        println("----df04----")
        val df04=spark.sql("select goodsid_name,sum(num) as sum_num from t_df03 group by goodsid_name
order by sum_num desc")
        df04.cache()
        df04.show(false)

        //去掉"塑料袋"、"会员卡"、"银联刷卡"字符串对应的记录
        println("----df05----")
        def check01(list01:Any):Int={
          if (list01.toString.contains("塑料袋")|| list01.toString.contains("会员卡") || list01.toString.contains("
银联刷卡"))
            1
          else
            0
        }

        spark.udf.register("check01",check01 _)

        val df05=spark.sql("select * from t_df01 where check01(name)==0")
        df05.cache()
        df05.show(5)
        println(df05.count())

        //将预处理以后的数据写入 dw.dim_shopping
        spark.sql("set hive.exec.dynamic.partition.mode=nonstrict;")
        df05.coalesce(1).write.insertInto("dw.dim_shopping")

    }
  }
```

10.3.2 对线上购物数据进行预处理，并存入 Hive 数据仓库的 DW 层

数据从 ods.product_browse 存入 dw.dim_product_browse，同样需要去除多余的列，使格式上保持一致。另外，gen_order 表示用户是否购买该商品，gen_order==1 表示在网上下单购买，而 gen_order==0 表示仅仅浏览并没有购买，所以在预处理时要把 gen_order==0 的记录过滤掉。

```
    //把线上数据从 ods.product_browse 中读取出来
```

```
// 经过预处理，导入 dw.dim_product_browse
import org.apache.log4j.{Level, Logger}
import org.apache.spark.sql.SparkSession

object aaa04_04 {
  def main(args: Array[String]): Unit = {
    Logger.getLogger("akka").setLevel(Level.OFF)
    Logger.getLogger("org").setLevel(Level.OFF)

    val spark=SparkSession.builder().appName("aaa")
      .enableHiveSupport()
      .config("hive.metastore.uris","thrift://192.168.152.210:9083")
      .getOrCreate()

    //读取 ods.product_browse，并进行统计分析
    println("----df01----")
    val df01=spark.sql("select * from ods.product_browse")
    df01.cache()
    df01.show(5)
    println(df01.count())
    df01.describe().show()
    df01.createOrReplaceTempView("t_df01")

    //查看 dw.dim_product_browse 表结构和目前数据情况
    println("----df02----")
    spark.sql("desc dw.dim_product_browse").show()
    val df02=spark.sql("select * from dw.dim_product_browse")
    df02.show()

    //去掉不生成订单的记录，并按照 dw.dim_product_browse 选取对应的列
    //gen_order==1 是在网上下单购买的记录
    //gen_order==0 表示仅仅浏览，并没有购买
    println("----df03----")
    val df03=spark.sql("select log_id,product_id,customer_id,score,etl_date from t_df01 where gen_
order==1")
    df03.cache()
    df03.show(5)
    println(df03.count())

    //将预处理好的数据集 df03 存入 dw.dim_product_browse
    spark.sql("set hive.exec.dynamic.partition.mode=nonstrict;")
    df03.coalesce(1).write.insertInto("dw.dim_product_browse")

  }
}
```

10.4 机器学习建模与分析

10.4.1 对线下购物数据进行分析，并将商品推荐结果写入 MySQL

从 dw.dim_product_browse 中读取数据，用 FPGrowth 分析。在初步结果的基础上，对数据格式进行调整，并将最终结果写入 MySQL 的 test.associationRules 表。代码如下：

```
//从 dw.dim_shopping 中读取数据进行关联规则分析
//并将最终结果写入 MySQL 的 test.associationRules 表
import java.util.Properties
import org.apache.log4j.{Level, Logger}
import org.apache.spark.ml.fpm.FPGrowth
import org.apache.spark.sql.{SparkSession}

object aaa04_05 {
  def main(args: Array[String]): Unit = {
    Logger.getLogger("org").setLevel(Level.OFF)
    Logger.getLogger("akka").setLevel(Level.OFF)

    val spark=SparkSession.builder().appName("aaa")
      .enableHiveSupport()
      .config("hive.metastore.uris","thrift://192.168.152.210:9083")
      .getOrCreate()

    import spark.implicits._

    //设置连接 MySQL 参数
    val properties = new Properties()
    properties.setProperty("user", "root")
    properties.setProperty("password", "Passwd123!")

    println("----df01----")
    val df01=spark.sql("select * from dw.dim_shopping")
    df01.cache()
    df01.show(5)
    df01.createOrReplaceTempView("t_df01")


    //调整数据格式，使其能够输入模型
    println("----df02----")
    val df02=spark.sql("select transactionid,concat(goodsid,name) as goodsid_name from t_df01")
    df02.cache()
    df02.show(5,false)
```

```
        df02.createOrReplaceTempView("t_df02")

        println("----df03----")
        val df03=spark.sql("select transactionid,collect_set(goodsid_name) as items from t_df02 group by transactionid")
        df03.cache()
        df03.show(5,false)
        df03.createOrReplaceTempView("t_df03")

        //设置参数，训练模型
        val fpGrowth=new FPGrowth()
          .setItemsCol("items")
          .setMinSupport(0.002)
          .setMinConfidence(0.3)

        val model=fpGrowth.fit(df03)

        //输出频繁项集
        val df_popular=model.freqItemsets
        println("--------输出频繁项集---------")
        df_popular.cache()
        df_popular.createOrReplaceTempView("t_df_popular")
        println("----top10 频繁项集----")
        spark.sql("select * from t_df_popular order by freq desc").show(10,false)
        println("----项数大于 2 的 top10 频繁项集----")
        spark.sql("select * from t_df_popular where size(items)>=2 order by freq desc").show(10,false)

        //生成强关联规则
        println("-------生成强关联规则---------")
        println("----df_rules----")
        val df_rules=model.associationRules
        df_rules.cache()
        df_rules.show(5)
        df_rules.createOrReplaceTempView("t_df_rules")

        //按照置信度降序排列
        println("----按照置信度降序排列的强关联规则 df04----")
        val df04=spark.sql("select * from t_df_rules order by confidence desc")
        df04.cache()
        df04.createOrReplaceTempView("t_df04")
        df04.show(10,false)

        //将关联规则格式进行转换，以便写入 MySQL 的 test.associationRules 表
        //df05 是将 df04 的 antecedent（前项）、consequent（后项）转换成字符串
        println("----将关联规则格式进行转换，以便写入 MySQL 的 test.associationRules 表----")
        println("----df05----")
```

```
        val df05=spark.sql("select cast(antecedent as string),cast(consequent as string),confidence,lift from t_df04")
        df05.cache()
        df05.createOrReplaceTempView("t_df05")
        df05.show(10,false)

        //定义 check02 函数，去掉字符串里的方括号
        def check02(a:String):String={
          val b=a.replace("[","")
            .replace("]","")
          b
        }
        spark.udf.register("check02",check02 _)

        //df06 获得了去掉方括号以后的字符串，并且按照支持度和提升降序排列
        println("----df06----")
        val df06=spark.sql("select check02(antecedent) as antecedent,check02(consequent) as consequent, confidence,lift from t_df05 order by confidence desc,lift desc")
        df06.cache()
        df06.show(10)

        // 将 df06 写入 MySQL 的 test.associationRules 表
        println("----将 df06 写入 MySQL 的 test.associationRules 表----")
        df06.coalesce(1).write
          .mode("overwrite")  // 可以是 "append", "overwrite", "error", "ignore"
          .jdbc("jdbc:mysql://192.168.152.210:3306/test?useUnicode=true&characterEncoding=GBK", "associationRules", properties)
        //?useUnicode=true&characterEncoding=GBK 参数可以解决汉字无法写入的问题
        // coalesce(1)保证了写入时不改变原来的顺序
      }

    }
```

程序执行成功后，用 Navicat 查看 MySQL 的 test.associationRules 表，如图 10-4 所示。

associationRules @test (192.168.152.210) - 表

文件 编辑 查看 窗口 帮助

导入向导 导出向导 筛选向导 网格查看 表单查看 备注 十六进制 图像

antecedent	consequent	confidence	lift
120670香满园特等长粒香米	101704美汁源果粒橙	0.9180887372013652	200.88664701416482
120185哈尔滨听装小麦王	101704美汁源果粒橙	0.6352941176470588	139.0084639867971
101704美汁源果粒橙	120185哈尔滨听装小麦王	0.5410821643286573	139.00846398679712
101704美汁源果粒橙	120670香满园特等长粒香米	0.5390781563126252	200.88664701416485
121906临洺关驴肉香肠礼盒	141388地方特色礼盒	0.47764227642276424	15.479919736864332
124485五百居香肠礼盒	141388地方特色礼盒	0.3723404255319149	12.067189582109723

图 10-4　MySQL 的 test.associationRules 表数据

根据显示结果，应该把香满园特等长粒香米、美汁源果粒橙、哈尔滨听装小麦王这三种商品摆放在一起。同时，在临洺关驴肉香肠礼盒、五百居香肠礼盒的旁边放置地方特色礼盒。

10.4.2　对线上购物数据进行分析，并将商品推荐结果写入 MySQL

在 Spark 的 ML 中集成了 ALS 算法，首先将 dw.dim_product_browse 的数据读取到 Spark，进行格式调整，如有多次购买的情况则整合其平均值。然后应用 ALS 算法进行商品推荐，向用户推荐 top3 商品，向商品推荐 top3 用户，并将结果记录到 MySQL 中。代码如下：

```
//分析线上数据
import org.apache.log4j.{Level, Logger}
import java.util.Properties
import org.apache.spark.ml.evaluation.RegressionEvaluator
import org.apache.spark.ml.recommendation.ALS
import org.apache.spark.sql.{SparkSession}

object aaa04_06 {
  def main(args: Array[String]): Unit = {
    Logger.getLogger("org").setLevel(Level.OFF)
    Logger.getLogger("akka").setLevel(Level.OFF)

    val spark=SparkSession.builder().appName("aaa")
      .enableHiveSupport()
      .config("hive.metastore.uris","thrift://192.168.152.210:9083")
      .getOrCreate()

    import spark.implicits._

    val properties = new Properties()
    properties.setProperty("user", "root")
    properties.setProperty("password", "Passwd123!")

    println("----df01----")
    val df01=spark.sql("select * from dw.dim_product_browse")
    df01.cache()
    df01.show(5)
    df01.createOrReplaceTempView("t_df01")

    //如有多次购买某种商品的用户，计算其平均评分
    println("----df02----")
    val df02=spark.sql("select product_id,customer_id,avg(score) as avg_score from t_df01 group by
product_id,customer_id order by avg_score desc")
    df02.cache()
```

```
df02.show(5)
df02.createOrReplaceTempView("t_df02")

//将 product_id,customer_id 转换为数值型
println("----df03----")
val df03=spark.sql("select cast(product_id as int),cast(customer_id as int),avg_score from t_df02")
df03.cache()
df03.show(5)

//将数据集分为训练集和测试集
val Array(trainingData,testData)=df03.randomSplit(Array(0.7,0.3))

//导入 ALS 算法模型
val als=new ALS()
  .setMaxIter(15)  //最大迭代次数
  .setRank(30)     //设置潜在特征的数量
  .setSeed(1234)  //设置随机数种子，使得每次运行结果一致
  .setRatingCol("avg_score")  //设置评分所在列
  .setUserCol("customer_id")      //设置用户所在列
  .setItemCol("product_id")    //设置物品所在列
  .setColdStartStrategy("drop")  //设置冷启动规则，去掉无法预测的项目

//训练模型
val model=als.fit(trainingData)

//测试模型
val predictions=model.transform(testData)
println("----对测试集 testData 进行测试的输出----")
predictions.show(5)

//评估模型性能
val evaluator=new RegressionEvaluator()
  .setPredictionCol("prediction")
  .setLabelCol("avg_score")
  .setMetricName("rmse")

val rmse=evaluator.evaluate(predictions)
println("rmse=",rmse)

println("----recommendations of all users----")
println("----df04----")
//向所有用户推荐排名前三的商品，show 的 false 参数可以显示较长字段
val df04=model.recommendForAllUsers(3)
df04.cache()
df04.show(5,false)
df04.createOrReplaceTempView("t_df04")
```

```
        //向限定的用户集合推荐排名前三的商品
        println("----recommendations of user:3362,13994,17382----")
        model.recommendForUserSubset(Seq((3362),(13994),(17382)).toDF("customer_id"),3).show(false)

        //将 df04 进行格式变换，以便可以存入 MySQL
        println("----格式变换，以便可以存入 MySQL----")
        println("----df05----")
        val df05=spark.sql("select customer_id,cast(recommendations as string) from t_df04")
        df05.show(5)
        df05.cache()
        df05.createOrReplaceTempView("t_df05")

        //getRcommendations 是取 recommendations 的信息
        //n=0 第一个用户，n=1 第一个用户的评分
        //n=2 第二个用户，n=3 第二个用户的评分
        //n=4 第三个用户，n=5 第三个用户的评分
        def getRcommendations(a:String,n:Int):Double={
          a.trim.replace("[","").replace("]","")
            .split(",")(n).toDouble
        }
        //println(getRcommendations("[[1,2],[3,4]]",0))
        spark.udf.register("getRcommendations",getRcommendations _)

        println("----df06----")
        val df06=spark.sql("select customer_id,getRcommendations(recommendations,0) as product01,
getRcommendations(recommendations,1) as score01,getRcommendations(recommendations,2) as product02,
getRcommendations(recommendations,3) as score02,getRcommendations(recommendations,4) as product03,
getRcommendations(recommendations,5) as score03 from t_df05 order by customer_id")
        df06.show(5,false)
        df06.cache()
        df06.createOrReplaceTempView("t_df06")

        // 将 df06 写入 MySQL 的 test.customerRecommendation 表
        println("----将 df06 写入 MySQL 的 test.customerRecommendation 表----")
        df06.coalesce(1).write
          .mode("overwrite")  // 可以是 "append", "overwrite", "error", "ignore"
          .jdbc("jdbc:mysql://192.168.152.210:3306/test?useUnicode=true&characterEncoding=GBK",
"customerRecommendation", properties)
        //?useUnicode=true&characterEncoding=GBK 参数可以解决汉字无法写入的问题

        //向所有的商品推荐排名前三的用户
        println("----recommendations of all products----")
        println("----df07----")
        val df07=model.recommendForAllItems(3)
        df07.cache()
        df07.show(5,false)
```

```
        df07.createOrReplaceTempView("t_df07")

        //向限定的商品集合推荐排名前三的用户
        println("----recommendations of product:7401,2032,6685----")
        model.recommendForItemSubset(Seq((7401),(2032),(6685)).toDF("product_id"),3).show(false)

        //格式转换，以便可以写入 MySQL 的 test.productRecommendation 表
        println("----格式转换，以便可以写入 MySQL 的 test.productRecommendation 表----")
        println("----df08----")
        val df08=spark.sql("select product_id,cast(recommendations as string) from t_df07")
        df08.cache()
        df08.show(5)
        df08.createOrReplaceTempView("t_df08")

        println("----df09----")
        val   df09=spark.sql("select   product_id,getRcommendations(recommendations,0)   as   user01,
getRcommendations(recommendations,1)   as   score01,getRcommendations(recommendations,2)   as   user02,
getRcommendations(recommendations,3)   as   score02,getRcommendations(recommendations,4)   as   user03,
getRcommendations(recommendations,5) as score03 from t_df08 order by product_id")
        df09.show(5,false)
        df09.cache()
        df09.createOrReplaceTempView("t_df09")

        // 将 df09 写入 MySQL 的 test.productRecommendation 表
        println("----将 df09 写入 MySQL 的 test.productRecommendation 表----")
        df09.coalesce(1).write
          .mode("overwrite")  //  可以是 "append", "overwrite", "error", "ignore"
          .jdbc("jdbc:mysql://192.168.152.210:3306/test?useUnicode=true&characterEncoding=GBK",
"productRecommendation", properties)
        //?useUnicode=true&characterEncoding=GBK 参数可以解决汉字无法写入的问题

    }

}
```

用 Navicat 查看推荐结果，如图 10-5 和图 10-6 所示。

customerRecommendation @test (192.168.152.210) - 表

文件 编辑 查看 窗口 帮助

导入向导 导出向导 筛选向导 网格查看 表单查看 备注 十六进制 图像

customer_id	product01	score01	product02	score02	product03	score03
1	11506	5.054903	13405	5.03676	2024	5.025909
2	70	4.989534	8121	4.9801373	5059	4.9784884
3	14238	4.866914	11510	4.8175178	13310	4.8103166
4	14504	4.9731345	1592	4.9699173	13956	4.9448915
5	6220	4.905095	2106	4.89471	12337	4.8752666
6	10805	4.9081597	9325	4.88325	13310	4.862444
7	13065	4.5325975	10754	4.487115	352	4.485543
8	6582	4.917519	13453	4.9028654	1556	4.891635

图 10-5　向用户推荐 top3 商品

productRecommendation @test (192.168.152.210) - 表

文件　编辑　查看　窗口　帮助

导入向导　导出向导　筛选向导　网格查看　表单查看　备注　十六进制　图像

product_id	user01	score01	user02	score02	user03	score03
1	8146	5.52207	12202	5.1880274	11177	5.1559753
2	8146	5.424861	19179	5.2851877	12202	5.156461
3	8146	5.599637	19179	5.389953	13752	5.3158255
4	8146	5.206975	9851	4.9020553	19179	4.8839793
5	8146	5.1366568	19179	4.920605	18565	4.826257
6	8146	5.2790546	19179	5.1468105	19913	5.118736
7	8146	5.3195114	19179	5.15006	19040	4.9811697
8	8146	5.5698953	19179	5.398802	12202	5.287209
9	8146	5.3848004	19179	5.0547876	19040	5.039803

图 10-6　向商品推荐 top3 用户

10.5　项目总结

本项目进行了商品推荐研究，应用 Hive 作为数据仓库平台，以 Spark 为工具实施了数据挖掘。对于线下商品推荐，采用关联规则算法，对超市货架布置提出建议。对于线上商品推荐，采用了基于模型的协同过滤算法，对用户计算出评分 top3 商品，对商品计算出评分 top3 用户。在实际应用中，可以考虑以下改进方向。

（1）线上线下数据融合分析。首先要考虑商品编号不一致的问题，进行商品编号的统一管理。其次是在超市和电商平台的购买模式不一致，可以考虑相互之间加权评分的融合模型。

（2）在线上购物推荐商品的响应速度要快，这里将结果写入 MySQL 的数据库直接读取，也可以考虑用 Flink 流数据处理工具实时计算。

习题 10

操作题

1．根据本章的说明和代码，调试环境，实践项目实施流程，验证书中的结论。

2．在 test 数据库中，新建 customerRecommendation01 表和 productRecommendation01 表。修改 aaa04_06.scala，进行 top5 商品推荐，并将推荐结果写入 customerRecommendation01 表和 productRecommendation01 表。

3．在数据规模不大的情况下，可以考虑不用数据仓库，直接用 Spark 处理 MySQL 中的消费记录，并把结果写入 MySQL。新建 associationRules01 表。修改 aaa04_05.scala，实现直接用 Spark 读取 MySQL 中的消费记录，进行关联规则分析，并把结果写入 associationRules01 表。

参考文献

[1] 拉结帝普·杜瓦，曼普利特·辛格·古特拉，尼克·彭特里思. Spark 机器学习[M]. 2 版. 蔡立宇，黄章帅，周济民，译. 北京：人民邮电出版社，2018.

[2] 吕云翔，王渌汀，袁琪，等. Python 机器学习实战（微课视频版）[M]. 北京：清华大学出版社，2021.

[3] 马特·哈里森. 机器学习常用算法速查手册[M]. 杜春晓，译. 北京：中国电力出版社，2020.

[4] 布奇·昆托. 基于 Spark 的下一代机器学习——XGBoost、LightGBM、Spark NLP 与 Keras 分布式深度学习实例[M]. 张小坤，黄凯，华龙宇，译. 北京：机械工业出版社，2021.

[5] 王晓华. TensorFlow 深度学习应用实践[M]. 北京：清华大学出版社，2018

[6] 杨贵军. 统计建模技术Ⅱ——离散型数据建模与非参数建模[M]. 北京：科学出版社，2021.

[7] 孙立炜，占梅，洪海南. Python 从入门到实战[M]. 成都：电子科技大学出版社，2023.